Max Bollwage

Buchstabengeschichte(n)

Wie das Alphabet entstand
und warum unsere Buchstaben
so aussehen

Akademische
Druck- u. Verlangsanstalt
Graz/Austria

Bibliografische Information der Deutschen Bibliothek

Die Deutsche Bibliothek verzeichnet diese Publikation in der Deutschen Nationalbibliografie; detaillierte bibliografische Daten sind im Internet über http://dnd.ddb.de abrufbar.

2., aktualisierte Auflage

Layoutentwurf: Max Bollwage
Gesamtherstellung: Akademische Druck- u. Verlagsanstalt, Graz
Druck und Bindung: Gorenjski Tisk, Slowenien

ISBN: 978-3-201-01998-9

Für Esther Bollwage

Wer nicht von dreitausend Jahren
sich weiß Rechenschaft zu geben,
bleib im Dunkeln unerfahren,
mag von Tag zu Tage leben.

J. W. v. Goethe

Inhalt

Mit Bildern hat es angefangen 8

Von der Eigentumsmarke zur Schrift der Gotteswort 9

Als ägyptische Könige Elefant, Skorpion und Falke hießen 11 – Das Bilderrätsel des Königs Narmer 13 – Die Ägypter schrieben nur Konsonanten, und wie haben sie gesprochen? 15 – Sie haben den Gestaltungsraster erfunden 16 – Geniale Schreiber brachten es bis zum Kanzler des Reichs 18 – Die ersten Bücher wurden gerollt 20 – Zur Schrift der Gottesworte kamen die Schriften für den Alltag 22 – Ein Ghetto für Künstler und Handwerker 24 – Ein Reinfall für Napoleon, ein Glücksfall für die Wissenschaft 25

Aus der Wüste durch Kanaan übers Meer 29

Aus Hieroglyphen wurden Buchstaben 31 – Buchstaben aus der Wüste 33 – Scherben bringen Glück – jedenfalls den Archäologen 36 – Sie exportierten ihre Buchstaben und ihre Götter 39 – Die Griechen machten a, e, i, o, u sichtbar 40 – So ging es mit dem Alpabet weiter 41 – Drei Epochen für 26 Buchstaben 43 – Schreiben, damit es niemand lesen kann 46

Wir schreiben noch immer römische Buchstaben 47

Als die Römer schreiben lernten 49 – Kreis, Quadrat und Dreieck bestimmten den römischen Stil 51 – Eine Schrift für 1000 Jahre 55 – Nur der Kaiser schrieb mit Purpurtinte 57 – Statt Papyrus Pergament, statt der Rolle der Kodex 59

Dem Schreiben in Wachs verdanken wir die Kleinbuchstaben 61

Die schnelle Schrift auf Wachs und Wänden 63 – Die Schriftlichkeit überlebte die Völkerwanderung in Reservaten 65 – Eine Schrift und eine Sprache von Sizilien bis Schottland 66 – Karl der Große ließ die neue Schrift systematisch verbreiten 67 – Aus der karolingischen wurde die romanische Minuskel 68 – Die Capitalis monumentalis überdauerte in den Kodizes 70

Die Schriften mit dem Knick 73

Schmaler, enger, höher 75 – Als ganz Europa gotisch schrieb 77 – Aus Buchschriften wurden Verkehrsschriften, aus Verkehrsschriften wurden Buchschriften 81 – Was Johannes Gensfleisch zum Gutenberg erfunden hat 85 Die Fraktur – auf Befehl eingesetzt und auf Befehl abgesetzt 90 – Erst entrümpelt, dann Opfer des deutschen Chauvinismus 97 – Altschrift kontra Bruchschrift 100 – Fortschritt durch Rückgriff 101 – Hitler und die Schrift der „Rückwärtse" 103 – Der „Führer" mochte die Fraktur nicht 105 – Der Anfang vom Ende der gebrochenen Schriften 107

Vom Kodex aufs T-Shirt 110 – Die Old English startete in Paris 112 – Die Schrift der anglikanischen Kirche und der King's Printers 113 – Die alte Schrift in der Neuen Welt 114 – Die Black Letter in Deutschland 116 – Wenn deutsche Nationalisten keine Ahnung haben 117
Kein Z im Eszett? 119 – Deutsche Zungen reden anders 119 – Deutsche Bücher aus dem lateinischen Setzkasten 120 – Die andere Schreibweise in der Antiqua und der Grotesk 122

Die Antiqua – seit 600 Jahren immer wieder neu entworfen 125

Als „modern" alt und „antik" neu bedeuteten 127 – Die Renaissance der Schrift 128 – Sie wollten zu den Quellen gelangen 131 – Den Humanisten verdanken die Indianer ihren Namen 131 – Humanismus aus Italien und Buchdruck aus Deutschland 132 – Die ersten Antiqua-Druckschriften nach heutigem Verständnis 133 – Jedem Jahrhundert seine Antiqua 137 – Der Sonnenkönig wollte seine eigene Druckschrift haben 141 – Zentimeter schlägt Cicero, Pica schlägt Zentimeter 142 – Zweimal über den Kanal und einmal über den Atlantik – Baskerville's Stahlstempel 143 – Der Triumph der klassizistischen Reihe 145 – Gotik oder Renaissance, was darf's sein? 151 – Jugendstil und Schriftreform 153

Die Schönen und die Schnellen, geschrieben und gedruckt 161

Gedruckt wie geschrieben 163 – Die Italic, ein Kind des Vatikans 164 – Von der barocken zur englischen Schreibweise 169 – Die deutsche Kurrent 173 – Die Kursiven machten sich selbstständig und heißen jetzt Scripts 175 – Mit dem Bleistift ins All 179

Warum manche Schriften dicke Füße haben, andere dagegen gar keine 181

Serifenlose Schriften gab es schon immer 183 – Ein glückloser Feldzug veränderte die Schrift 186 – Neues Denken, neues Gestalten – Zeit der Experimente 191 – Grotesk und Egyptienne – modern und technisch 195

Die Schrift geht mit jedem, oder die Macht des Zeitgeistes 199

Die stilistische Einheit von Architektur, Kunst, Design, Schrift und Typografie 201 – parabolisch 201 – rechtwinklig 203 – aufgeblasen 204 – klotzig 206 – nostalgisch 208 – klassizistisch 209 – achteckig 211 – dekonstruktivistisch 212

Druckschriften heute 215

Kleine Druckschriftenkunde 217

Anhang: Mein Dank 221 – Literatur 222 – Bildnachweis 224 – Register 226

Schriftzeichen der Vinča-Kultur

Mit Bildern hat es angefangen

Mit Bildern hat die Schriftlichkeit der meisten Kulturen angefangen. Die frühesten uns bekannten Schriftzeugnisse, die *alteuropäischen*, sind über 8000 Jahre alt. Ihr Verbreitungsgebiet entspricht etwa dem heutigen Serbien um Belgrad und Teilen von Ungarn, Rumänien und Bulgarien. Erst in den sechziger Jahren des 20. Jahrhunderts fanden Archäologen von dieser nach dem Ausgrabungsort *Vinca* genannten Kultur zahlreiche keramische Gegenstände mit teils bildhaften, teils schon zeichenhaften Inschriften. Sie sind 2000 Jahre älter als alle bisher bekannten Schriftzeugnisse. Man vermutet einen sakralen Gebrauch. Erst um 1970 wurde das genaue Alter durch dendrochronologische Messungen bekannt. Es gibt jedoch keine Verbindung zu unserer Schrift, weil die dort lebenden vorindogermanischen Ackerbauern um 4000 v. Chr. dem Druck indogermanischer Reiternomaden weichen mussten. Ihre Kultur verschwand – die Eroberer kannten keine Schrift.

Bitten um überirdischen Beistand, um Ernte oder Kindersegen, der Handel, die Darstellung der Macht und die Vorstellung vom Weiterleben nach dem Tod führten zur Bilderschrift. Daraus entstanden Ideenschriften, die einem Bild eine bestimmte nicht darstellbare Bedeutung zuwiesen. Ein Beispiel zeigt die indianische Felszeichnung, die von einem Kriegszug berichtet. Das Unternehmen dauerte drei Tage. Wie kann man die Zeit darstellen? Der indianische Chronist behalf sich mit einem Bilderrätsel. Er meißelte drei Bögen und drei Punkte, die für den dreimaligen Sonnenauf- und untergang stehen sollten. Der Ideenschrift folgten die Wortschrift, die Silbenschrift, die alphabetische Konsonantenschrift und zuletzt unsere alphabetische Lautschrift.

Für die Beschreibung dieses langen Weges bekam ich die Unterstützung vieler kluger Leute, die mich über den letzten Stand ihrer Wissenschaft informierten. Dafür bin ich ihnen allen dankbar.

Stuttgart 2010 — Max Bollwage

Diese Felszeichnung nordamerikanischer Indianer vom Michigansee berichtet von einem drei Tage dauernden Kriegszug mit großen Booten. Die drei Tage sind durch dreimalige Sonnenauf- und untergänge dargestellt.

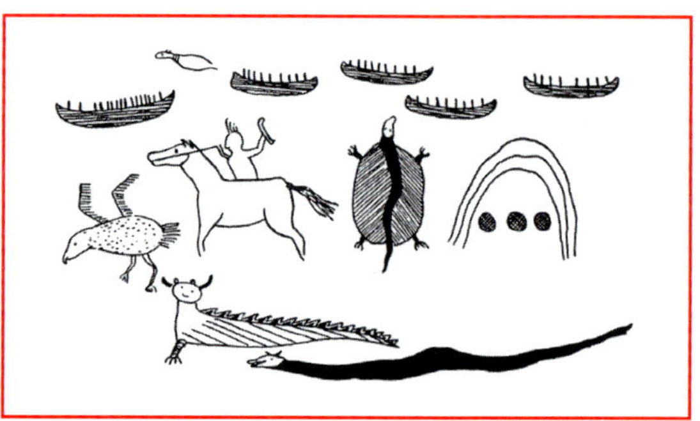

Von der Eigentumsmarke zur Schrift der Gottesworte

Seite 9
Die Zeichen zeigen das sogenannte Hieroglyphenalphabet. Es besteht aus einkonsonantischen Silbenzeichen, die die Ägypter zwar zum Schreiben ausländischer Namen benutzten, jedoch nie für Texte. Für die Arbeiter in den Bergwerken auf dem Sinai entstand daraus um etwa 2000 v. Chr. das Alphabet ihrer semitischen Sprache. Der Ochsenkopf war für die Ägypter ein Zeichen, das nicht gelesen wurde, sondern das nur im Text darauf hinwies, dass es sich um Rindvieh handelte. Die Semiten machten daraus den ersten Konsonanten ihres Alphabets.

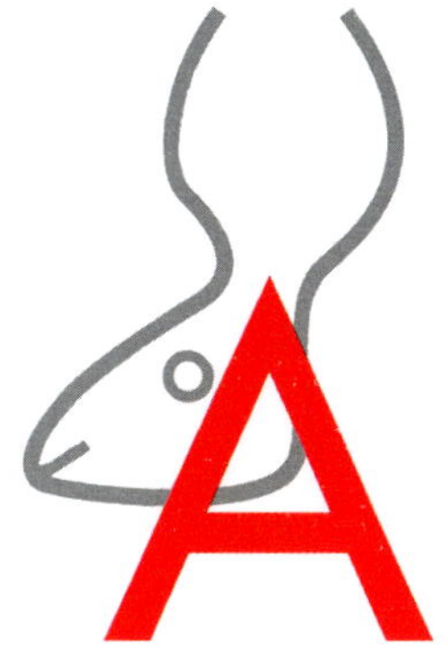

Als ägyptische Könige Elefant, Skorpion und Falke hießen

Am Beispiel Ägyptens, dem Ursprungsland unseres Alphabets, können wir Schritt für Schritt verfolgen, wie sich die immer vollkommenere schriftliche Wiedergabe der Sprache entwickelte. Dass unsere Schrift in Ägypten ihren Ursprung hat, ist erst seit jüngster Zeit belegt, und das hat einen namhaften Ägyptologen zu dem Ausspruch verleitet: „Wir schreiben alle Hieroglyphen"[1]. Faszinierend ist die Entwicklung dieser für Nichtägyptologen so geheimnisvollen Bilder. Sie begegnen uns schon in sehr frühen Zeugnissen formal bestechend durchgebildet. Die Stilisierung zeigte vor über 6000 Jahren eine Meisterschaft und Originalität, die heutigen Signets und Piktogrammen in nichts nachstehen. Die frühesten bekannten Hieroglyphen können nur als Bildergeschichten und Herkunftsangaben gedeutet und noch nicht als Schrift gelesen werden. Dennoch zeigen sie schon Elemente, wie man sie für die Wiedergabe der Sprache braucht. Und das in einer Form, die im Wesentlichen mehr als 3000 Jahre gleichgeblieben ist. Besonders im Erfinden von Bildkombinationen als Mittel der Kommunikation waren die alten Ägypter höchst einfallsreich. Diese noch sprachunabhängige, unseren Bilderrätseln vergleichbare Technik bietet reichlich Denksport für Ägyptologen, die uns manchmal recht unterschiedliche Lösungen anbieten.

Der Ursprung der Hieroglyphenschrift liegt wie bei den anderen altorientalischen Schriftsystemen im nüchternen Umfeld der Verwaltung und der Wirtschaft. Es ging vorwiegend um das Registrieren und Kennzeichnen von Sachen und deren Mengen. Das haben Funde aus den frühen Königsgräbern von Abydos, der ältesten Königsstadt, ergeben. Seit 1977 graben dort Archäologen des Deutschen Achäologischen Instituts. Diese Gräber wurden für archaische Könige angelegt, die lange vor den bekannten Pharaonen herrschten und Königsnamen wie frühe Gottheiten führten. Da gab es am Ende des vierten Jahrtausends v. Chr. Namensbilder von *König Falke, König Stierkopf, König Storch, König Löwe, König Elefant* oder *König Skorpion*. Die Abbildungen dieser Namenstiere wurden wie Wappenbilder oder Signete als Eigentumszeichen eingesetzt. Man fand in den Gräbern von Abydos kleine durchbohrte Täfelchen mit einem Tierzeichen und dem Bild eines Baumes. Mit solchen Anhängern wurde der Reiseproviant für den Toten als von einem königlichen Gutshof stammend gekennzeichnet.

Nachdem die zuerst locker geritzten Zeichen zu sorgfältig durchgearbeiteten Abbildern geworden waren, dienten sie zunächst der politischen und religiösen Repräsentation. Als „Schrift der Gottesworte"[2], wie die Zeichen

Piktogramme für König Falke und König Skorpion. Nach Günter Dreyer, Deutsches Archäologisches Institut, Kairo.

[1] K.-Th. Zauzich.
[2] Jan Assmann: *Das kulturelle Gedächtnis* (s. S. 88).

von den Ägyptern genannt wurden, waren sie Teil der monumentalen Bildkunst und Architektur. Sie bewahrten ihren Bildcharakter bis zum Untergang der altägypischen Kultur. Den Namen Hieroglyphen, *heilige Kerben*, gaben ihnen die Griechen.

Was uns an der Hieroglyphenschrift so beeindruckt, ist ihre Gestaltfestigkeit durch die Jahrtausende. Darin gleichen sie den anderen Kunstformen der ägyptischen Ritualkultur. Auch alte Tempelformen wurden immer wieder kopiert, denn ein über und über mit Hieroglyphentexten bedeckter Tempel hatte als „Hort der Gottesworte" für die alten Ägypter die gleiche Bedeutung wie der Koran für die Muslime und die Thora für die Juden. Nichts durfte daran geändert werden[3]. Auch die einmal gefundenen Idealformen der Statuen wurden kanonisiert und konsequent beibehalten. Das galt zumindest für Götter und Göttinnen, Pharaonen und Königinnen und andere hochgestellte Personen. Bei weniger herausragenden Zeitgenossen jedoch trifft man hin und wieder auch auf realistische, ja drastische Darstellungen.

Das heißt nicht, dass es keine hervorragenden Porträts gegeben hätte. Pharaonen und Königinnen sind durchaus als Individuen gekennzeichnet. Fast jeder kennt heute die eindrucksvollen Gesichter von Tutenchamun, Echnaton oder Nofretete. Ihre übrigen Körperformen jedoch sind wie bei den meisten Statuen idealisiert.

Linke Seite:
Isistempel von Philae.
Zeichnung eines Teilnehmers am ägyptischen Feldzug des Generals Bonaparte.
Aus: Description de l'Egypte 1802.

Das Bilderrätsel des Königs Narmer

Bevor die bekannten Dynastien der vielen seit 3000 v. Chr. nacheinander oder gleichzeitig regierenden Pharaonen und Königinnen gegründet wurden, gab es schon die oben erwähnten Könige mit den Tiernamen. Deren Existenz in der Zeit vor 3000 v. Chr. hat die Kultur am Nil ebenso alt werden lassen wie die an Euphrat und Tigris. König Falke erkämpfte die Einheit „der beiden Länder", wie Ägypten seither hieß. Diese Einheit gegen den Widerstand der Deltabewohner in immer neuen Kämpfen zu bewahren, war das blutige Geschäft der Nachfolger. Die Pharaonen trugen fortan durch die Jahrtausende die weiße Krone Oberägyptens und die rote Krone des Nildeltas als Doppelkrone. Ebenso treten die Hieroglyphen Binse für Ober- und Lotus für Unterägypten gemeinsam auf.

Einer der frühen Könige, der letzte vor Beginn der bekannten Dynastien ägyptischer Pharaonen, war NARMER, König in Ober- und Unterägypten. Aus Dankbarkeit für den Beistand des göttlichen Himmelsfalken Horus stiftete der siegreiche König für dessen Tempel eine Schminkpalette. Das war ein zeremonielles Prunkstück aus Kalkstein von 60 cm Länge.

Auf der erstaunlich sorgfältig gearbeiteten Palette – wir befinden uns in der frühen Bronzezeit – ist die herausragende Person selbstverständlich der König. Seine Namenshieroglyphe steht sowohl auf der Vorder- als auch

[3] Jan Assmann: *Das kulturelle Gedächtnis* (s. S. 88).

Rückseite einer zeremoniellen Schminkpalette (63 x 40 cm). Rechts oben die Darstellung des Sieges König Narmers und der keulenschwingende König.

auf der Rückseite oben zwischen zwei Köpfen der kuhgestaltigen Göttin Hathor. Wie aber gaben die Ägypter diesen zweisilbigen, nicht darstellbaren Königsnamen wieder, wo sie doch nur Bilder zur Verfügung hatten? Eben durch Bilder! Sie erfanden ein Bilderrätsel, dessen Auflösung den Namen verriet. In unserem Fall NARMER schuf der Vorzeichner für den Bildhauer einen Fisch, dessen Name der ersten Silbe NR gleicht, und darunter einen Meißel für die Darstellung der zweiten Silbe MR. Der Vorzeichner der Narmerpalette musste sich aber noch mehr einfallen lassen, um der Nachwelt von den Taten des Königs zu künden. Auf der Palette erkennen wir rechts oben ein weiteres Bilderrätsel. Es zeigt einen Falken für den König, der sich den Beinamen Falke nach dem großen Eroberer König Falke zugelegt haben soll, um sich damit in die Reihe seiner Vorgänger zu stellen, die diesen Beinamen ebenfalls getragen haben sollen. Vergleichbar den römischen Kaisern, die nach ihren großen Vorbildern die Beinamen Caesar und Augustus angenommen hatten. Der Falke führt an einem Seil einen männlichen Kopf, der an einem umrandeten Feld sitzt. Das Bild des Seils steht für das im Ägyptischen ähnlich lautende, aber nicht darstellbare Wort *nehmen*, so als ob wir das Wort *wagen* durch einen *Wagen* wiedergeben wollten. Die Ägypter nutzten solche *Homonyme* genannten gleichlautenden Wörter, um mit Hilfe eines darstellbaren Begriffs ein Zeichen für ein ähnlich klingendes, aber nicht darstellbares Wort zu gewinnen. Die richtige Lesart ergab sich aus dem Zusammenhang. Über dem Feld stehen sechs stilisierte Lotusstängel. Ein Lotusstängel steht im Altägyptischen für die Zahl 1000, weil es diese Pflanze tausendfach gab. Die allgemeine Lesart lautet: Der König nahm das Land und 6000 Gefangene. Und dass es sich um Unterägypten handelt, wird noch durch ein anderes Rätselbild deutlich, das unter dem Feld angebracht ist. Es soll sich um den Namen des unterworfenen Landes handeln, dargestellt durch eine Harpune, deren Name wie der Name des eroberten Landes geklungen haben soll. Die Wasserfläche darunter mag auf die Lage dieses Landes am Meer, also auf Unterägypten, hinweisen.

Die Ägypter schrieben nur Konsonanten – und wie haben sie gesprochen?

Der Kunstgriff, für nicht darstellbare Dinge ähnlich lautende, aber darstellbare Wörter heranzuziehen, erleichterte es den Ägyptern, sich bilderschriftlich auszudrücken. Das reichte, solange es um einfache Mitteilungen und Aufzählungen ging. Aber mit der wachsenden Vervollkommnung der Schriftsprache wuchs in den folgenden Jahrhunderten das Verlangen nach deren genauer und vor allem unmissverständlicher Wiedergabe.

Das konnten die einfachen Bilder, die *Piktogramme*, nicht leisten. Dazu mussten Bilder gefunden werden, die mehr ausdrücken konnten, als sie zeigten. Es waren dies Sinnzeichen oder *Ideogramme*. Sie funktionierten ähnlich wie unsere Verkehrsschilder, auf denen zum Beispiel ein Hirsch nicht meint, dass da gleich ein Hirsch kommt, sondern das Bild bedeutet mehr, eben „Wildwechsel". Ein Schild mit einem schaufelnden Mann lässt keinen einsamen Arbeiter erwarten, sondern eine ganze Baustelle mit vielen Arbeitern und Maschinen. Damit Ideogramme verstanden werden, bedarf es der Übereinkunft zwischen Schreiber und Leser. Die Sinnzeichen können nicht mehr geraten, sondern müssen gelernt werden.

Der wachsenden Zahl der Zeichen begegneten die Schrifterfinder durch den verstärkten Einsatz von *Homonymen*, die wir auch in unserer Sprache kennen. Es sind gleichlautende Wörter, die verschiedene Bedeutung haben, wie Stock = Knüppel und Stock = Etage, der Wagen und wagen, die Feige und feige und ähnliche. Die Ägypter, die nur die Konsonanten eines Wortes schrieben, weil diese die größere Bedeutung für ihre Sprache hatten, brauchten somit vielfach nur ein einziges Zeichen, um mehrere Wörter mit verschiedener Bedeutung, aber gleichen Konsonanten wiederzugeben.

In unsere Sprache übertragen bedeutet das, dass nicht nur der Tor und das Tor mit einem einzigen Zeichen „Tr" geschrieben würden, sondern ebenso „Tür", „Tier" und „Teer". Damit verlor das ursprünglich gewählte Bild seine eigentliche Bedeutung und war nur noch ein gemeinsames Zeichen für alle Wörter oder Silben mit gleichen Konsonanten. Es wurde zum *Phonogramm*. Um Verwechslungen zu vermeiden, bekamen solche Zeichen ein weiteres Zeichen zugesellt, das anzeigte, welche Bedeutung gemeint war. Das waren die *Determinative, Bestimmungs-* oder *Deutzeichen,* die nur dem Verständnis dienten, aber selbst nicht gelesen wurden (vgl. Stierkopfzeichen S. 9).

Die Ägypter kannten Zeichen für dreikonsonantische, zweikonsonantische und einkonsonantische Silben. Bei dieser Schreibweise ist es geblieben.

Hieroglyphen als *Piktogramme*, also Wortzeichen, bedeuten das, was sie zeigen: Hier „Frau", „alter Mann" und „Sonne".

Hierglyphen als *Ideogramme* drücken mehr aus, als sie zeigen: Hier „fliegen", „schlagen", „gehen".

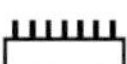   

Hieroglyphen als *Phonogramme* sind Silbenzeichen und stehen nur noch für ihre ein, zwei oder drei Konsonanten. Von links: Spielbrett *mn*, Krug *nw*, Korb *nb* und Meißel *mr*.

Beispiele für die Anwendung von Deutzeichen für Silbenzeichen mit mehreren Bedeutungen. Hier die Hieroglyphen für Hase *wn* und Wasser *n*, die Verschiedenes bedeuten können.

Die Silbenzeichen *wn* und *n* mit dem Deutzeichen *Tür* bedeuten *öffnen*.

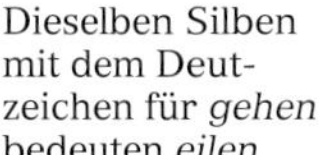

Dieselben Silben mit dem Deutzeichen für *gehen* bedeuten *eilen*,

mit dem Deutzeichen *Haarlocke* bedeuten sie *kahl werden*,

und mit dem Deutzeichen *Sonne* bedeuten sie *Licht*.

Die Konsonanten spielten damals im Ägyptischen, wie heute noch im Hebräischen und Arabischen, eine viel größere Rolle als bei uns, denn die Ägypter unterschieden weitaus mehr Konsonanten als wir. Ob ein Konsonant vorn oder hinten im Rachen geformt, ob er hart oder weich, stimmhaft oder stimmlos war, immer erhielt er ein besonderes Zeichen. So wurde zwischen dem ch in „Bach" und jenem in „ich" unterschieden. Selbst der harte Stimmeinsatz vor Anfangsvokalen wie beim a in „Anton" im Gegensatz zum a in „Hase" hatte sein Zeichen.

Die Ägyptologen pflegen an die Stelle der ihnen unbekannten, weil nicht geschriebenen Vokale meistens ein E zu setzen. Da sie aber die E an verschiedenen Stellen zwischen den Konsonanten verteilen, lesen sich ägyptische Namen höchst unterschiedlich. So heißt die bekannte Königin bei uns *Nofretete*, in englischen Büchern *Nefertiti*. Darum würden sich ein heutiger Ägyptologe und ein damaliger Ägypter kaum unterhalten können, schriftlich jedoch – ohne Vokale – könnte die Verständigung gelingen.

Das für uns Erstaunliche ist nun, dass die Ägypter die einkonsonantischen Zeichen immer nur als Silbenzeichen verstanden und kein Alphabet daraus gemacht haben. Sie wollten und sie durften nicht, denn wer hätte nach Einführung der Alphabetschrift noch die „Gottesworte" am und im Tempel und in den heiligen Schriften lesen können! Also behielten sie ihr zwar umständliches, aber ungemein genaues und ausdrucksstarkes Schriftsystem aus Wort, Silben, Konsonanten und Deutzeichen durch die Jahrtausende bei. Nur die fremdländischen Namen setzten sie aus einkonsonantischen Silbenzeichen zusammen. Dies alles machte die spätere Entzifferung so schwer, denn keiner der gelehrten Männer, die sich daran gewagt haben, konnte sich zunächst ein derartig kompliziertes Schriftsystem vorstellen.

Die Ägypter konnten religiös hymnische oder profan sachliche, medizinische, lyrische, spöttische oder wie auch immer geartete Texte schreiben. Selbst die direkte und indirekte Rede vermochten sie in ihren Hieroglyphentexten zu unterscheiden. Sie konnten den Umfang eines Kreises berechnen, ohne die Zahl Pi zu kennen, und sie konnten ein rechtwinkliges Dreieck konstruieren, lange bevor Pythagoras seinen berühmten Satz formulierte.

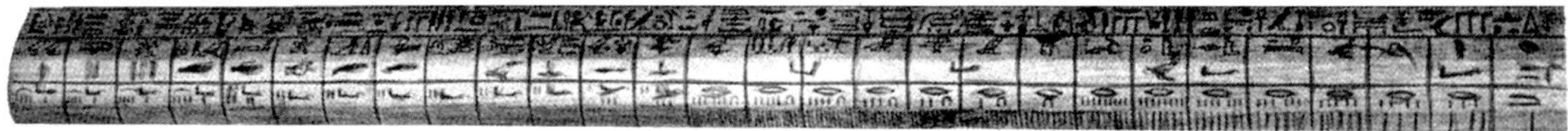

Maßstab mit Hieroglyphen

Sie haben den Gestaltungsraster erfunden

Die Schreiber der Hieroglyphen befolgten feste Regeln. Die Ästhetik bestimmte die Anordnung der Hieroglyphen. Sowohl der Schrift als auch den Bildern lag ein einheitliches Gitternetz aus Quadraten zu Grunde. Die Quadrate bestimmten die Ausdehnung der größten Hieroglyphen. Innerhalb eines Quadrats wurden die Zeichen so angeordnet, wie es am besten aussah.

Nicht immer geschah dies mit der gebotenen Sorgfalt. Da Schrift und Bild eine Einheit waren, richtete sich der Bildaufbau nach dem gleichen geometrischen Ordnungsprinzip. Die senkrechte und die waagrechte Mittelachse sowie die beiden Diagonalen deckten sich mit dem Gitternetz und bestimmten Ort und Richtung der Abbildungen. In unserem Beispiel steht der Opfertisch genau in der Mittelachse, mit den Opfergaben im Mittelpunkt und Osiris links davon. Er war der Herrscher des Totenreichs, das sich die Ägypter im Westen ihres Landes dachten. Der tote, opfernde Pharao besetzt die rechte Hälfte des Bildes. Die Insignien der göttlichen Macht, die Osiris in den Händen hält, sind wie die Arme des spendenden Königs an den Bilddiagonalen ausgerichtet.

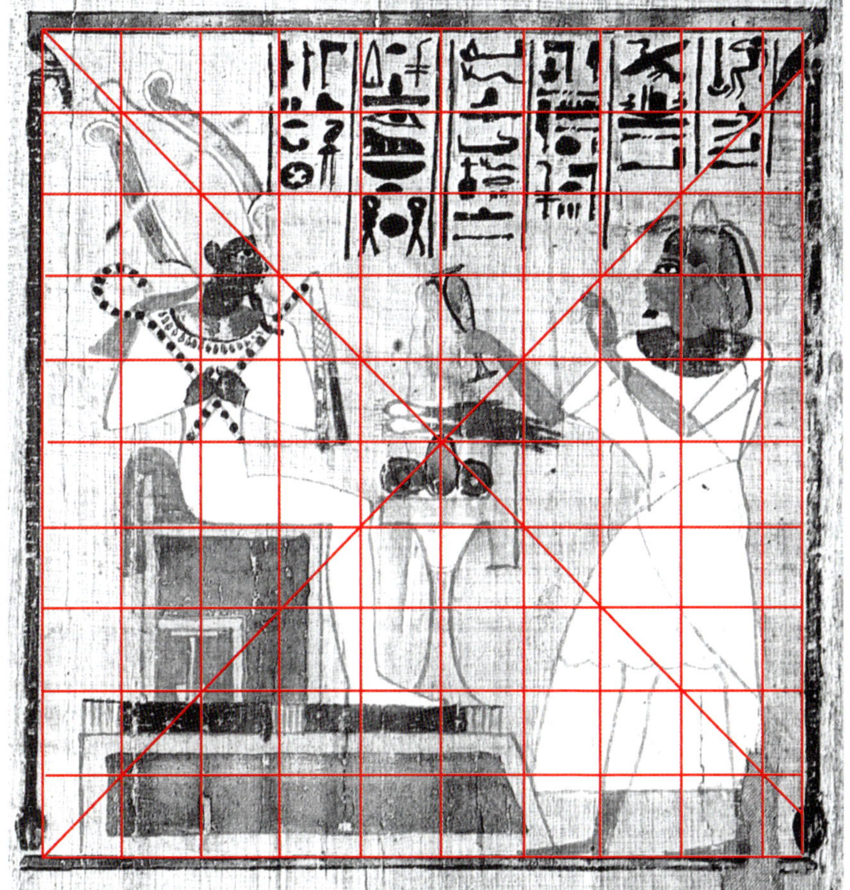

Der Ausschnitt aus einem Totenbuch zeigt den strengen Bildaufbau und den zu Grunde liegenden Raster.

Es handelt sich hier um einen Ausschnitt aus einem Totenbuch. Solche Totenbücher wurden auf Papyrusrollen geschrieben und dem Toten in den Sarg gelegt. Sie enthielten religiöse Texte, Zaubersprüche, Gebete und Verhaltensregeln, die dem Toten helfen sollten, unbeschadet ins Jenseits zu gelangen und der dortigen Freuden teilhaftig zu werden. Die Bilder zeigten dem Toten, was ihn erwartete, damit er sich darauf einstellen konnte. Ein Hauptbild war das Totengericht unter dem Vorsitz von Osiris, begleitet von verschiedenen Göttern. Die Bilder enthielten gezeichnete Hieroglyphen, der laufende Text daneben bestand entweder aus geschriebenen Buchhieroglyphen oder aus der hieratischen Schrift, einer stark vereinfachten Hieroglyphenschrift.

Geniale Schreiber brachten es bis zum Kanzler des Reichs

Es kann nicht verwundern, dass die Beherrscher des komplizierten Schriftsystems geachtete Männer waren. Ihr souveräner Umgang mit der Unzahl von Hieroglyphen, deren Bestand sie stetig erweitern mussten, um mit der Entwicklung der Sprache Schritt zu halten und deren Wiedergabe zu verfeinern, machte sie unentbehrlich und brachte sie in die höchsten Ämter. Sie waren bedeutende Beamte, auch Mathematiker, Baumeister, Gebietsherren und Großwesire, die etwa einem Kanzler entsprachen. Sie bauten für sich große, üppig ausgestattete Grabkammern, deren Bemalungen uns das Leben im damaligen Ägypten mit großer Detailtreue schildern. Die dargestellten Beamten, Bauern, Fischer und Arbeiter agieren oft sehr lebhaft und sprechen sogar. Was sie sagen, steht in Hieroglyphenschrift neben ihren Köpfen. Ihre Ausdrucksweise entspricht aber keineswegs der Würde einer Grabkammer, sondern ihrem rauen Umgang miteinander. Wären die Sätze umrandet, glichen sie den Sprechblasen in unseren Comics.

Sprechblasen auf Ägyptisch. Von einem Wandrelief im Grab eines hohen Beamten in Sakkara.

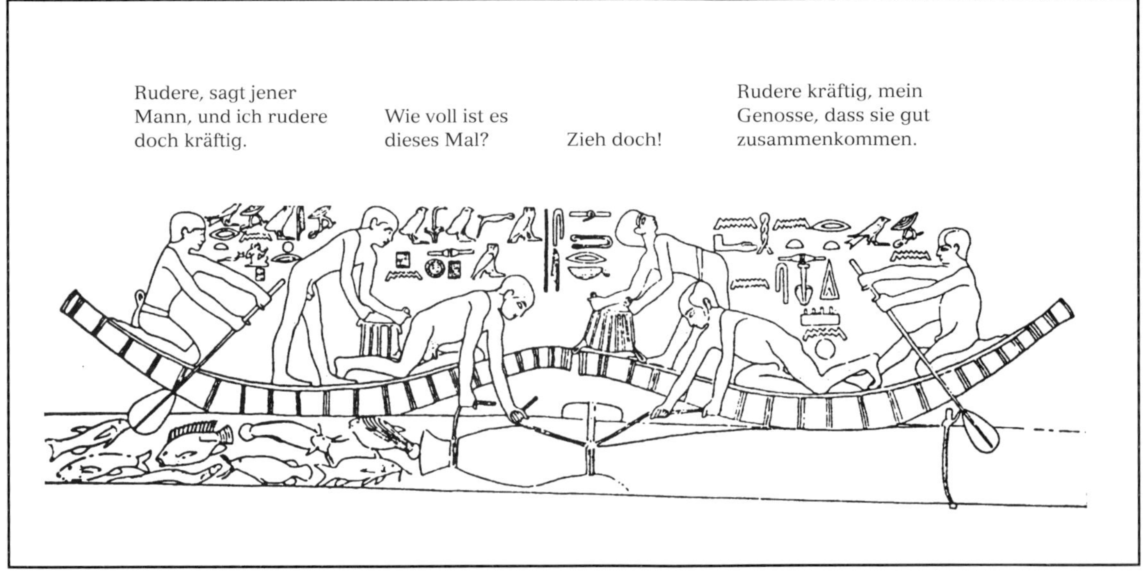

Den Schreibern unterstand nicht nur die Verwaltung, sondern auch das Gerichtswesen. Sie waren für die richtige Ausgestaltung der Grabkammern ebenso zuständig wie für das Bau- und Ingenieurwesen und die Dokumentation der Wissenschaften wie Astronomie und Medizin. Die Grundausbildung dauerte vier Jahre. Daran schloss sich die Spezialausbildung für einen bestimmten Bereich in der Verwaltung an, sei es im Staats- oder Tempeldienst. Anfangs war diese gehobene Stellung noch erblich, und der Vater unterrichtete den Sohn. Später entstanden Schulen, denn mit wachsendem Bedarf fanden auch Schreiber Verwendung, die nur der rund 600 Zeichen der hieratischen Schrift mächtig waren und dazu noch rechnen konnten.

Die Hierarchie der Beamten wurde mit der Zeit sehr differenziert. Es gab Schreiber, Aufseher der Schreiber, Vorsteher, Untervorsteher und ähnliche Titel. Kurz, eine perfekte Bürokratie.

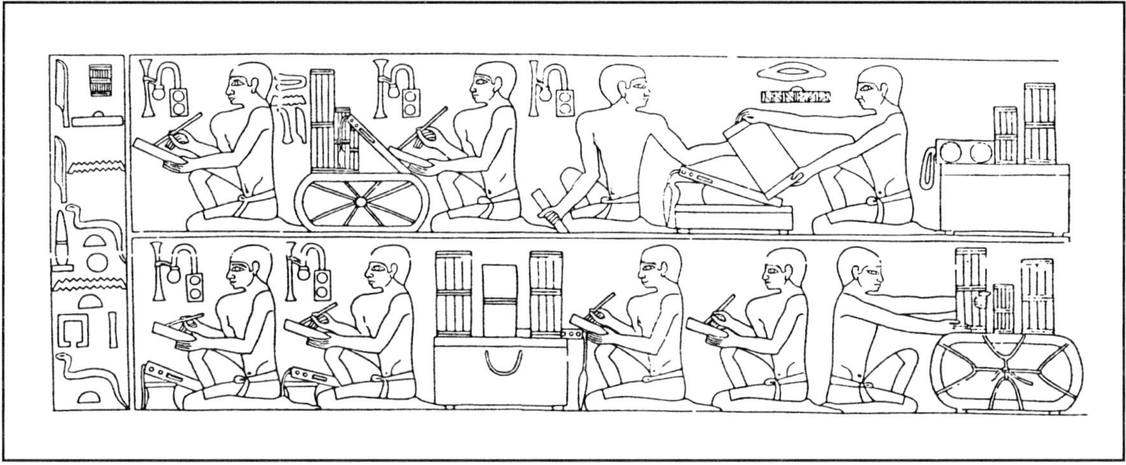

Blick in ein Büro. Neben jedem Beamten steht die Hieroglyphe für Schreiber. Auf den Truhen stehen die Papyrusrollen. Aus demselben Grab wie die vorhergehende Abbildung.

Verdienten Schreiberbeamten wurde gestattet, Standbilder von sich anfertigen und im Tempel aufstellen zu lassen. Hervorragende Beamte ließen sich trotz höchster Stellung mit dem Werkzeug des Schreibers abbilden. Selbst die Pharaonen waren stolz, wenn sie schreiben konnten. In einem Brief betonte ein Pharao sogar, dass er diesen Brief mit „seinen zwei Fingern" geschrieben habe.

Wie erstrebenswert der Beruf des Schreibers war, zeigt uns der erhaltene Brief eines Vaters an seinen Sohn: *„Lerne zu schreiben, damit du dich aller schweren Arbeit entziehen kannst. Der Schreiber ist von Handarbeit entbunden; er ist derjenige, der die Befehle und Anordnungen gibt."*

Für die Schreiber waren zwei Gottheiten zuständig: die Göttin Seschat und der ibisköpfige Gott Thot. Seschat wurde fast immer schreibend dargestellt. Oft trug sie dabei – wie jeder zünftige Schreiber – ihr Schreibgerät über der Schulter. Thot führte das Protokoll beim Totengericht und stand hinter der Waage, auf der das Herz des Toten gewogen wurde.

Bildnis des obersten Schreibers und Wesirs Hesire. In der Rechten hält er ein Zepter als Zeichen seiner Macht, in der Linken den Stab des hohen Beamten und sein Schreibzeug. Er war auch für Medizin und Zahnheilkunde zuständig. Um 2600 v. Chr.

Die Hieroglyphe für Schreiber zeigt den Köcher für die Schreibbinsen, das Wassergefäß und die beiden Farbkuchen.

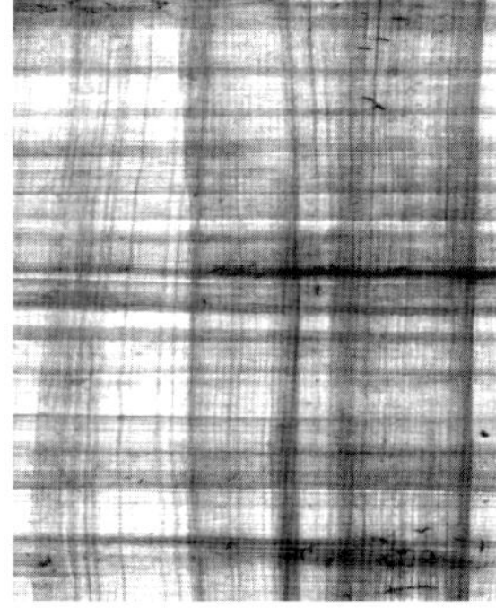

Das durchleuchtete Papyrusblatt zeigt die waagerechten und senkrechten Lagen der Streifen.

Die ersten Bücher wurden gerollt

Als Schreibmaterial für die alltäglichen Schreibereien, Abrechnungen, privaten Urkunden, Notizen und Skizzen benutzten die Ägypter, wie im ganzen alten Orient üblich, einfach Scherben von zerbrochener Keramik oder die reichlich vorhandenen Kalksteinplättchen. Die Archäologen nennen sie *Ostraka*. Die Zeichen wurden mit einem scharfen Gegenstand eingeritzt oder mit Tinte geschrieben. Anspruchsvollere Texte, wie die schon erwähnten Totenbücher, wurden auf Papyrus geschrieben. Die Entdeckung des Papyrus als Beschreibstoff war eine der großen Kulturleistungen der Ägypter. Die bis zu drei Meter hoch wachsende Papyrusstaude war die beherrschende Pflanze im Nildelta. Die Verwendungsmöglichkeiten waren unerschöpflich und reichten von der Herstellung von Sandalen und Seilen aus dem Bast der Rinde bis zum Bau von Hochseeschiffen. Der norwegische Forscher Thor Heyerdahl ist mit einem nachgebauten Papyrusschiff 1970 sogar über den Atlantik gesegelt, um die Hochseetüchtigkeit dieses Materials zu beweisen.

Die weichen, im Wasser stehenden Teile konnte man essen. Die dicken Stängel wurden entrindet, in halbmeterlange Stücke geteilt, und das Mark wurde der Länge nach in feine Streifen geschnitten. Die Streifen wurden leicht überlappend nebeneinandergelegt, eine gleiche Lage kam quer darüber. Das Ganze wurde gepresst, der Saft verklebte die Streifen, und nach der Trocknung wurde das so entstandene Blatt geglättet. Nun konnte man nach Bedarf beliebig viele Blätter aneinanderkleben und dann rollen. Der *Papyrus Harris* im Britischen Museum ist 40 m lang.

Geschrieben wurde mit Binsenstängeln. Selbst bei renommierten Autoren liest man leider immer wieder, dass die Ägypter die Binsen an

Papyrusernte

einem Ende zerkaut hätten, um damit einen Pinsel zum Schreiben zu erhalten. Kaum einer der Autoren, die diese Meinung offenbar voneinander übernommen haben, dürfte je versucht haben, mit einem zerkauten Binsenstängel zu schreiben. Dabei gehört nicht viel Phantasie dazu, sich ein mit einem solchen „Pinsel" geschriebenes Schriftzeichen vorzustellen. Es wäre kein Schriftzeichen mehr.

Eine Binse der entsprechenden Stärke muss nur an einem Ende zusammengedrückt und in Tinte getaucht werden, dann lässt sich mit ihr exakt und verblüffend scharf wie mit einer breiten Stahlfeder schreiben. Wie anders hätten die brillant geschriebenen Totenbücher entstehen können! Die Binse war ein ideales Schreibwerkzeug. In beliebigen Stärken und in unerschöpflicher Zahl billig zu haben und leicht zu entsorgen. Einen besonderen Vorzug der Binsen, den ich bei Versuchen feststellen konnte, fand ich noch nirgends beschrieben: Das Mark saugt sich mit Farbe voll wie ein Füllfederhalter und erlaubt so ein längeres Schreiben ohne Unterbrechung.

Palette Tutenchamuns aus Elfenbein mit den Farbkuchen und den Schreibbinsen.

Die rote Farbe der Schreiber bestand aus Erden, vornehmlich rotem Ocker. Schwarz wurde aus Ruß oder gemahlener Holzkohle hergestellt, die mit Gummi arabicum gebunden wurde. Die Farben wurden als kleine Kuchen auf die Schreibpaletten geklebt, ähnlich unseren Farben in den Schulmalkästen. Mit der roten Farbe wurden Stellen von besonderer Bedeutung hervorgehoben. Und so ist es über die Jahrtausende geblieben und wird von unseren Schulmeistern noch immer praktiziert.

Die reichhaltige Farbpalette der ägyptischen Maler kennen wir ziemlich genau. Sie nutzten sowohl farbige Mineralien, als auch eigens hergestellte Pigmente. Schon um 2500 v. Chr. soll es davon eine umfangreiche Produktion gegeben haben, dazu einen regen Handel mit diesen Farbstoffen. Das geht aus Inventar- und Tributlisten hervor. Seit der Gewinnung kupferhaltiger Mineralien verfügten die Ägypter über eine stattliche Auswahl von Farbtönen, die sie durch Zusammenschmelzen verschiedener Stoffe wie Sand, Kalk und eben den Mineralien erzielten. Sie konnten auch schon die enormen Temperaturen erzeugen, die nötig waren, um die entsprechenden Verbindungen zu erhalten. Eine der wichtigsten war *Ägyptisch-Blau*, das im ganzen Vorderen Orient und später auch in Rom benutzt wurde. Ein anderes kupferhaltiges Pigment war *Ägyptisch-Grün*. Kobaltblau, das sich erst beim Brennen blau färbte, blieb der Keramikherstellung vorbehalten. Weiß, Gelb und Rot wurden aus Kreide, Gips und metallhaltigen Erden gewonnen[4]. Die Kupfer- und Malachitbergwerke der Sinai-Halbinsel, von denen im nächsten Kapitel noch die Rede sein wird, lieferten wichtige Mineralien für die Farbengewinnung.

Zur „Schrift der Gottesworte" kamen die Schriften für den Alltag

Die Hieroglyphenschrift blieb formal durch 3000 Jahre gleich, wurde jedoch im Verlauf dieser Zeit um mehrere Tausend Zeichen erweitert. Hinzu kam die geschriebene Buchschrift, die die hieroglyphischen Formen mit der wechselnden Strichstärke des Federzugs nachzeichnete. Wegen der Unantastbarkeit der Hieroglyphen und um schneller schreiben zu können entwickelten die Ägypter schon sehr früh eine Verkehrsschrift, die *Hieratische Schrift*, die in Verwaltung, Geschäftsverkehr und Literatur Verwendung fand. Sie hielt sich ebenfalls an die hieroglyphischen Vorlagen, war aber sehr stark vereinfacht, so dass sie zügig geschrieben werden konnte. Die Zahl der Zeichen blieb konstant bei rund 600. Durften die Hieroglyphen innerhalb der Raster-

Hieroglyphische Buchschrift. Die Formen sind vereinfacht, aber deutlich erkennbar. Der ibisköpfige Toth, der Gott der Schreiber, galt als Erfinder der Schrift, der „ewig redenden Stimme".

[4] J. Rieder: *Die Pigmente der Ägypter* (s. S. 88).

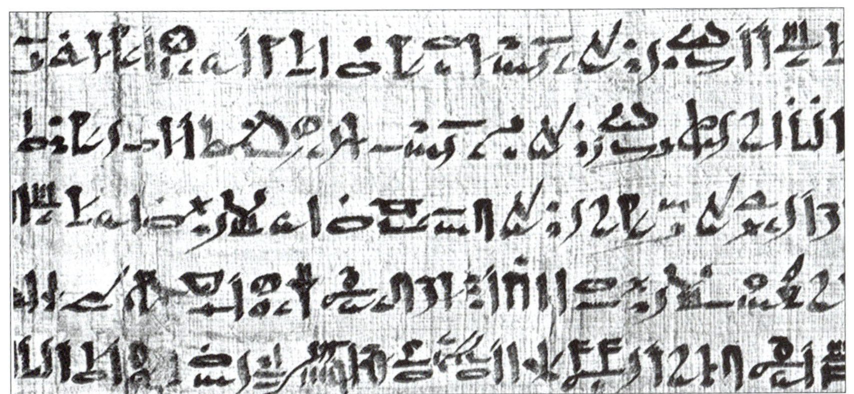

Hieratische Schrift, die verkürzte Hieroglyphenschrift. Die ursprünglichen Bilder sind nicht leicht zu erkennen.

Derselbe Text hieroglyphisch und hieratisch.

quadrate frei nach ästhetischen Gesichtspunkten angeordnet werden, so galten für das Hieratische strengere Regeln. Die so geschriebenen Texte sollten leicht gelesen werden können und nicht buchstabiert werden müssen. Bei den Hieroglyphen durfte die Schreibrichtung wechseln, für das Hieratische galt nur die Schreibrichtung von rechts nach links. Zunächst standen die Zeichen senkrecht untereinander, später waagerecht nebeneinander in gleichmäßigen Kolumnen.

Wie wir im Verlauf der Schriftgeschichte immer wieder erleben werden, beeinflusste schon in Ägypten die Alltagsschrift die Buchschrift. Aus der hieratischen Schrift entstanden eine anspruchsvolle kalligrafische Buchschrift auf Papyrus und eine flüchtigere Schrift für den Geschäftsverkehr auf den verschiedensten Beschreibstoffen. Die Griechen nannten die Verkehrsschrift „hieratische Schrift" und meinten damit eine *Priesterschrift*. Zu einer solchen war das Hieratische nämlich erstarrt, nachdem um 700 v. Chr. die Schriftzeichen noch weiter verkürzt worden waren. Diese Form bezeichneten die Griechen als *demotisch*. Der Begriff muss wohl als *gewöhnlich* verstanden werden, denn das „Volk" konnte damals nicht lesen und schreiben.

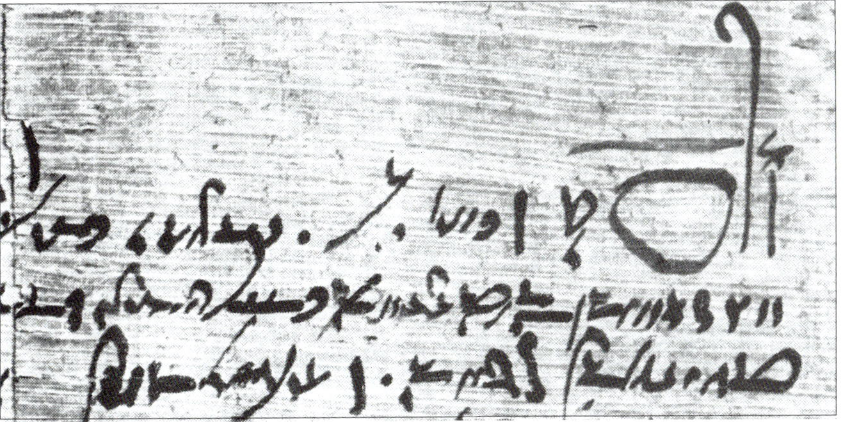

Die demotische Schrift besteht nur noch aus Zeichen.

Ein Ghetto für Künstler und Handwerker[5]

Lange beschäftigten sich die Archäologen und Ägyptologen ausschließlich mit den toten Pharaonen und deren Hinterlassenschaften. Darum weiß man zwar viel über die Herrscher und ihren Hofstaat, aber wenig über die, die für sie arbeiteten. Erst die Entdeckung der Siedlung *Deir el-Medineh* unweit des Tals der Könige erlaubt uns Einblicke in das Leben derer, die den toten Pharaonen den Weg ins Reich des Osiris bereiten mussten. Künstler und Handwerker, die mit der Ausgestaltung der prunkvollen Grabkammern betraut waren, lebten mit ihren Familien abgeschirmt im Wüstengebirge westlich des Nils gegenüber der alten Hauptstadt Theben. Die Maler, Schreiber, Maurer, Gipser, Steinmetzen waren weitgehend isoliert, damit sie die Lage der Königsgräber nicht verraten konnten. Der Ort ist gut erhalten, weil ihm dank seiner Lage das Nilhochwasser nichts anhaben konnte. Eine Fülle von Schriftfunden gibt uns Auskunft über das Leben der Menschen und ihren Alltag. Die Bewohner konnten ihrer Tätigkeit gemäß lesen und schreiben. So fanden sich dort zahllose beschriftete Scherben, Ostraka, das bevorzugte, kostenlose Schreibmaterial in der antiken Welt und ein beliebtes Übungsmaterial. Aber auch Papyri mit amtlichen Texten, Prozessakten, Listen über Werkzeuge und Materialien, die an die Arbeiter ausgeteilt wurden, mit Gedichten, Gebeten und Briefen tauchten auf.

Ergreifend ist der Brief eines Vaters, der sich mit der Bitte um eine heilende Salbe an seinen Sohn wandte, da er fürchtete, zu erblinden. Das kann nicht verwundern, wenn man sich die unterirdischen Arbeitsbedingungen tief in den Felsen vorstellt und dabei an den Staub und die kümmerliche Beleuchtung durch Öllämpchen denkt.

Die Fülle an vorgefundenen Schriftübungen lässt ahnen, welch harte Schule jeder zu durchlaufen hatte, der einmal „Zeichner der Umrisse" werden wollte. Das abgebildete Kalksteintäfelchen verrät etwas vom langen Weg zur Meisterschaft.

Übungsscherbe mit der Vorlage auf der einen und der Abschrift des Anfängers auf der anderen Seite.

[5] In: Spektrum der Wissenschaft 2/1997.

Ein Reinfall für Napoleon, ein Glücksfall für die Wissenschaft

Während des ägyptischen Feldzugs, auf den sich der junge General Bonaparte 1798 eingelassen hatte, und der so verlustreich enden sollte, entdeckte ein französischer Offizier bei Schanzarbeiten nahe dem ägyptischen Dorf *ar Rasid*, bekannt unter dem französischen Namen *Rosette*, eine Granitplatte, auf der ein Text in zwei Sprachen und drei verschiedenen Schriften eingegraben war: in altägyptischer und griechischer Sprache und in hieroglyphischer, demotischer und griechischer Schrift. Das war eine wissenschaftliche Sensation, denn dieser zweisprachige Text schien den Schlüssel zur Entzifferung der Hieroglyphen zu liefern. Prompt versuchten sich zahlreiche Gelehrte verschiedener Länder an der Übersetzung, doch ohne rechten Erfolg. Der englische Naturwissenschaftler Thomas Young entdeckte die Übereinstimmung der griechisch geschriebenen Königsnamen *Ptolemäus* und *Berenike* mit den hieroglyphisch geschriebenen. Beide Male waren die Namen eingerahmt. Im Demotischen jedoch fehlten diese sogenannten Kartuschen. Ptolemäus war der Name von 16 Pharaonen griechischer Abstammung, die nach der Besetzung Ägyptens durch Alexander den Großen 332 v. Chr. in Ägypten regierten. Bei dem Text auf dem Stein handelte es sich um einen Erlass, in dem die Priesterschaft dem Pharao Ptolemäus V. im Jahr 196 v. Chr. seine Göttlichkeit bestätigte.

Jean François Champollion (1790–1832) war eine Art Wunderknabe, der schon als Kind Latein und Griechisch gelernt hatte. Eine Begegnung mit dem Mathematiker und Physiker Fourier, der den Feldzug Napoleons mitgemacht hatte und von daher eine Sammlung ägyptischer Altertümer besaß, begeisterte den damals Elfjährigen dermaßen, dass er beschloss, die Hieroglyphen zu entziffern. Weil die Ägypter jedoch inzwischen längst nicht mehr ägyptisch, sondern arabisch sprachen und schrieben, lernte er außer altorientalischen Sprachen auch Koptisch, die in griechischer Schrift geschriebene altägyptische Sprache der ägyptischen Christen, die als liturgische Sprache der Kopten überlebt hatte. Dazu studierte er ägyptische Geschichte. Mit achtzehn Jahren wurde er Professor für Geschichte an der Universität von Grenoble. Er sammelte alle ihm zugänglichen Kopien von hieroglyphischen, hieratischen und demotischen Texten und kannte nach 15-jähriger intensiver Arbeit die Beziehungen der drei verschiedenen Schriftarten, Hieroglyphisch, Hieratisch und Demotisch, zueinander, ohne sie jedoch lesen zu können. Um hinter das Geheimnis des Steins von Rosette zu kommen, blieben ihm Umwege nicht erspart, denn niemand konnte damals mit einem solch vielfältigen Schriftsystem rechnen. Auch Champollion konnte sich erst sehr spät von der allgemeinen Vorstellung eines mystisch-symbolischen Charakters der Hieroglyphen freimachen. Er mochte zunächst nicht glauben, dass diese aufwendig gestalteten Zeichen auch einfache Laute wiedergeben konnten. Es irritierte ihn, dass der hieroglyphische Text drei-

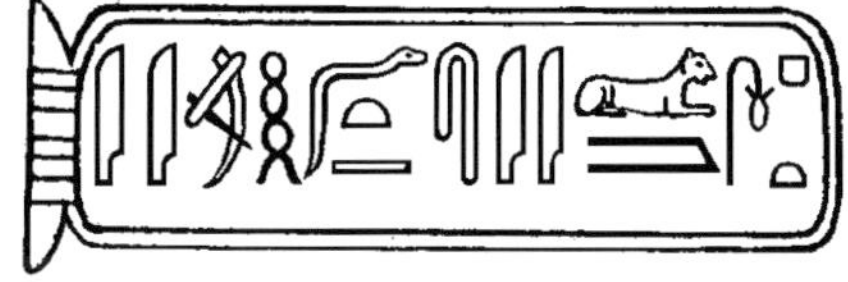

Kartusche mit dem Namen des Pharaos Ptolemäus rechts von der Schlange. Links davon einige seiner Titel. Die Schlange selbst mit dem Zeichen darunter bedeutet „ewig dauern".
Zeichnung von Champollion.

mal so viele Bilder enthielt wie der griechische Text Wörter aufwies. Königskartuschen mit ihren aus Hieroglyphen zusammengesetzten Namen, die im griechischen Text ihre Entsprechung hatten, wiesen ihm den Weg. Die Entdeckung des – ebenfalls von einer Kartusche umrandeten – Namens der Königin Kleopatra auf einem in England aufgestellten Obelisken durch Young bestätigte die Richtigkeit seines Vorgehens. Nachdem ein weiterer zweisprachiger Stein gefunden worden war, gelang es Champollion, große Teile hieroglyphischer Texte zu lesen. Im Jahr 1822 berichtete er der französischen Akademie der Wissenschaft über seine erfolgreiche Arbeit. Das komplizierte System der Hieroglyphenschrift konnte er jedoch in der ihm verbleibenden kurzen Lebenszeit nicht mehr vollständig erforschen. Es dauerte noch vierzig Jahre, bis man alles, einschließlich der Anwendung der Deutzeichen, verstanden hatte, so dass erst von da an die Hieroglyphenschrift als entziffert gelten konnte.

Beispiel für einen Obelisken mit Königskartuschen.
Foto: Annette Rechtern.

Linke Seite:
Der Stein von Rosette.
Oben die Hieroglyphenschrift, darunter die demotische Schrift, unten der griechische Text.

Aus der Wüste
durch Kanaan
übers Meer

4

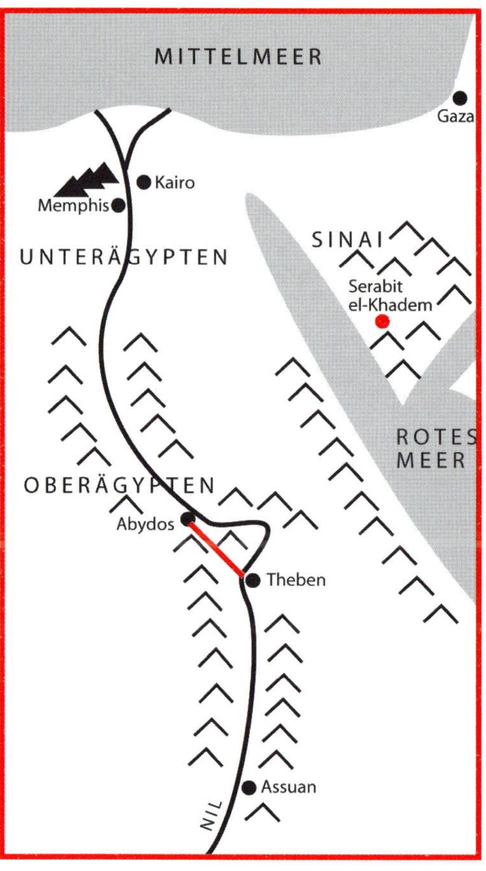

Die Halbinsel Sinai, das Niltal und die Heerstraße von Theben nach Abydos.

Seite 29
Den Hintergrund bilden altphönizische Schriftzeichen einer Inschrift des Königs Kilamuwa aus dem 8. oder 9. Jahrhundert v. Chr. in altaramäischer Sprache.
Es handelt sich um eine reine Konsonantenschrift.
Die Griechen, die weniger Konsonanten, dafür aber mehr kennzeichnende Vokale sprachen, gaben einigen der von ihnen nicht benötigten Zeichen die Bedeutung von Vokalen und schufen damit die Grundlage für unser Lautalphabet.
Das erste phönizische Konsonantenzeichen, das für einen Anlaut stand, wurde gedreht und so zu Alpha. Ob es wirklich eine Fortsetzung des Stierkopfs ist, darüber gehen die Meinungen auseinander.

Aus Hieroglyphen wurden Buchstaben

Das fruchtbare und reiche Niltal lockte nicht nur Eroberer aus den altorientalischen Großreichen, es war auch für die Bewohner der kleinen östlich von Ägypten liegenden Länder von großer Anziehungskraft. Vor allem in Dürreperioden war der Zustrom ins fruchtbare, vom Nil zuverlässig bewässerte Ägypten besonders groß. Die fremden Einwanderer waren überwiegend Angehörige semitisch sprechender, kanaanitischer und arabischer Stämme, die von den Ägyptern damals allgemein als „Asiaten" bezeichnet wurden.

Nicht alle kamen aus eigenem Antrieb. Es gab kriegsgefangene Sklaven aus den von den Ägyptern eroberten Ländern, die auf Landgütern und auf Baustellen eingesetzt wurden oder in den Bergwerken der Sinai-Wüste Kupfer, Malachit und Türkis abbauen und in den Porphyrbrüchen arbeiten mussten. Kanaaniter dienten auch als Söldner in der ägyptischen Armee. Einige brachten es dort zu hohen Positionen. Für die Verwaltung der vielen fremden Menschen und ihrer Arbeit wurden sprachkundige semitische Beamte gebraucht, die die hieratische Schrift beherrschten, jene kursive Hieroglyphenschrift für Handel und Verwaltung aus rund 600 Zeichen, denen man die Herkunft von den Bildzeichen vielfach noch ansehen konnte. In einem in Berlin aufbewahrten ägyptischen Papyrus bezeichnet sich ein solcher Schreiber als „Schreiber der Asiaten".

Wir kennen den oder die genialen Schreiber nicht, die ein semitisches Konsonanten-Alphabet schufen und damit eine tausendjährige Entwicklung bis hin zum europäischen Lautalphabet eingeleitet haben. Ägypter dürften sich kaum damit befasst haben, denn ihre Überheblichkeit – sie bezeichneten sich als „das Volk" – gegenüber Fremden ging sogar so weit, dass es ihnen verboten war, sich mit „Asiaten" an einen Tisch zu setzen, wie wir aus der Josefsgeschichte der Bibel wissen. Wie sehr sie fremde Völker verachteten, geht aus dem Unterweisungsbuch hervor, das König Merekare aus Herakleopolis um 2100 v. Chr. seinem Sohn hinterlassen hat. *„Siehe den elenden Asiaten – schlecht ist es um die Gegend bestellt, wo er ist: vom Wasser befallen, unzugänglich wegen der vielen Bäume, und die Wege beschwerlich wegen der Berge. Er lebt nicht an einem Ort, seine Beine sind dazu da, in die Irre zu gehen …"*

Bei der ersten Alphabetschrift, entdeckt 1904 vom englischen Archäologen Flinders Petri im Bergwerksgebiet *Serabit el-Khadem* auf der Halbinsel Sinai, dürfte es sich nicht um eine offizielle Schrift gehandelt haben, denn es haben sich keine repräsentativen Spuren, keine in Stein gehauenen Verlautbarungen erhalten. Sollte es amtlichen Schriftverkehr auf Papyrusrollen gegeben haben, so ist alles längst zu Staub zerfallen, denn dies war keine Schrift, der die Weihe der Grabkammer und damit die Erhaltung zuteil geworden wäre. Alle entdeckten Einritzungen in Felsen, Scherben und Votivgaben sind fromme Widmungen und Gebete oder sonstige private Mitteilungen. Deshalb hat sich kein fester Formenkanon herausgebildet, vielmehr gibt es oft mehrere verschiedene Ausführungen ein und desselben Zeichens.

Zweifellos bestand damals auf dem Sinai ein hoher Verwaltungsaufwand – man bedenke nur die Versorgung so vieler hundert Menschen in der Wüste und die Organisation des Transports der Erze von den Minen durch die Wüste zur Küste. Die damit betrauten Verwalter, Baumeister und Ingenieure mögen daher gezwungen gewesen sein, nichtägyptische Wörter und Namen zu schreiben. Die semitisch sprechenden ägyptischen Schreiber, die um 2000 v. Chr. eine Alphabetschrift entwickelten, hatten bereits Übung im Umgang mit ägyptischen Einkonsonanten-Silbenzeichen zum Schreiben ausländischer Wörter und Namen. Dadurch müssen sie wohl auf die Idee gekommen sein, zum Schreiben ihrer Muttersprache eine Auswahl ägyptischer Hieroglyphen zu semitischen Konsonantenzeichen umzufunktionieren. Sie benutzten dazu die hieratischen Schriftzeichen nach dem Prinzip der *Akrophonie*. Da die semitischen Wörter wie die ägyptischen immer mit einem Konsonanten beginnen, wählten sie für die Konsonanten ihrer Sprache diejenigen ägyptischen Zeichen, deren semitische Namen die benötigten Anfangskonsonanten lieferten. So schrieben sie zum Beispiel das ägyptische Zeichen für Wasser, eine zackige Wellenlinie, die für den ägyptischen Konsonanten -N- stand, für ihren eigenen Konsonanten -M-, weil auf Semitisch Wasser *mem* heißt; oder sie verwendeten das Bild einer Schlange für -N- von *nahas,* dem semitischen Wort für Schlange. Nach diesem akrophonischen Prinzip erhielten sie 22 oder mehr hieratische Zeichen, die sich leicht lernen, behalten, schreiben und zu konsonantischen Wörtern zusammensetzen ließen.

Für diese These spricht das häufige Vorkommen des Stierkopfes. Für die Ägypter war dieser ein Deutzeichen für alles, was mit Rindvieh zu tun hatte, das aber nicht ausgesprochen wurde; für die Semiten war es wahrscheinlich der Konsonant 'alpa mit der Bedeutung „Stier", ein Konsonant, den wir nicht bezeichnen. Gemeint war nämlich nicht der Laut -A-, sondern der harte Ansatz, der vor dem -A- gesprochen wird, wie in Anton und Anker, den wir aber nicht berücksichtigen. Im Gegensatz dazu wird das -A- in Hase ohne diesen Knacklaut gesprochen. Den Knacklaut bezeichneten die Ägypter und die Semiten damals gesondert, und er wird heute noch von den Juden und Arabern geschrieben.

Buchstaben aus der Wüste

Bei den Bergwerken auf der Halbinsel Sinai waren der Göttin Hathor Heiligtümer errichtet worden. In deren Umgebung riefen auch kanaanitische Arbeiter oder andere „Asiaten" in Form von Einritzungen an den Felswänden ihre semitische Muttergöttin Baalat an – wenn die Übersetzungsversuche stimmen. Baalat ist das semitische Pendant zur ägyptischen Göttin Hathor. Bisher konnten diese Graffiti noch nicht befriedigend übersetzt werden, die Texte sind zu kurz und teilweise sehr verwittert. Wenn die Zeichen auf Votivgaben auftreten, kann man daraus schließen, dass es sich um Weihinschriften handelt, wie zum Beispiel auf einer kleinen Sphinx. Lesen lassen sich die spärlichen Texte vom Sinai bis heute nicht überzeugend. Niemand weiß, wie die „Asiaten" damals gesprochen haben und um welche Semiten mit welchen Dialekten es sich bei ihnen gehandelt hat. Auch die Reihenfolge der Zeichen, wenn es denn überhaupt eine gab, ist nicht überliefert.

Eine kleine Sphinx mit einer Weihinschrift aus alphabetischen Zeichen.

Eine sichere Datierung für die Entstehung der als *proto-sinaitisch* bekannten Schrift gelang noch nicht, auch wenn zahlreiche Umstände auf die Zeit von 1800 v. Chr. deuten. Die meisten Wissenschaftler wollten aber nicht weiter als bis 1500 v. Chr. zurückgehen. Erst die überraschende Entdeckung alphabetischer Felsritzungen auf der linken Seite des Nils, westlich des Tals der Könige, bestätigte 1999 die frühe Existenz eines semitischen Alphabets. Die Entdecker waren das amerikanische Ägyptologen-Ehepaar John und Deborah Darnell, die im Verlauf eines Forschungsprojektes zur Erkundung

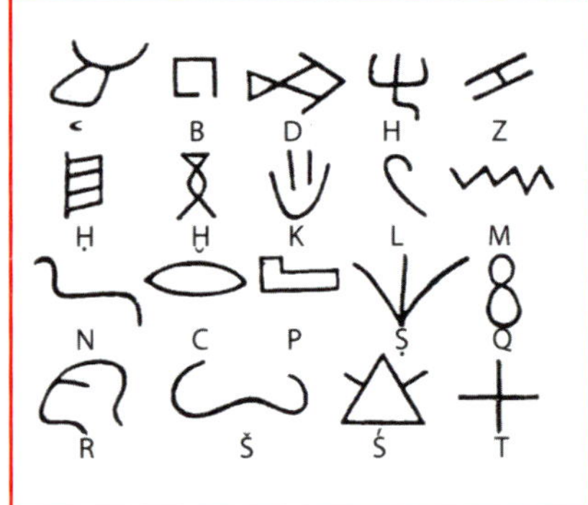

Einige Zeichen des sinaitischen Konsonantenalphabets.

früherer Heer- und Handelsstraßen durch die westliche Wüste auf eine Fülle von Felsinschriften und -zeichnungen stießen.

Unter den im *Wadi el-Hol* genannten Tal gefundenen Graffiti waren zwei frühe alphabetische Texte, die zwar semitisch zu lesen, aber nicht mit Sicherheit zu übersetzen waren. Mit Hilfe zeitgleicher hieratischer und hieroglyphischer Inschriften, in denen Pharaonennamen vorkommen, glauben die Entdecker, die Entstehungszeit um 1900 v. Chr. ermitteln zu können. Ein Spielraum von 100 Jahren plus oder minus ist dabei in Kauf zu nehmen. Andererseits bedeutet ein angewandtes Alphabet, dass es schon etliche Zeit früher entwickelt worden sein muss, so dass man seinen Ursprung vielleicht bis um 2000 oder gar bis an das Ende des dritten Jahrtausends zurücksetzen kann.

Graffiti aus dem Wadi el-Hol mit semitischen Schriftzeichen.

Stefan Wimmer und Samaher Wimmer-Dweikat haben einen Übersetzungsversuch der beiden kurzen Zeilen unternommen und mir erlaubt, sie hier zu zeigen. Dabei gehen sie von einer westsemitischen Sprache aus, die durch ägyptische Titel ergänzt wurde. Denn die meisten Personen, die sich im Wadi el-Hol auf Ägyptisch verewigt haben, taten dies unter Angabe ihres mehr oder weniger hohen Titels. Die Übersetzung lautet: „Der Chef der Karawaniere und Kuriere Haymahor" und „Der Steuerbeamte Paschel". Letzteres könnte möglicherweise auch „Der Aufseher über die Viehherden Paschel" heißen. Vielleicht befanden sich die beiden Herren auf der Rückreise von der Hauptstadt Theben zum Sinai, als sie diese Zeilen niederschrieben. Der von ihnen gezeichnete, ungewöhnlich geformte Stierkopf findet sich auch im Bergwerksgebiet des Sinai. Es bleibt zu hoffen, dass noch mehr solche seltenen Reste der frühen Alphabetschrift entdeckt werden.

Damals wie heute verewigten sich Reisende und besonders Soldaten gern kritzelnd und kratzend an auffälligen Stellen. Die amerikanischen Forscher fanden hieratische Graffiti, die eine Anzahl Offiziere und einen „General der Asiaten" namens *Bebi* erwähnen. Sie nehmen an, dass General Bebis Einheit in diesem Gebiet zum Schutz der Straße stationiert war, die über das Wüstengebirge westlich von Theben nach Abydos führte und eine erhebliche Abkürzung bedeutete. Der Nil muss nämlich um dieses Gebirge

Ein amerikanischer Soldat verewigt sich in Afghanistan nicht anders als die Soldaten des Pharao vor 4000 Jahren.

einen gewaltigen Bogen machen. Auch Reste befestigter Wachstationen wurden gefunden.

Bisher hatten Archäologen und Inschriftenforscher angenommen, dass sich das alphabetische Prinzip in der zweiten Hälfte des zweiten Jahrtausends im Gebiet von Kanaan und Phönizien, dort, wo sich alle damals bekannten Kulturen begegnet sind, entwickelt habe. Nun scheint es aber, als ob es innerhalb der in Ägypten lebenden semitisch sprechenden Bevölkerung entstanden sei.

Die bekanntesten Zeichen sind das schon erwähnte *'alpa*, dargestellt durch einen Stierkopf, dann *beta*, die Hieroglyphe Haus und *gamla*, die Hieroglyphe, die wie ein Winkel aussieht. Aus diesen Zeichen wurden später die hebräischen Konsonanten *'aleph, beth* und *gimmel* sowie die griechischen Buchstaben *alpha, beta, gamma* und damit unser *ABC*.

Die Ägypter waren nicht in der Lage, den großen Vorteil der in ihren Augen gewiss kümmerlichen Alphabetschrift zu nutzen. Sie waren wahrscheinlich zu stolz auf ihr reiches Schriftsystem, um es aufzugeben. Außerdem waren für die, die es beherrschten, Machtpositionen verbunden. Hinzu kam, dass „die Schrift der Gottesworte“ von den Göttern selbst stammte und darum unantastbar war. Wer hätte sie denn noch lesen können, wenn eine Alphabetschrift eingeführt worden wäre? Das Schicksal des Vergessenwerdens sollte die Hieroglyphenschrift erst 2000 Jahre später ereilen, als nach der Christianisierung teilweise das griechische Alphabet und nach dem Sieg der Araber im siebenten nachchristlichen Jahrhundert endgültig die arabische Schrift eingeführt wurde.

Scherben bringen Glück – jedenfalls den Archäologen

Der Sinaischrift vergleichbare kanaanäische Schriftzeichen auf einer Dolchklinge, vielleicht 16. Jh. v. Chr.

Zu den wichtigsten Zeugnissen altorientalischer Schriften gehören neben mit Hieroglyphen bedeckten Wänden und Papyrusrollen oder mit Keilschriftzeichen bedeckten Tontäfelchen die Ostraka, beschriebene Scherben zerschlagener Tongefäße oder Kalksteinsplitter, das am häufigsten benutzte Schreibmaterial im Altertum. Sie kosteten nichts und waren überall zu haben. Mit Hilfe der Scherben und weniger anderer Funde wie Waffen, Pfeilspitzen und kurzen Graffiti können wir, wenn auch unvollkommen, den Weg des semitischen Alphabets weiter verfolgen.

Es ist immer überraschend, welche Schlüsse Archäologen aus ein paar Kratzern auf einer Tonscherbe ziehen können. Selten sind es mehr als ein paar Striche und Kringel, mit denen Ostraka beschriftet sind. Nur einige wenige regelrechte Inschriften gibt es aus dieser Gegend, und so kommt es, dass in allen Büchern über Schriftgeschichte für die Zeit von der zweiten Hälfte des zweiten Jahrtausends bis zum ersten Jahrtausend v. Chr. und darüber hinaus immer dieselben Objekte präsentiert werden. Erst eine neuere Dokumentation von Benjamin Sass, einem israelischen Wissenschaftler der Universität Haifa, zeigt noch mehr Beispiele dafür, wie das proto-sinaitische Alphabet im kanaanitischen Raum angewandt wurde.

Die Schriftentwicklung war in den biblischen Ländern des Vorderen Orients in den auf die Erfindung des Alphabets folgenden Jahrhunderten uneinheitlich. Als Verkehrsschrift galt immer das System der jeweils dominierenden Supermacht, also ägyptische Hieroglyphen, wenn Ägypten über Jahrhunderte die Oberhoheit besaß; Keilschriften, wenn die Assyrer oder Babylonier das Sagen hatten, oder hethitische Hieroglyphen, als die Hethiter ihr kleinasiatisches Reich ausgedehnt hatten.

Wann und über wie viele Stationen und ob überhaupt aus dem Stierkopf das abstrakte Dreieck mit dem Querstrich wurde, das noch heute unser A darstellt, lässt sich nicht sicher rekonstruieren. In dem schmalen, aber fruchtbaren Streifen zwischen der arabischen Wüste und der östlichen Mittelmeerküste drängten sich viele kleine Königreiche und Stadtstaaten, die uns aus der Bibel bekannt sind: Die Philister, großwüchsige Eroberer, die vom Meer kamen, sich im Gazastreifen festsetzten und nach denen das Land später seinen Namen Palästina erhielt; die Kanaaniter, die den frühesten dortigen Schriftfunden den Namen gaben; die vorisraelitischen Amoriter, dann die israelitischen Eindringlinge, die aus der Wüste kamen, das spätere hebräische Mischvolk der Samariter und die Phönizier im heutigen Libanon, die dem Konsonantenalphabet seine damals endgültige Form gegeben haben; nördlich davon die Syrer und Aramäer und östlich des Jordans Moabiter und

Frühphönizische Inschrift um 1500 v. Chr.

Nabatäer. Jeder kämpfte gegen jeden, und alle versuchten, sich gegenseitig Land wegzunehmen. Schon damals. Das war kein geeignetes Klima, um eine so große Kulturleistung wie ein einheitliches Schriftsystem hervorzubringen. Hinzu kam die religiöse Zersplitterung. Die Schriftarten wechselten von Land zu Land, ja von Stadtstaat zu Stadtstaat. Benutzte das eine Land schon ein Alphabet, so schrieb das Nachbarland noch eine hieroglyphische Silbenschrift

Links:
Phönizische Inschrift von 842 v. Chr.

Rechts:
Tonscherbe mit althebräischer Schrift, 8. Jahrhundert v. Chr.

oder eine assyrische Keilschrift. Von letzterer wurde im antiken *Ugarit*, dem heutigen *Ras Schamra* in Nordsyrien, eine Unmenge von Zeugnissen gefunden. Hier befand sich zur Bronzezeit ein wichtiger Handelsplatz. Archäologen entdeckten einen solch regen Schriftverkehr unterschiedlicher Systeme, dass man lange Zeit vermutete, in Ugarit müsste das Alphabet erfunden worden sein. In dieser Ansicht bestärkt wurden die Wissenschaftler 1929 durch den Fund alphabetischer Keilschrifttexte. Sensationell war 1950 die Entdeckung einer kleinen Tontafel mit einem Alphabet aus 30 Keilschriftzeichen. Das, was dieses winzige, 1,5 mal 5 cm große Täfelchen – vielleicht ein Spickzettel für Schüler – berühmt gemacht hat, ist die Reihenfolge der ersten Zeichen. Dieses Alphabet für die phönizische Sprache aus der Zeit um 1400 v. Chr. begann genauso, wie die hebräischen, griechischen und lateinischen Alphabete noch heute beginnen: 'Alpa, Beta, Gamla. Unser ABC. Die Reihenfolge dieser ersten drei Buchstaben und einiger anderer ist also seit über 3000 Jahren gleich geblieben. Jüngere Funde des 30 Zeichen umfassenden Alphabets sind nicht mehr aufgetaucht. Bei diesem Alphabet handelt es sich um eine Umsetzung des phönizischen Konsonantenalphabets in babylonische Keilschriftzeichen, das damals führende Schriftsystem in Nordsyrien, erweitert um einige Aussprachevarianten. Bei manchen Keilschriftzeichen kann man das Bemühen erkennen, die phönizischen Zeichen durch die kleinen Dreiecke der Keilschrift nachzubilden. Das zeigt, wie stark sich das phönizische Konsonantenalphabet um 1400 v. Chr. durchgesetzt hatte. Ein System von etwa 25 Zeichen, mit denen man alles schreiben konnte, war unschlagbar und wurde nach und nach zum Vorbild für die Schrift der Nachbarländer, die hebräische und die aramäische Schrift.

Keilschriftalphabet in beinahe heutiger Reihenfolge aus Ugarit um 1400 v. Chr.

In formaler Hinsicht gelingt es nicht bei allen Zeichen der phönizisch-kanaanäischen Schriften, einen Zusammenhang mit der Sinaischrift zu erkennen. Anders steht es mit deren Beziehung zu den südsemitisch-arabischen Alphabeten zwischen Syrien und dem persischen Golf. Hier waren die Formen und Bedeutungen nahezu identisch. Offensichtlich haben schriftkundige „Asiaten" nach ihrer Rückkehr vom Sinai auf die Arabische Halbinsel oder mit Karawanen reisende Händler dieses Wissen verbreitet. Die dort lebenden Völker übernahmen das Alphabet nach entsprechender Angleichung an ihre verschiedenen Sprachen. Diese Alphabete zeigen allerdings eine andere Reihenfolge der Buchstaben. So könnten die tamudische, safatenische oder die altabessinische Schrift entstanden sein. Bei der Schrift der christlichen Äthiopier kann man die Herkunft von der Sinaischrift noch heute erkennen. Die anderen Schriften sind nach der Islamisierung verschwunden.

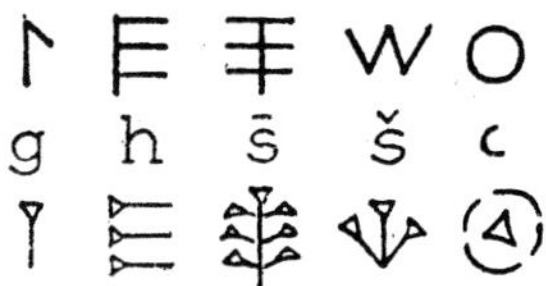

Phönizische Konsonanten (oben) und die entsprechenden ugaritischen Keilschriftzeichen (unten).

Zwei phönizische Schreiber. Einer schreibt auf Papyrus, der andere drückt Keilschriftzeichen in feuchten Ton.

Sie exportierten ihre Buchstaben und ihre Götter

Die Phönizier zwischen Byblos und Tyros (im heutigen Libanon) hatten sich zur bedeutendsten Handelsmacht entwickelt und beherrschten über viele Jahrhunderte den Mittelmeerhandel. Auch wenn die Schiffe damals noch das offene Meer scheuten und nachts in geschützten Buchten ankern mussten, herrschte doch in Sichtweite der Küsten ein reger Verkehr zwischen den Hafenstädten des Festlands und den vielen Inseln des Mittelmeers bis zum heutigen Italien, Spanien und Nordafrika. Die Phönizier waren mit ihrem kostbaren Purpur aus der Purpurschnecke ihrer Küstengewässer, dem Zedernholz vom Libanon und durch ihre Lage an den großen Karawanenstraßen reich und mächtig geworden. Ihre Hafenstädte waren die Umschlagplätze von Waren aus fernen Reichen in Indien, Mesopotamien, Arabien und Afrika, ebenso aus dem Hethiterreich im Norden und aus Innerasien. Sogar den Bernstein aus den Ostseeländern kannten sie.

Die berühmtesten Exportartikel der Phönizier gehören ins Reich der Mythologie. Da ist zunächst die Göttin Aphrodite, die den griechischen Olymp eroberte und von den Römern Venus genannt wurde; dann Adonis, der schönste Jüngling, den wir uns wie Aphrodite schwarzhaarig, mit dunklem Teint und gebogener Nase vorstellen müssen, sowie Dionysos, den die Römer Bacchus nannten. Die größte Berühmtheit erlangte aber zweifellos die phönizische Prinzessin Europa, die am Strand von Sidon von Zeus in Gestalt eines weißen Stieres überrascht wurde, auf ihm reitend das Meer überquerte und auf Kreta landete. Ob Europa den Kretern ihre Kenntnis des Alphabets vermittelt hat, ist nicht überliefert. Denkbar ist aber, dass die Kreter zu den ersten Griechen gehörten, die das phönizische Alphabet kennengelernt haben.

Europa auf dem Stier. Griechisches Vasenbild.

Die Phönizier gründeten rings ums Mittelmeer zahlreiche Niederlassungen, zu deren bedeutendster Karthago – die „Neustadt" – im heutigen Tunesien aufstieg. Die Punier, wie die Römer die Karthager nannten, wurden die Herren im westlichen Mittelmeer. Sie gründeten Kolonien auf Sizilien, Korsika, Sardinien, den Balearen und in Südspanien. Aus dem phönizischen Alphabet wurde in Karthago das punische.

Die Begehrlichkeit der Großmächte setzte die reichen phönizischen Städte immer wieder Eroberungen aus. Am hartnäckigsten betrieb das 332 v. Chr. Alexander der Grosse, der die als uneinnehmbar geltende *Inselstadt Tyros* sieben Monate belagerte und erst einen Damm bauen musste, um sie einnehmen zu können. Phönizier und Punier sind untergegangen, aber ihr Alphabet lebte fort und eroberte die Welt, denn es hatte, von den Griechen zum Lautalphabet erweitert, längst seinen universellen Gebrauchswert bewiesen.

Die Griechen machten a, e, i, o, u sichtbar

Die vielleicht früheste für die griechische Sprache adaptierte phönizische Schrift wurde auf Kreta gefunden. In ihr ist noch die ursprüngliche Form des altphönizischen Buchstabens Jod erhalten, die in den verschiedenen griechischen Alphabeten des Festlands nicht mehr vorkommt. In einem kretischen Text findet sich dazu noch die Bezeichnung *phoinikastás* für einen hohen Beamten, der mit phönizischen Buchstaben schrieb, und es gab auch den kretischen Ausdruck *phoinikazein* „phönizisch schreiben". Die neuen Funde auf Kreta lassen vermuten, dass die bisher als älteste griechische Schrift geltende Beschriftung auf der sogenannten Dipylonkanne aus der Zeit um 700 v. Chr. ihren Rang mit einer kretischen Inschrift teilen muss.

Von der griechischen Insel Thera, dem heutigen Santorin, kennen wir frühe griechische Inschriften, die phönizisch geformte Buchstaben aufweisen. Auch in Griechenland bildeten die einzelnen Stadtstaaten ihre eigenen Alphabete aus. Dennoch ist das griechische Alphabet anscheinend von einem einzigen Ort ausgegangen, haben doch in allen regionalen Alphabeten die gleichen phönizischen Zeichen die Rolle der Vokale übernommen. Geeignete Orte dafür könnten die Inseln Kreta oder Thera gewesen sein. Durch ihre Lage inmitten des Mittelmeers spielten sie eine wichtige Rolle als Umschlagplatz nicht nur für materielle Güter. Auf beiden Inseln fand man die frühesten bekannten griechischen Inschriften.

Für die vokalreichere indogermanische Sprache der griechisch sprechenden Völker taugte das semitische Konsonantenalphabet nur bedingt. Die Griechen unterschieden nicht wie die semitisch schreibende Welt bis zu 30 verschiedene Konsonanten. Somit waren für sie einige Zeichen überflüssig. Diese benutzten sie zum Schreiben ihrer Vokale. So wurde aus dem altphönizischen Zeichen 'Alpa für den Knacklaut am Wortanfang das Zeichen Alpha für den Vokal A. Aus dem Konsonantenzeichen He wurde Epsilon = E. Aus Yod wurde Iota = I, und aus 'Ain, dem Zeichen für einen uns unbekannten Kehllaut, das wie ein Auge aussieht, wurde das kleine O, das Omikron, akrophonisch abgeleitet von Ophtalmos, dem griechischen Wort für Auge. Den Vokal U mussten die Griechen selbst erfinden und nannten ihn Ypsilon, gesprochen Upsilon. Auch die Lautverbindungen Phi, Chi und Psi sind griechische Erfindungen und wurden gemeinsam mit dem Ypsilon hinter den letzten phönizischen Konsonanten Taw, griechisch Tau, unser T, angehängt. Später bildete das

Griechisches Gefäß
mit einer frühen Schrift.

Omega, das lange O, den Schluss. Damit reichte das griechische Alphabet von Alpha bis Omega, und darum stehen A und Ω als christliche Metapher für Anfang und Ende.

Das griechische Alphabet mit seinen verschiedenen Ausprägungen verbreitete sich schnell in Griechenland, auf den griechischen Inseln und in den griechischen Kolonien entlang der Mittelmeerküste von Sizilien bis Spanien.

Es dauerte ein paar hundert Jahre, bis sich um etwa 600 v. Chr. das Alphabet, das die Athener schrieben, das klassische griechische Alphabet, gegen die Alphabete aus Milet, Korinth und anderen Städten samt deren Kolonien durchgesetzt hatte.

Danach nahmen die Zeichen, die bisher sehr frei geschrieben worden waren, feste Gestalt an. Sie wurden auf der Grundlage von Kreis und Quadrat gezeichnet und erhielten dadurch annähernd gleiche Breite und Höhe.

Und so ging es mit dem Alphabet weiter

Die Griechen schrieben einmal von rechts nach links, ein anderes Mal von links nach rechts und als dritte Variante abwechselnd in beiden Richtungen. Dies bezeichnet man als *furchenwendig* oder *Bustrophedon*. Bei langen Inschriften auf großen Wänden brachte diese Schreibweise Vorteile, denn man

Furchenwendig gemeißelte Schrift mit wechselnder Leserichtung (Bustrophedon). Gortyn, Kreta, 475 v. Chr.

musste vom Ende einer Zeile nicht zum Anfang der nächsten zurückgehen, wobei man den Anfang dieser Zeile leicht verfehlen konnte, sondern man konnte einfach von hinten nach vorn in Spiegelschrift weiterlesen und dann wieder von vorn nach hinten; Spiegelschrift deshalb, weil die Buchstaben immer in die Leserichtung zeigten. Die frühe Schreibweise von rechts nach links lässt vermuten, dass das Alphabet schon um 1000 v. Chr. aus Phönizien übernommen wurde, denn bald darauf schrieben auch die Phönizier von links nach rechts.

Eine Besonderheit der griechischen Typografie war die zeitweilige Anordnung der Schrift nicht nur in waagerechten Zeilen, sondern gleichzeitig noch in senkrechten. Alle Buchstaben standen nicht nur nebeneinander, sondern auch genau untereinander. Diese Raster- oder Rottenschrift nennt man *Stoichedon.*

Columella der Laïs.
Serifenschrift um 400 v. Chr.
Oben rechts:
Griechische Rottenschrift.
Die Buchstaben stehen auch untereinander (Stoichedon).

Rechts:
Klassische griechische Inschrift aus römischer Zeit nach dem Vorbild der Capitalis monumentalis. Ephesos, Celsus-Bibliothek, 2. Jh.

Unten:
Griechische Zierbuchstaben aus römischer Zeit. Aphrodisias, 2. Jh. Hier dienen die übertriebenen Serifen als Schmuck.

Bei den Griechen finden wir auch die ersten Serifen; zunächst waren sie unscheinbar kurz, später wurden sie kräftiger und größer, bis sie in einigen Fällen sogar die gleiche Stärke wie die Schrift erreichten, vergleichbar einer heutigen Egyptienne oder Slabserif. In der römischen Kaiserzeit wurden die Serifen oft zu betont dekorativen Elementen und tauchten manchmal sogar innerhalb eines Buchstabens auf, wo sie eigentlich nichts zu suchen hatten.

Drei Epochen für 26 Buchstaben

Nachdem wir die drei großen Epochen der Schriftwerdung durchschritten haben – die Erfindung der Schrift in Ägypten, die Erfindung des semitischen Konsonantenalphabets ebenfalls dort und die Erfindung des griechischen Lautalphabets – sollten wir uns vor dem Weitergehen den entscheidenden Unterschied unseres von den Griechen übernommenen Schriftsystems gegenüber den vorangegangenen Schreibweisen deutlich machen; denn was danach folgte, waren nur noch formale und stilistische Veränderungen der Schrift, diktiert vom Gebrauch, dem wechselnden Zeitgeist und der Notwendigkeit, die Schrift verschiedenen Sprachen anzupassen.

Scherben vom Scherbengericht in Athen im Jahr 471 v. Chr. Durch Beschriften solcher Ostraka wurde abgestimmt. Damals fand sich noch keine Mehrheit für die Verbannung des Feldherrn Themistokles. In: Antike Welt 2/2001, Mainz.

Festzuhalten ist, dass die hier vorgestellten frühen Schriftsysteme ihren Anwendern erlaubten, alles, was sie wollten, in ihrer Sprache wiederzugeben und eine hohe Schriftkultur zu entwickeln.

Für das semitische Konsonantenalphabet beweist das Alte Testament in hebräischer Sprache die vielfältigen Möglichkeiten dieses Schriftsystems und seiner Schriftkultur. Sie reichen vom Schöpfungsbericht und der Prophetie bis zu den hymnischen Psalmen Davids und dem lyrischen Hohen Lied Salomos.

Weil diese Schriftsysteme nur aus Konsonanten bestanden, bedurfte es der genauen Kenntnis der jeweiligen Sprache, um die Wörter richtig zu lesen, denn wegen der fehlenden Vokale war ihr Sinn nur aus dem Zusammenhang zu erfassen. Um es in unserer Sprache zu verdeutlichen: Man musste wissen, ob zum Beispiel der fehlende Vokal in dem Wort „Ms" ein a, e, i, o, u oder ei, eu, au war; ob das Wort Maus, Moos, Mus oder mies heißen sollte. Daraus wird deutlich, dass es nur wenigen Gebildeten und Ausgebildeten, vorwiegend Priestern und Beamten, möglich war, mit einer Konsonantenschrift souverän umzugehen. Das erklärt auch, warum das Übersetzen alter Bibeltexte so schwierig ist. Es bieten sich manchmal mehrere Möglichkeiten.

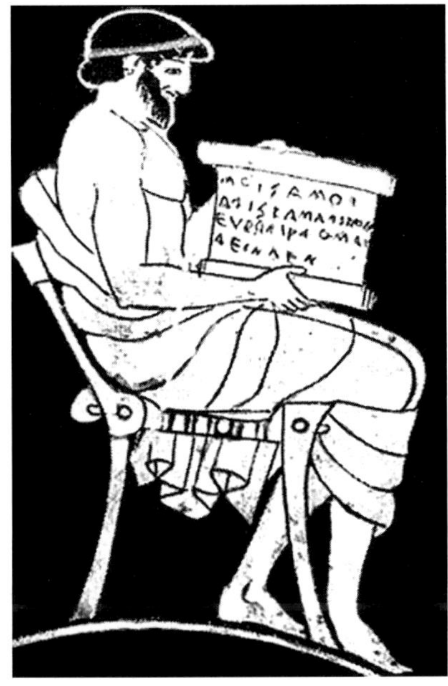

Auf einer Wachstafel schreibender Jüngling und ein lesender Mann mit einer Papyrusrolle. Griechische Vasenbilder, um 480 v. Chr.

Ganz anders verhält es sich mit dem Lautalphabet. Erst mit ihm wurde es möglich, Sprachen fast vollständig wiederzugeben. Ausgegrabene Graffiti, Wahlaufrufe und Warenanpreisungen auf Mauern und zahllose beschriftete Scherben belegen, dass die maßgebliche Gesellschaft in der Antike lesen und schreiben konnte.

Dennoch waren in Griechenland anfangs nicht alle von der Einführung der Alphabetschrift restlos begeistert. Der griechische Philosoph PLATON zitierte Ende des 5. Jahrhunderts v. Chr. einige kritische Sätze seines Lehrers SOKRATES über die Bücher, die damals noch Rollenform hatten. Sokrates bemängelte unter anderem die fehlende Stärkung des Gedächtnisses, ferner kritisierte er, dass ein Buch nicht wie ein Redner auf Nachfragen antworten und dass sich ein geschriebener Text nicht wie ein Lehrer dem jeweiligen Wissensstand seiner Leser anpassen könne.

Vergleich der frühen Alphabete

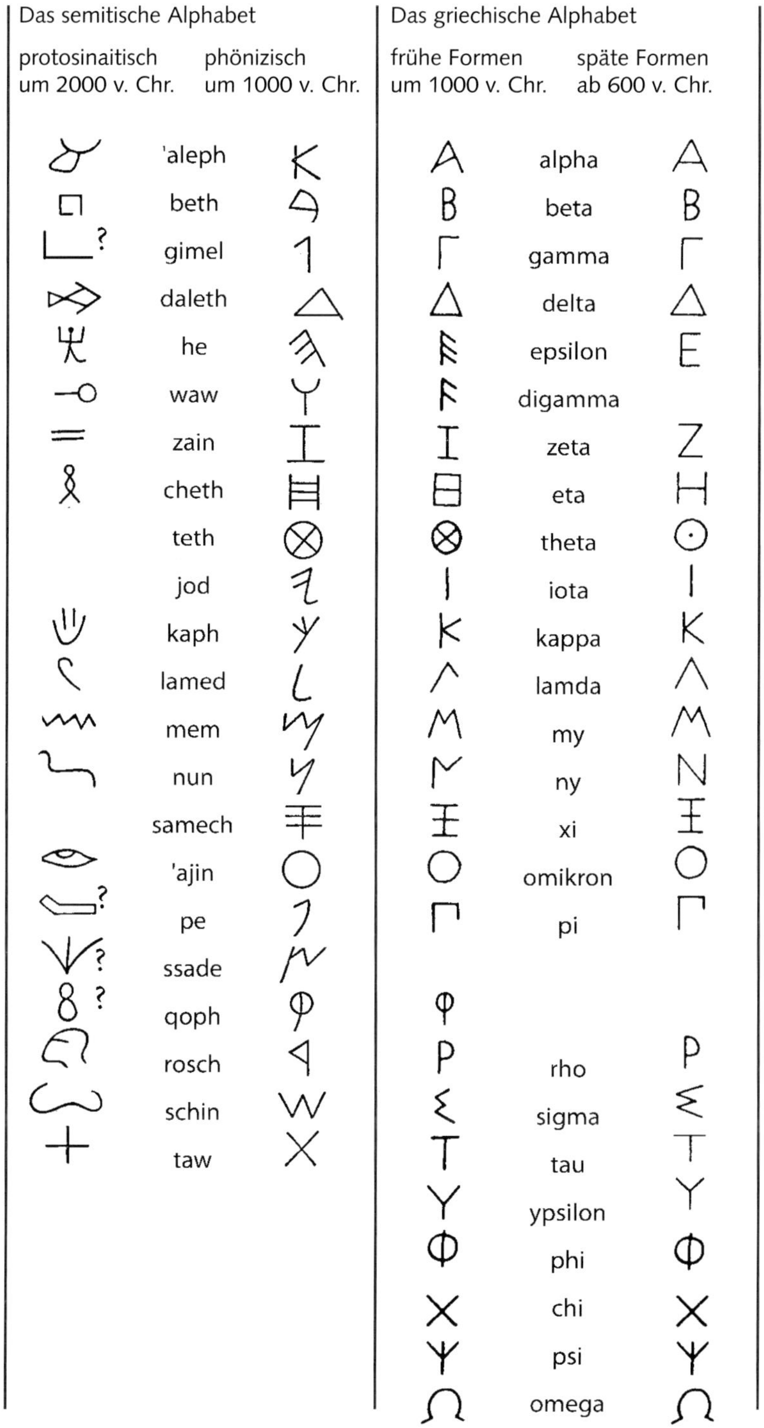

Das semitische Alphabet

protosinaitisch um 2000 v. Chr.		phönizisch um 1000 v. Chr.
	'aleph	
	beth	
?	gimel	
	daleth	
	he	
	waw	
	zain	
	cheth	
	teth	
	jod	
	kaph	
	lamed	
	mem	
	nun	
	samech	
	'ajin	
?	pe	
?	ssade	
?	qoph	
	rosch	
	schin	
	taw	

Das griechische Alphabet

frühe Formen um 1000 v. Chr.		späte Formen ab 600 v. Chr.
	alpha	
	beta	
	gamma	
	delta	
	epsilon	
	digamma	
	zeta	
	eta	
	theta	
	iota	
	kappa	
	lamda	
	my	
	ny	
	xi	
	omikron	
	pi	
	rho	
	sigma	
	tau	
	ypsilon	
	phi	
	chi	
	psi	
	omega	

Schreiben, damit es niemand lesen kann

Ein Aspekt der Schriftlichkeit machte den Mächtigen der damaligen Zeit viel Kopfzerbrechen: die Geheimhaltung. Zwar war die Genauigkeit der Nachrichtenübermittlung in schriftlicher Form gegenüber der mündlichen zuverlässiger, doch leicht konnte Geschriebenes in falsche Hände geraten. Der griechische Historiker Herodot, der von 485 bis 425 v. Chr. lebte, berichtet von originellen Tricks, mit denen man sich der Geheimhaltung zu versichern suchte.

Ein Mann namens Harpagos benutzte einen frisch erlegten Hasen als Brieftasche. Er schnitt vorsichtig das Bauchfell auf, löste es leicht vom Fleisch und schob die Botschaft dazwischen. Geschickt vernäht erreichte der Hase, als unverdächtiges Geschenk überbracht, sicher den Mitverschwörer. Natürlich musste dieser vom Boten einen Tipp erhalten, um die Nachricht aufzufinden. In einem ähnlichen Fall überbrachte ein Bote die ungewöhnliche Gebrauchsanweisung, man möge ihm den Kopf scheren. Der Absender hatte nämlich seine Nachricht auf den rasierten Schädel des Überbringers geschrieben und ihn erst losgeschickt, als die Haare wieder gewachsen waren. Auf ganz andere Art warnte ein Spartaner namens Demaratos seine Landsleute vor dem Angriff des Perserkönigs Xerxes. Er benutzte eines der üblichen kleinen Wachstäfelchen, die damals jeder zum Notieren mit sich führte, entfernte das Wachs, schrieb die Nachricht auf das Holz und goss frisches Wachs darüber. Bei den Empfängern aber war guter Rat teuer, denn die konnten mit der unbeschriebenen Wachstafel nichts anfangen. Sie hatten keinen Hinweis bekommen. Endlich schlug Gorgo, die Frau des Spartanerkönigs Leonidas vor, das Wachs herauszukratzen. Und siehe da, die Nachricht kam zum Vorschein.

Eine besonders raffinierte Methode bestand darin, einen Rundholzstab quer zu teilen, so dass Absender und Empfänger Stücke von gleichem Durchmesser besaßen. Im Bedarfsfall umwickelte der Absender seinen Stab lückenlos mit einem dünnen Lederstreifen und schrieb seine Nachricht in der Längsrichtung des Stabes darauf. Der Bote musste nur den abgewickelten Lederstreifen überbringen. Auf diese Weise war das Geschriebene für Unbefugte nicht erkennbar. Erst wenn der Empfänger den Streifen auf seinen Teil des Stabes aufgewickelt hatte, schlossen sich die zerstückelten Schriftzeichen zusammen und der Text war wieder lesbar. Schon damals konnte man aber auch Meldungen mit Buchstaben, Zahlen oder Punkten chiffrieren.

Wir schreiben noch immer römische Buchstaben

Seite 47
Ausschnitt aus der immer noch als vorbildlich geltenden Inschrift vom Sockel der Trajanssäule in Rom aus dem zweiten Jahrhundert, der römischen Kaiserzeit. Bis heute, nach 2000 Jahren, wurde die Vollkommenheit der Buchstaben dieser Capitalis monumentalis nicht übertroffen. Der Text der Inschriften wurde vermutlich mit einem breiten Pinsel oder Spatel vorgeschrieben, aber wie genau, das wissen wir nicht. Die Perfektion war Sache der Bildhauer und Steinmetzen. Die römischen Inschriften der republikanischen Zeit kannten noch keine ausgeprägten Serifen.

Als die Römer schreiben lernten

Im 8. Jahrhundert v. Chr., der frühen Eisenzeit, gelangte eine vorklassische, westgriechische Variante des Alphabets durch Kolonisten aus der griechischen Stadt Chalkis nach Italien. Die Griechen errichteten Niederlassungen in Süditalien und dehnten ihren Einfluss bald weiter aus. Vor den Griechen hatten die Etrusker, vermutlich aus Kleinasien stammend, im Land zwischen Arno und Tiber, der heutigen Toskana, zu siedeln begonnen. Die Etrusker, die offensichtlich kein indoeuropäisches Volk waren, besaßen ihrer vermuteten Herkunft aus dem Orient entsprechend eine weitaus höhere Kultur als die sie umgebenden italischen Stämme. Für die Handel treibenden Griechen und Phönizier waren sie gute Kunden. Sie hatten aber auch ihrerseits Begehrtes zu bieten, denn sie bewohnten eine erzreiche Landschaft. Die Eisen-, Kupfer-, Blei- und Silbervorkommen und das für den Bronzeguss unentbehrliche Zinn ermöglichten ihnen ausgedehnte Handelsbeziehungen mit den anderen Völkern rund ums Mittelmeer, insbesondere mit den phönizischen Karthagern in Nordafrika. Die etruskischen Städte waren reich und mächtig. Das bekamen die benachbarten kleineren Völker zu spüren. Die Osker, Volsker, Umbrer, Sabiner, Falisker und Latiner gerieten bald in Abhängigkeit von den Etruskern. Sie kannten noch keine befestigten Städte wie diese, sondern lebten in verstreuten Dörfern. In Latium, in der Nähe einer Furt durch den Tiber, einem uralten Handelsweg von Norden nach Süden, waren ein paar solcher Dörfer auf mehreren nebeneinander liegenden Hügeln angesiedelt: Ein verlockender Platz für einen ehrgeizigen Etruskerfürsten, der die Straße kontrollieren wollte.

Dieser kam um 600 v. Chr. aus der etruskischen Stadt Tarquinia, nannte sich angeblich TARQUINIUS PRISCUS, wurde König über die sieben Hügel und errichtete darauf eine befestigte Stadt. Er ließ ein Forum, das spätere Forum Romanum, und den Circus Maximus anlegen, den Jupitertempel und eine Brücke über den Tiber bauen und von etruskischen Ingenieuren die sumpfige, malariaverseuchte Flussniederung trockenlegen und kultivieren. So entstand Rom.

Ob die Römer von den Etruskern oder von den Griechen die Schrift übernommen haben, ist ein Streitpunkt zwischen zwei wissenschaftlichen Lagern. Der Fund eines Tongefäßes aus dem 8. Jahrhundert v. Chr. mit vier rechtsläufigen griechischen Buchstaben in der Nähe von Rom, der

Kugelgefäß mit vier griechischen Buchstaben. 8. Jh. v. Chr.

erst 1992 bekannt wurde, zeugt von frühen Kontakten mit den griechischen Kolonien oder seefahrenden Händlern vor der etruskischen Vereinnahmung. Auch waren die Alphabete der Latiner und Etrusker verschieden. Ihre Sprachen hatten nichts miteinander gemein. Die Etrusker benutzten weder B noch D noch G. Ihr Alphabet enthielt nur die harten Formen P, T und K. Auch fehlte das O. Zudem unterschieden sich auch die etruskischen Alphabete in einzelnen Zeichen voneinander, je nach ihrer Herkunft aus den Gegenden von Viterbo, von Orvieto oder von Siena. In dem einen Ort benutzte man das griechische Gamma als K, im anderen das Kappa. Auch kamen unterschiedliche phönizische Zeichen für den Zischlaut Sch vor.

Das Alphabet der Römer benutzte das griechische Gamma, das wie ein C geschrieben wurde, für den Laut K, während das griechische K, das Kappa, kaum Verwendung fand. Das den Latinern dadurch fehlende Zeichen für den Laut G schufen sie sich, indem sie dem C einen senkrechten Strich zufügten. Ein Zeichen für den Zischlaut brauchten sie nicht.

Etruskische Schriftzeugnisse sind rar, sie entstammen größtenteils den unterirdischen Begräbnisstätten und bestehen daher meistens aus ähnlich lautenden kurzen rituellen Texten. Nichtrituelle Texte können zwar ebenfalls gelesen, aber kaum verstanden werden. Trotz vorhandener zweisprachiger Texte – karthagisch und etruskisch – bleibt die etruskische Sprache weitgehend unbekannt. Sie war keine indoeuropäische Sprache.

Etrurien bestand aus miteinander verbündeten Stadtstaaten, war also kein zusammenhängendes zentral regiertes Reich. Das sollte den Etruskern zum Verhängnis werden. Als die Römer sich 509 v. Chr. von der Königsherrschaft befreit, den letzten etruskischen König Tarquinius Superbus abgesetzt und die römische Republik ausgerufen hatten, begannen sie bald darauf von ihren sieben Hügeln herunterzusteigen und im Verlauf der nächsten Jahrhunderte in wechselvollen Kämpfen eine etruskische Stadt nach der anderen zu erobern und zu zerstören. So begann der unaufhaltsame Aufstieg Roms.

Kreis, Quadrat und Dreieck bestimmten den römischen Stil

Die Römer übernahmen, was ihnen die hochkultivierten Etrusker vorgemacht hatten – zum Beispiel die Ent- und Bewässerungstechnik, den Gewölbe- und Kuppelbau, den Brückenbau, sogar die Purpurtoga der Senatoren, die Liktoren, die den Konsuln voranschritten und den pompösen Triumphzug für die siegreichen Feldherrn. Der Ornat des katholischen und des orthodoxen Klerus ist noch ein ferner Nachhall der prachtliebenden Etrusker.

Es gibt nicht viele römische Schriftzeugnisse aus früher republikanischer Zeit. Die wenigen lassen die handschriftliche Ausführung und den griechischen Ursprung erkennen. Die Schrift hat noch keine festen Formen. Die Schreibrichtung ist teilweise noch linksläufig. Der berühmteste Zeuge der frühesten Zeit ist der *Lapis Niger*, der auch *schwarzer Forumstein* genannt wird, weil man ihn auf dem Forum Romanum ausgegraben hat. Seine Oberfläche ist so stark verwittert, dass sich die Schrift zwar erkennen, aber kaum lesen lässt. Der Text verläuft noch wie bei alten griechischen Inschriften von rechts nach links und von links nach rechts. Erst in den beiden letzten vorchristlichen Jahrhunderten erhielt die römische Schrift die geometrisierten Formen auf quadratischer Grundlage, die wir schon bei den Griechen kennengelernt haben. Damit gewann sie zusehends an Festigkeit und Genauigkeit. Auch tauchten nun Serifen auf, was nicht zufällig mit der Unterwerfung Griechenlands im Jahr 146 v. Chr. einherging. Vielleicht haben die Römer in Griechenland Gefallen an den exakten Formen gefunden, oder die Serifen wurden von griechischen Bildhauersklaven in Rom eingeführt.

Noch in wechselnder Richtung beschriebener Forumstein in Rom. Vielleicht 6. Jh. v. Chr.

Wenn wir die römische Architektur und das römische Design in unsere Betrachtungen einbeziehen, stellen wir fest, dass Kreis, Quadrat und Dreieck, die drei archimedischen Grundfiguren, in Rom formbildend waren. Das Pantheon in Rom zeugt heute noch exemplarisch von der großartigen Baukunst auf streng geometrischer Grundlage.

Die kaiserzeitlichen Inschriften des 1. und 2. Jahrhunderts, wie sie uns auf dem Forum Romanum begegnen, sind Beispiele für den formalen Höhepunkt der abendländischen Schrift und die Entstehung von Architektur und Schrift aus einem Geist. Diese *capitalis monumentalis* genannten Buchstaben hat in den 2000 Jahren, die seither vergangen sind, noch niemand verbessern können. Wenn wir sie aus ihrer antiken Umgebung lösen und zu Papier bringen, ist ihnen ihr Alter nicht anzusehen. Sie sind ak-

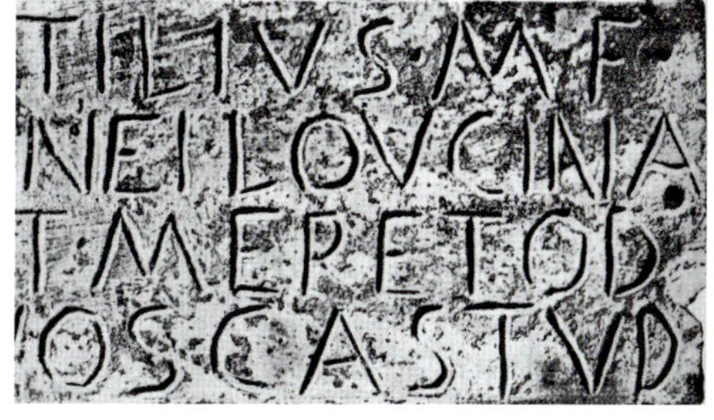

Rechtsläufige lateinische Weihinschrift. 4. Jh. v. Chr.

Formal gefestigte Inschrift in Pompeji. Um 70 v. Chr.

tuell wie eh und je; eines der ganz seltenen Beispiele für die Zeitlosigkeit einer Form.

Zweifellos wurde die Schrift mit einem flachen Pinsel frei vorgeschrieben, nachdem die Schriftgröße und die Buchstabenabstände ausgerechnet und die Linien gezogen waren. Durch den Flachpinsel, der in einem Winkel von 30° zur Schriftlinie angesetzt wurde, entstand der charakteristische Wechselstrich der Buchstaben. Die senkrechten Striche sind dicker als die waagerechten, die Achse durch die runden Formen verläuft schräg. Für C, G, O und Q wurden häufig Zirkel benutzt, was uns manchmal durch kreisrunde Ritzungen und Einstichlöcher verraten wird. Dass auch die Serifen vorgeschrieben wurden, wie einige Autoren darzustellen versuchen, bezweifle ich. Ich halte die hervorragenden römischen Steinmetze für befähigt genug, die Serifen ohne Vorzeichnung hinzugefügt zu haben.

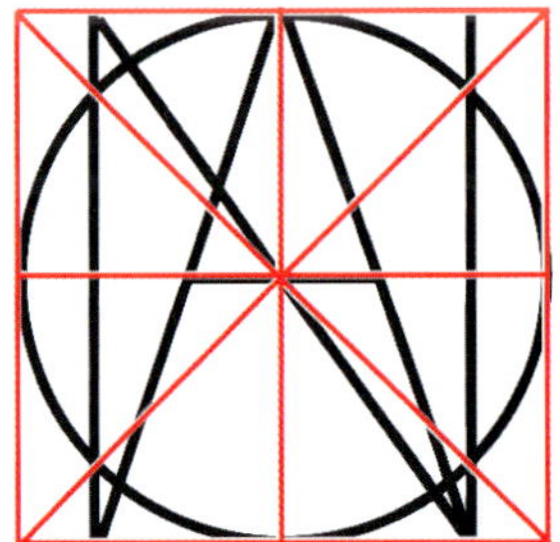

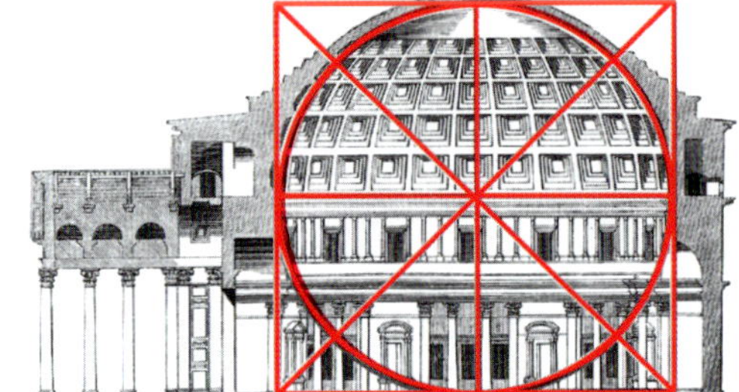

Ein Vergleich römischer Architektur mit römischer Schrift am Beispiel des Pantheon in Rom.

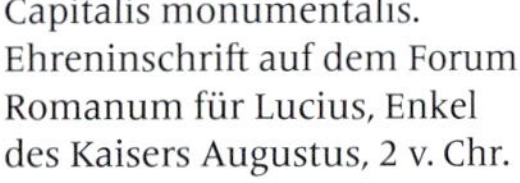

Capitalis monumentalis. Ehreninschrift auf dem Forum Romanum für Lucius, Enkel des Kaisers Augustus, 2 v. Chr.

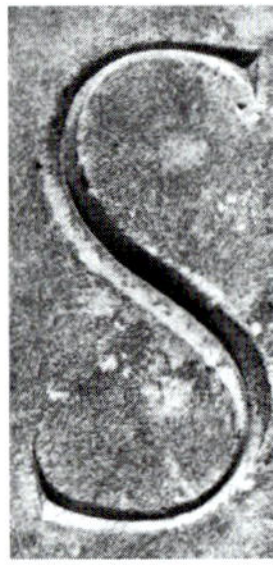

Vollkommenes S vom Sockel der Säule des Kaisers Trajan in Rom aus dem Jahr 112.

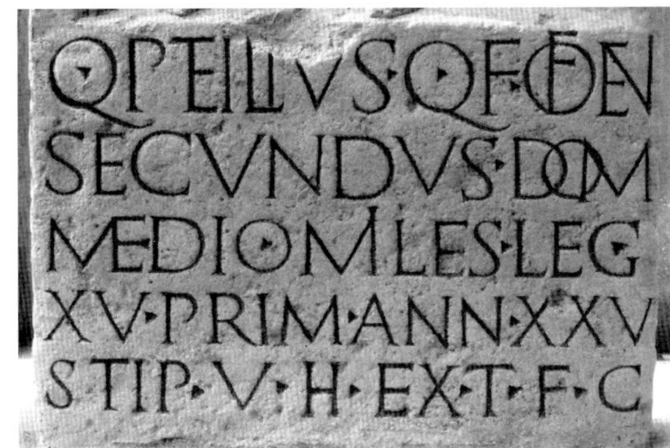

Auf Triumphbögen am Forum Romanum trifft man auch auf monumentale Inschriften mit Bohrlöchern in den Buchstaben. Diese dienten zur Befestigung von Metallfüllungen.

Bei den serienmäßig vorfabrizierten römischen Grabsteinen späterer Zeit kann man feststellen, dass die Steinmetze oft Schwierigkeiten hatten, die gewünschten Texte darauf unterzubringen. So waren sie gezwungen, gewaltsame Abkürzungen und originelle Buchstabenkombinationen, die *Ligaturen*, zu verwenden.

Inhaltlich war das lateinische Alphabet in der Kaiserzeit fast fertig ausgebildet. Der Laut K wurde durch das C wiedergegeben, der Buchstabe K wurde kaum gebraucht, außer für ein paar archaische Wörter und Wörter griechischer Herkunft. Darum wurde er weiter mitgeführt. Mit zunehmendem Aufkommen griechischer Wörter und Namen in der Literatur wurde das Y aus dem griechischen Alphabet übernommen. Das Z, das bereits verschwunden war, wurde aus demselben Grund wieder eingeführt. Weil aber sein ursprünglicher Platz im Alphabet vom lateinischen G besetzt war, geriet es hinter das Y an den Schluss des Alphabets, und dort ist es bis heute geblieben.

Kaiser Claudius, der sich sehr mit Schrift und Grammatik beschäftigte, wollte drei zusätzliche Zeichen einführen. Bereits er hielt die Unterscheidung von U und V für notwendig und regte für den Vokal U ein auf dem Kopf stehendes F an. Außerdem schlug er eigene Zeichen für die Laute Ü und Ps vor. Ersteres sollte aus einem I mit seitlich angesetztem Querstrich bestehen und Letzteres aus einem spiegelverkehrten C. Keiner dieser Vorschläge hat den Kaiser überlebt. Es gibt kaum Inschriften, in denen eines dieser Zeichen vorkommt.

Die repräsentativste Inschriftenschrift war die erwähnte *capitalis monumentalis*. Sie war die Schrift der offiziellen und pompösen privaten römischen Denkmäler und wurde zum Vorbild unserer Großbuchstaben. Eine schmalere, platzsparendere Form von Inschriften, die auch auf Mauern geschrieben wurde, heißt „die Schnelle“, *scriptura actuaria*. Eine andere schmale Schrift war

Links:
Ehreninschrift auf dem Forum Romanum für Kaiser Claudius mit Bohrlöchern.

Rechts:
Buchstabenverbindungen, die Ligaturen, auf einem römischen Grabmal in Xanten.

Ein Metallbuchstabe, wie er zur Füllung der angebohrten Schrift verwendet wurde.

Graffito an einer Hauswand in Pompeji im Rustica-Stil. Vor 79 n. Chr. Foto: Jost Hochuli.

Capitalis actuaria. Schmale Buchstaben auf einer Inschrift für Kaiser Constantin. Forum Romanum 315.

Capitalis rustica. Inschrift vom Forum Romanum. 4. Jahrhundert.

die *capitalis rustica*, „die Schlichte", die man an Wänden in Pompeji findet. Sie wurde also schon vor dem Untergang der Stadt im Jahr 79 n. Chr. geschrieben und hat sich als Inschriften- und Buchschrift bis ins Mittelalter halten können. Sie entsteht durch eine extrem schräge Feder- und Pinselhaltung, wodurch die Serifen und die waagerechten Striche breiter werden als die senkrechten Striche. Im Gegensatz dazu war die erst im 4. Jahrhundert auftauchende, nur kurze Zeit als Buchschrift gebrauchte *capitalis quadrata* eine breitlaufende Schrift, bei der die Feder parallel zur Schriftlinie gehalten wurde, so dass breite senkrechte Striche und dünne waagerechte entstanden. Um sie schreiben zu

Capitalis rustica als Buchschrift. Vergilius Vaticanus, 4. Jahrhundert.

Links:
Capitalis quadrata als Buchschrift. Vergilius Augusteus, 4. Jahrhundert.

Rechts:
Römischer Mosaik-Fußboden aus St. Margareten in Kärnten, dem römischen Teurnia.

können bedurfte es einer gehörigen Portion Virtuosität. Die Römer kannten auch Mosaikbuchstaben für Wände und Fußböden.

All diese Bezeichnungen erhielten die verschiedenen Schriften erst lange nach ihrer Entstehungszeit von Paläographen, den Erforschern der Handschriften des Altertums und des Mittelalters, und von Epigraphikern, den Erforschern alter Inschriften.

Eine Schrift für 1000 Jahre

Eine bedeutende Buchschrift war bis ins Mittelalter die *uncialis* mit auffallend runden Formen. Lange wurde über den Namen der Unziale gerätselt. Aufgebracht hatten ihn die ersten Paläographen im 17. Jahrhundert. Sie fanden den Namen in alten Schriften, die sich wiederum auf einen Text des heiligen Hieronymus (347–419) bezogen, in dem er von Buchstaben in der Größe einer Unze und von solchen aus Gold und Silber schreibt. Mit Unze bezeichnete man ein Zwölftel von Längen und Gewichten, hier also ein Zwölftel Fuß, etwa ein Zoll. Gemeint waren wohl die mit den damals modischen Riesenbuchstaben ausgeführten byzantinischen Prunkhandschriften.

INMUNDITIIAUT
CONTUMELIISAF
FICIANTCORPORA

Unziale, 7. Jh.
Speculum des Augustinus.

Charakteristisch an der Unziale sind die überwiegend runden Buchstaben und die Überschreitungen der oberen und unteren Begrenzungslinien. Die Unziale wurde zur Schrift vieler christlicher Kodizes, was mit den Über-

Die Unziale in ihrer Verwendung für Überschriften. Textschrift Rustica. Utrecht-Psalter 840.

setzungen aus griechischen Texten zusammenhängen mag, die ebenfalls Unzialformen aufwiesen. Die Bücher sollten wohl nicht nur inhaltlich, sondern auch formal mit den Quellen übereinstimmen, um so ihre Authentizität zu unterstreichen. Einige Buchstaben sind veredelte Formen der römischen Majuskelkursiven, andere entsprechen der Quadratschrift.

Obwohl die Unziale in späterer Zeit nicht mehr als Textschrift gebraucht wurde, diente sie noch lange als Titel- und Überschrift und lebte in abgewandelter Form als *gotische Majuskel* oder *lombardische Versalie* in Inschriften weiter. Wegen ihrer runden flächenfüllenden Formen benutzte man sie bis ins hohe Mittelalter für Initialen – sogar noch in gedruckten Büchern.

Nur der Kaiser schrieb mit Purpurtinte

Wie wir schon im Kapitel über Ägypten gesehen haben, waren außer den mehr oder weniger feierlichen Inschriften auch solche Schriften vonnöten, die sich mit weniger Aufwand und vor allem schneller wiedergeben ließen. Daher gibt es zur Entwicklung von Buchstaben für Inschriften immer eine Parallelentwicklung von Buch- und Kanzleischriften, die mit der Zeit die Inschriften beeinflussen, wie sie ihrerseits durch die Handschriften des täglichen Schriftverkehrs mitgeprägt werden.

Die lateinischen Buch- und Alltagsschriften bereichern sogar in unserer Zeit das Schriftenangebot. Nachahmungen einiger dieser Schriften stehen bereits als Computer-Fonts zur Verfügung, und sie sind wegen ihrer unkonventionellen Formen sehr beliebt; noch nach 2000 Jahren!

Zum Verständnis der Schriften des täglichen Gebrauchs müssen wir uns zunächst das antike Schreibmaterial und die Schreibwerkzeuge ansehen. Unter dem Stichwort Geheimschrift habe ich im Kapitel über das griechische Alphabet erstmals die Wachstafel erwähnt. Sie war der Notizblock der Antike. An den Rändern durchbohrt, wurden mehrere von ihnen mit Riemchen zusammengehalten. So konnte man auch umfangreichere Texte wie Verträge oder Urkunden unterbringen. Die Tafeln bestanden gewöhnlich aus Holz, bessere Ausführungen waren aus Elfenbein geschnitzt. Meist waren es Brettchen von der ungefähren Größe einer Postkarte oder etwas kleiner, mit eine Vertiefung von 2 bis 3 mm, die mit Wachs gefüllt war. Es gab sehr elegante dreiteilige Ausführungen, die sich wie ein mittelalterlicher Altar zusammenklappen ließen, wodurch die beschriebenen Flächen geschützt wurden. Dieses Wachstafelbuch hieß bei den Römern *codex*. Das Wort bedeutete eigentlich Baum oder Holzklotz. Der Name ging später auf die zwischen zwei Holzdeckeln eingebundenen Pergamentbücher, die *codices*, über.

Mit dem Wachs wurde offenbar ein regelrechter Kult getrieben, denn es gab mehrere Farben und Qualitäten. Für die unterschiedlichen Schreibzwecke wurden verschiedene Härtegrade angeboten. Hartes Wachs war schwerer zu beschreiben, hielt die Schrift aber länger. Reines Bienenwachs wäre zu weich gewesen, darum wurde ihm Ton zugesetzt. Da man sich Wachstafeln gegenseitig schickte, mögen auch die Farben des Wachses eine Rolle gespielt haben.

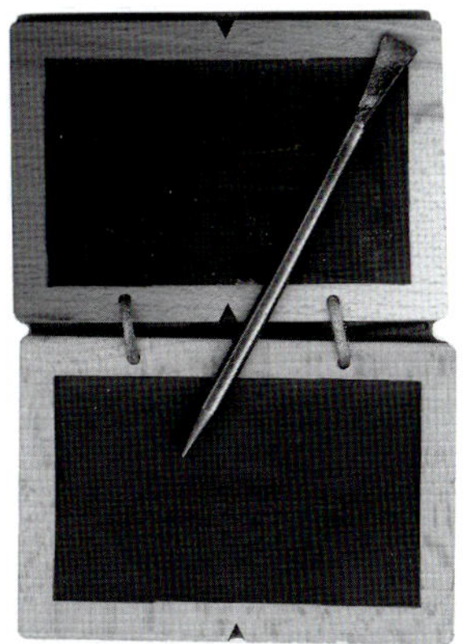
Replikat eines Wachstafelbuchs mit Stilus, nach Funden am schwäbischen Limes.

Wurde die Schrift einer Tafel nicht mehr gebraucht, konnte man mit einem breiten erwärmten Spachtel die Schrift löschen und mit dem am Spachtel befindlichen quadratischen Knauf das Wachs glätten. Geschrieben wurde mit dem *stilus*, einem metallenen Griffel mit einem kleinen Spachtel am oberen Ende, mit dem einzelne Buchstaben oder Zeilen getilgt werden konnten,

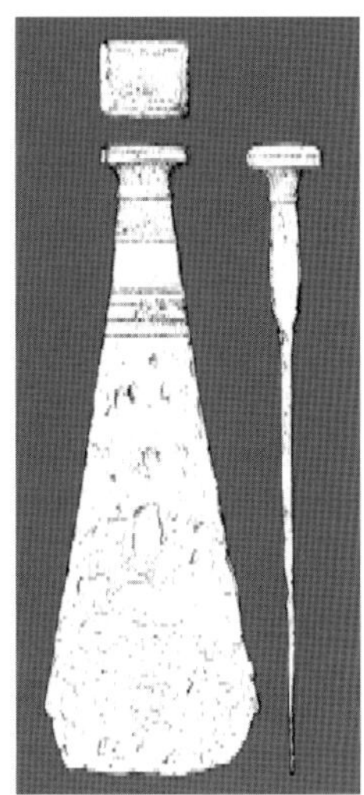

Mit solchen Spachteln wurden die Wachstafeln nach Gebrauch geglättet.

vergleichbar unseren Bleistiften mit Radiergummi. Wer gut schreiben konnte, führte einen guten Stilus. Daher rührt der Begriff „guter Stil", der auch nach 2000 Jahren seine Bedeutung nicht verloren hat.

Die Beschriftung von Steinen und Wänden mit einem Flachpinsel oder Spatel habe ich schon erwähnt. Für Bücher und Briefe benutzten die Römer den *calamus*, das Schreibrohr aus Schilf, das in Massen hergestellt wurde. Vereinzelt hat man auch Nachbildungen aus Metall gefunden. Geschrieben wurde mit schwarzer und roter Tinte; wenn es kostbar sein sollte, wurde auch Gold- und Silberfarbe zum Schreiben benutzt. Dem Kaiser blieb es vorbehalten, mit Purpurtinte zu schreiben.

Die Bücher waren wie bei den Ägyptern Rollen aus Papyrus, den die Römer aus Ägypten beziehen mussten, wodurch sie vom jeweiligen Pharao, der das Monopol darauf besaß, abhängig waren. Das änderte sich erst, als Ägypten römisch wurde. Die Rollen, griechisch *kylindros*, lateinisch *volumen*, waren „13 Finger breit", das entspricht etwa 28 bis 30 cm, der Höhe des heute üblichen Zeitschriftenformats. Die notwendigen Längen erhielt man durch Aneinanderkleben mehrerer Bogen. Das geschah so geschickt, dass die Klebekanten kaum sichtbar waren und beim Schreiben kein Hindernis bildeten. Von diesem Material waren mehrere Sorten unterschiedlicher Qualität erhältlich. Papyrus war wertvoll und darum nicht nur als Rolle, sondern auch als einzelnes Blatt, als *charta*, zu erwerben. Sowohl die Griechen als auch die Römer nannten die Bücher nach der Herkunft des Papyrus *Baumbast*, griechisch *biblos* und lateinisch *liber*. Um die in Regalen liegenden oder in Behältern stehenden Rollen von außen kenntlich zu machen, versah man sie mit beschrifteten Streifen, den *tituli*, die an die Rollen angehängt wurden. Der Behälter für die Rollen, häufig Krüge oder Amphoren, wurde von den Griechen *bibliotheke* genannt.

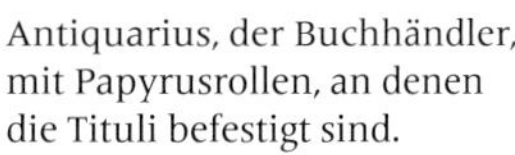

Antiquarius, der Buchhändler, mit Papyrusrollen, an denen die Tituli befestigt sind.

Ein Wandbild aus Pompeji mit Wachsspachtel, Wachstafelbuch, Tintenfässern, Schreibfeder und einer Papyrusrolle.

Statt Papyrus Pergament, statt der Rolle der Kodex

Im ersten nachchristlichen Jahrhundert kam in Rom der Gebrauch des Pergaments auf, das die Römer *membrana* nannten. Die Bezeichnung Pergament für diesen Beschreibstoff soll auf die griechische Stadt *Pergamon* im westlichen Kleinasien zurückgehen. Bekannt ist der imposante Zeusaltar dieser Stadt, der sich im Pergamonmuseum in Berlin befindet. Unter König EUMENES II. (195–158 v. Chr) soll für die berühmte Bibliothek ein verbessertes Verfahren zur Herstellung von beschreibfähigen Tierhäuten entwickelt worden sein. Der König wollte sich damit vom teuren ägyptischen Papyrus und vom Monopol der Pharaonen unabhängig machen. Pergament ist eine ungegerbte, mehrere Tage in Kalkmilch gebeizte, enthaarte, danach aufgespannte, getrocknete und mit Schabmesser und Bimsstein geglättete Schaf-, Ziegen- oder Kalbshaut.

Gegerbte Haut von verschiedenen Tieren war als Beschreibstoff im Altertum schon früh bekannt. Die jüdischen Thorarollen waren immer schon aus Leder, und sie sind es bis heute. Leder konnte aber im Gegensatz zu Pergament nur einseitig beschriftet werden und hatte die unangenehme Eigenschaft, bei mangelhafter Gerbung penetrant zu riechen. Das mussten auch 1947 die Entdecker der berühmten Schriftrollen vom Toten Meer feststellen, als sie in den Höhlen von Qumran die versiegelten Behälter öffneten. Unter den dort gefundenen ledernen Schriftrollen mit biblischen Texten befanden sich zur großen Überraschung der Forscher auch zwei Kupferrollen, in die Schrift eingedrückt war. Dünne Kupferbleche von dreißig Zentimetern Breite waren zu einem Band von zweieinhalb Metern zusammengenietet.

Pergament war anfangs nicht so angesehen wie der teure Papyrus. Von einzelnen Werken wurden billige Ausgaben auf Pergament und teure auf Papyrus hergestellt. Erst mit dem Aufkommen des Codex und der Technik des Falzens und Heftens begann der Siegeszug des Pergaments. Vor allem Juristen bevorzugten diese Buchform, weil sie dort durch Blättern leichter eine bestimmte Textstelle finden konnten als in einer langen Rolle. Zudem war die Haltbarkeit wesentlich besser. Das galt auch für die kirchlichen Bücher. Nachdem 313 die christliche Religion von Konstantin I. unter kaiserlichen Schutz gestellt worden war, stieg der Bedarf an christlicher Literatur. Bald war der Aufwand, der mit kirchlichen Kodizes getrieben wurde, um sie dem heiligen Inhalt gemäß mit Purpur, Gold und Silber möglichst kostbar zu machen, so enorm, dass einige Kirchenväter versuchten, diesem Luxus Einhalt zu gebieten. Dies war jedoch vergeblich, denn die luxuriöse Ausstattung hatte oft mehr mit der Stellung des Auftraggebers zu tun, als mit der Verehrung der Heiligen Schrift.

Nicht alle Klöster konnten sich für die Bücher ihres Eigenbedarfs einen großen Aufwand leisten. Um am Beschreibstoff zu sparen, wurde die Schrift meist „heidnischer" Kodizes mit Bimsstein abgeschmirgelt. Die wieder freien Pergamentblätter konnten so mit neuen Texten beschrieben werden. Weil aber die Tinte in ihrer damaligen Zusammensetzung das Pergament bereits bei der Erstbeschriftung angegriffen hatte, können Paläographen häufig die ursprüngliche Schrift wieder sichtbar machen. Auf diese Weise kam unter anderem auch ein verschollen geglaubter Text von Cicero zum Vorschein. Ein solches zweimal beschriebenes Buch nennen die Wissenschaftler ein *Palimpsest,* was so viel wie „wieder abgeschabt" bedeutet.

Ein abgeschmirgeltes und zum zweiten Mal beschriftetes Pergament ist ein Palimpsest.

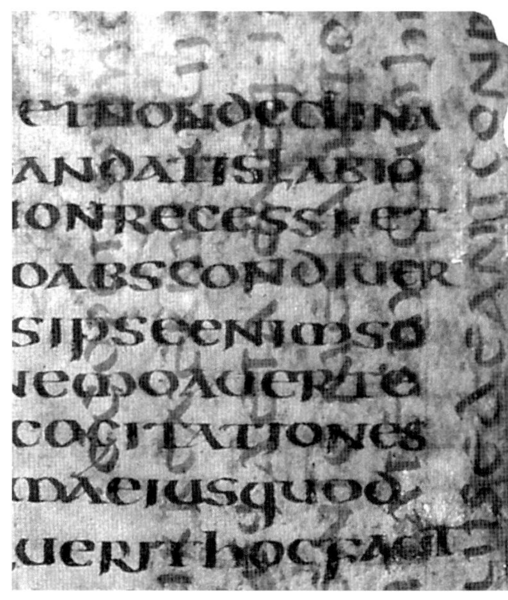

Dem Schreiben in Wachs verdanken wir die Kleinbuchstaben

Seite 61
Die hier wiedergegebene Schrift aus einem Pergamentkodex ist die beneventanische Minuskel. Sie wurde im Kloster Montecassino seit dem 8. Jahrhundert geschrieben. In diesem zwischen Rom und Neapel gelegenen Kloster wirkte Benedikt von Nursia im 6. Jahrhundert, der Gründer des Benediktinerordens. Auch nach Einführung der karolingischen Minuskel wurde die Beneventana noch jahrhundertelang weiter gepflegt. Auffallend ist ihr starker Strichkontrast. Bemerkenswert das kleine e mit seiner Oberlänge.

Die schnelle Schrift auf Wachs und Wänden

Mit einem Griffel in Wachs zu ritzen, ist etwas anderes, als mit der Feder zu schreiben. Auf einer wächsernen Schreibfläche vollendete Buchstaben zustande bringen zu wollen, würde allzuviel Zeit beanspruchen. Und das widerspräche dem Gebrauch eines Notizbuchs. Das Ritzen ins Wachs zwang zum Vereinfachen der Buchstaben. Die so entstandene Schrift wird als römische *Majuskelkursive* bezeichnet. Majuskeln sind die Großbuchstaben im Gegensatz zu den Minuskeln, den Kleinbuchstaben, die später daraus entstanden. Der Begriff Kursive lässt sich am besten mit Schreibschrift übersetzen. Eine kursive Schrift muss nicht unbedingt schräg stehen und zusammenhängend sein, wenngleich das ihre überwiegende Erscheinungsform ist.

Die Kursive hatte sich bald als eigene Schrift verselbstständigt und war zur Handschrift schlechthin geworden. Folglich blieb sie nicht auf Wachs beschränkt, sondern wurde mit der Rohrfeder auch auf Papyrus und später auf Pergament geschrieben. Die durch flüchtiges Schreiben in Wachs verringerte Unterscheidbarkeit einzelner Buchstaben versuchten die Römer dadurch zu verbessern, dass sie einige Striche nach oben oder unten verlängerten. Anfangs noch recht willkürlich gehandhabt, wurde diese Schreibweise nach und nach vereinheitlicht. Im Lauf der Zeit zeigten immer die gleichen Buchstaben Oberlängen oder Unterlängen oder auch beides. Einer der Buchstaben, die sowohl Oberlängen als auch Unterlängen hatten, war das S. Auf der Wachstafel hatte es bald seine Form verloren und war zu einer flachen Schlangenlinie geworden, die dem Stilus weniger Widerstand entgegensetzte. Die mit der Zeit völlig gerade gewordene Linie überragte die anderen Buchstaben erst oben und unten, dann oben oder unten. Das lange S verdrängte das runde S aus den Texten der Bücher und Urkunden. Das runde

Junge Frau mit Wachstafelbuch und Stilus. Pompejianisches Wandbild, genannt „Sappho“.

Römische Majuskelkursive aus St. Margareten in Kärnten. Einzelne Buchstaben beginnen sich zu strecken.

S blieb nur in den Inschriften, in den Titel- und Überschriftzeilen der Bücher sowie als Initiale erhalten. Initialen nennt man die hervorgehobenen Anfangsbuchstaben eines Kapitels oder Absatzes. Andere Buchstaben wie b, d, e, h, m und r wurden gleichfalls verändert.

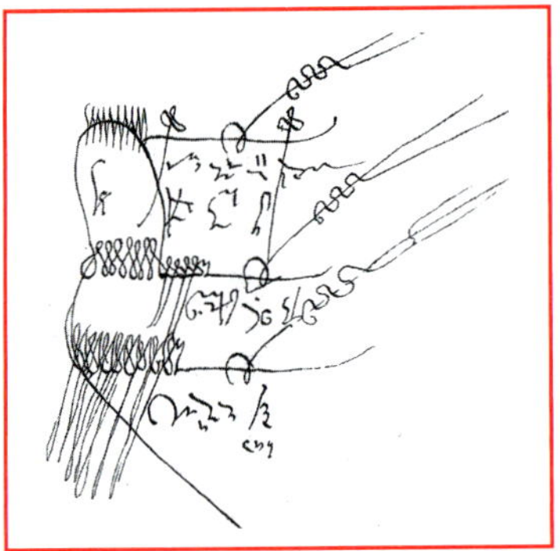

Tironische Noten auf einer Urkunde Karls des Großen. Der Diakon Witherius bestätigt zusammen mit Gunadardus die Echtheit der Urkunde: anno tredecimo imperii domni Karoli serenissimi augusti Witherius diaconus subscripsi. Gunadardus ambasciavit.

Eine radikale Vereinfachung erfuhr die Majuskelkursive durch die Notwendigkeit des besonders schnellen Schreibens, um zum Beispiel im römischen Senat die Reden festhalten zu können. Das gelang nur, wenn immer wiederkehrende Wörter und ganze Sätze zu einem Zeichen geschrumpft wurden. Auch für die im Lateinischen immer gleichen Vorsilben und Endungen wurden Kürzel gefunden. Eine solche Stenographie hat bis ins hohe Mittelalter überlebt. Ihr Erfinder war TULLIUS TIRO, der Sekretär und freigelassene Sklave des großen Redners TULLIUS CICERO. Die nach ihm benannten *Tironischen Noten* fanden als Abkürzungszeichen, *Abbreviaturen*, Eingang in den juristischen Schriftverkehr mit seinen immer gleichen Wendungen in Schriftsätzen und Urkunden. Etliche dieser Kürzel fanden sich noch lange in den Setzkästen der Buchdrucker. Auch einige Formen des scharfen S verdanken ihr Aussehen einer römischen Abkürzung. Davon mehr im Kapitel über die gebrochenen Schriften.

Aus der Majuskelkursive, die man noch zwischen zwei Linien stellen konnte, war bis zum 4. Jahrhundert die *Minuskelkursive* mit Oberlängen, Mittellängen und Unterlängen geworden, zu deren Höhenbestimmung jetzt vier Linien nötig waren, wie wir sie aus unseren ersten Schulheften kennen. Daraus entwickelte sich nach und nach unser Kleinbuchstabenalphabet.

Die nächste Buchschrift, die im 5. Jahrhundert ihre Form gefunden hatte, kam unseren Kleinbuchstaben schon sehr nahe. Man hat ihr den Namen *römische Halbunziale* gegeben. In dieser Schrift wurden viele Eigenschaften der römischen Minuskelkursive verarbeitet. Ober- und Unterlängen wurden einheitlich geschrieben, die Oberlängen zusätzlich durch keulenförmige Verdickungen betont. Während bei manchen Texten zum Beispiel a, e und m schon ganz und gar unseren Kleinbuchstaben entsprechen, behielt das N seine Majuskelform. Es wurde je nach Entstehungsort erst allmählich dem m angeglichen. Andere Buchstaben wurden übrigens nie verändert und haben im lateinischen Minuskelalphabet ihre Majuskelform bis heute behalten. Es sind dies c, o, das runde s, v, x, z und das erst später als doppeltes v hinzugekommene w.

Römische Halbunziale aus dem 7. Jahrhundert. Das kleine n hat seine Majuskelform behalten.

Minuskelkursive auf Papyrus. Schreibschriften bestanden jetzt immer aus Mittel-, Ober- und Unterlängen. Aus einem Kaufvertrag aus Ravenna 572.

Die Schriftlichkeit überlebte die Völkerwanderung in Reservaten

Um 330 standen den Einwohnern Roms neben zahlreichen Bädern auch 144 Bedürfnisanstalten, 46 Bordelle und 28 öffentliche Bibliotheken zur Verfügung. Offensichtlich war also auch Lesen und Schreiben ein allgemeines Bedürfnis, das es zu berücksichtigen galt. Zur gleichen Zeit jedoch verlor die Stadt, bis dahin der Nabel der antiken Welt, mit der Erhebung Konstantinopels zur neuen Hauptstadt des römischen Weltreichs durch Konstantin den Großen ihre Bedeutung. 395 erfolgte die endgültige Teilung des Römischen Reichs in das künftig griechisch orientierte Ostrom oder Byzanz und das lateinische Westrom. In Ostrom mit der Hauptstadt Konstantinopel, dem heutigen Istanbul, herrschten die griechische Sprache und die griechische Schrift. Durch das Fortbestehen des byzantinischen Kaisertums bis ins hohe Mittelalter erhielt sich in Ostrom die Schriftkultur weiter auf hohem Niveau.

Inzwischen hatte die mehrere Jahrhunderte dauernde germanische Völkerwanderung begonnen, die zum Ende der römischen Vorherrschaft in Westeuropa führen sollte. Mit den Eroberungen und Plünderungen Roms machten 410 die Westgoten unter ihrem König Alarich den Anfang. Danach lösten Ostgoten, Wandalen und endlich die Langobarden einander ab. Im Verlauf der Völkerwanderung verselbstständigten sich die westlichen römischen Provinzen und wurden zu Königreichen verschiedener germanischer Stammesfürsten. Der Niedergang des weströmischen Kaisertums bewirkte den Niedergang der römischen Schriftkultur. Die Würde der kaiserlichen Inschriften wurde in der Spätzeit nicht mehr erreicht. Mit der Herrschaft der germanischen Eroberer verschwand für Jahrhunderte die Kenntnis des Alphabets in der Bevölkerung. Als Reservate, in denen lateinisch gesprochen und geschrieben wurde, blieben nur die Klöster als die Orte der Gelehrsamkeit, die Kanzleien der Königshöfe und die Kanzlei des Papstes. Auch die römische Verwaltung samt ihrer Schrift existierte weiter, denn die Eroberer ließen sie klugerweise bestehen.

In den weit auseinander liegenden Inseln der Schriftkultur, den Klöstern und Kanzleien, entwickelten sich im Laufe der Zeit aus römischen Vorbildern je nach Stammesgebiet verschiedene Schriften unterschiedlicher Qualität. Ihnen gemeinsam war der Trend zur Minuskelschrift mit Oberlängen, Mittellängen und Unterlängen. So entstanden neben der verbliebenen lateinischen Minuskelkursive und der *päpstlichen Kuriale*, einer eigenwilligen dekorativen Kanzleischrift der römischen Kurie, die *römischen, west-gotischen, beneventanischen, langobardischen, angelsächsischen, merowingischen* und *fränkischen Minuskeln*. Eine eigenständige Entwicklung der römischen Halbunziale führte in irischen Klöstern zur mehr dekorativen *irischen Halbunziale* im Verein mit der dekorativen irischen Buchmalerei (unten).

Römische Minuskel, 8. Jahrhundert. Das kleine n hat seine heutige Form gefunden.

Angelsächsische Minuskel, 8. Jahrhundert.

Merowingische Minuskel, 6. Jahrhundert.

Irische Halbunziale. Aus dem Book of Kells, 8. Jahrhundert. „gentibus propter"

Eine Schrift und eine Sprache von Sizilien bis Schottland

Nachdem der Frankenkönig Karl fast alle westeuropäischen Königreiche und Stammesgebiete unterworfen oder in Abhängigkeit gebracht hatte, begann er, das Weströmische Reich wiederherzustellen und der Auflösung mit Ordnung zu begegnen. Nach den Verheerungen der Völkerwanderung sollte mit dieser *Renovatio Imperii Romani* durch Aneignung antiker Kultur und Wissenschaft auch das geistige Erbe Roms gerettet und bewahrt werden. Zu diesem Zweck verlegte Karl nach seiner Krönung zum römischen Kaiser durch Papst Leo III. die Palastschule aus Worms in seine neue Kaiserpfalz nach Aachen. Ihr gehörten die besten Gelehrten der unterworfenen Königreiche an. Die Leitung der Hofschule übertrug Karl dem angelsächsischen Benediktiner Alkuin von York, einem der bedeutendsten Gelehrten seiner Zeit. Zu den Aufgaben der Akademie gehörte es, nicht nur antike Literatur und Wissenschaft zu studieren und durch Abschreiben zu vervielfältigen, sondern vornehmlich das kirchliche Leben zu reformieren, Texte und Handlungen der Liturgie und des Gottesdienstes zu vereinheitlichen und die biblischen Texte von Wildwuchs zu reinigen. Diese Reformen durchzusetzen, war Aufgabe der Klöster, die Schreibschulen einrichten mussten, um dem stetig wachsenden Bedarf an Büchern gerecht werden zu können. Zu den bedeutendsten und einflussreichsten Schulen gehörten die Skriptorien in den Klöstern Corbie, Tours, Trier, Regensburg und St. Gallen. Alle erhielten Vorlagen mit bereinigten Texten und neuen Regeln, geschrieben in einer neuen Schrift.

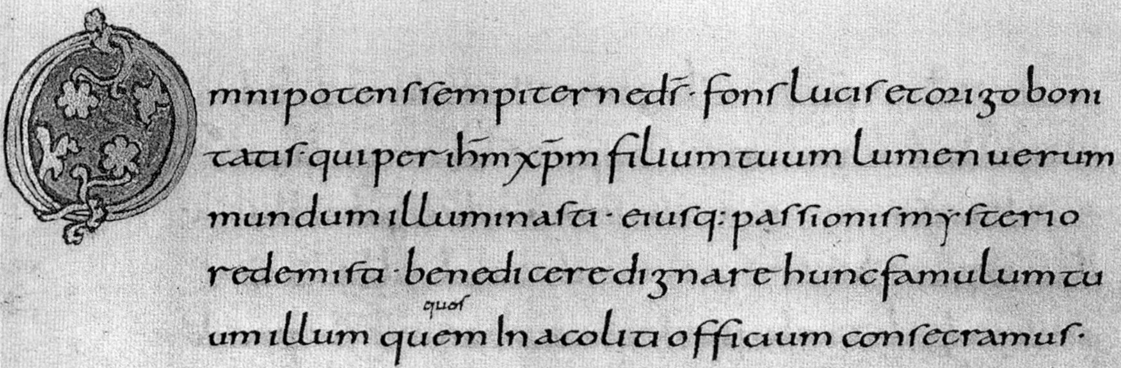
Omnipotens sempiterne ds · fons lucis et origo boni
tatis qui per ihm xpm filium tuum lumen uerum
mundum illuminasti · eiusq: passionis mysterio
redemisti · benedicere dignare hunc famulum tu
quos
um illum quem in acoliti officium consecramus ·

Karolingische Minuskel.

Schon vor der Kaiserkrönung und dem Ausbau Aachens zur Kaiserpfalz wurden kostbare Evangeliare, Psalterien und Evangelistare oder Perikopenbücher geschaffen. Letztere enthalten ausgewählte Bibelstellen, die an Sonn- und Feiertagen im Gottesdienst verlesen werden mussten. Im Auftrag König Karls und seiner Gemahlin Königin Hildegard schufen die gelehrten Schreibermönche Godescalc und Dagulf 781 bis 783 Kodizes mit goldener Schrift auf mit Purpur gefärbtem Pergament. Mit ihren ganzseitigen Darstellungen, dekorativen Titelseiten und Initialen gelten diese Bücher als Höhepunkte der karolingischen Buchmalerei, nicht zuletzt auch wegen der Behandlung der Schrift. Nicht wegen des Goldes, sondern weil die großen Überschriften aus der römischen Kapitalis, die Einleitungen aus der Unziale und der Text in Minuskeln bestechend schön und wohlproportioniert gezeichnet und geschrieben wurden.

Die Schrift, die wir heute die *karolingische Minuskel* nennen, wurde hier von Godescalc in ihrer Urform verwendet. Diese hatte sich in den vorangegangenen Jahrzehnten aus römischen und langobardischen Minuskeln entwickelt, zeigte aber auch andere Einflüsse. Der Wunsch Karls nach einer einfach zu schreibenden und für alle des Lesens Kundigen leicht erfassbaren Schrift hat den Hofschulen in Worms und später in Aachen die Richtung gewiesen und für die Verbreitung der dort entstandenen Vorbilder gesorgt. Damit war im Wesentlichen unser heutiges Kleinbuchstabenalphabet festgelegt. Die karolingische Minuskel wurde im wiedererstandenen Römischen Reich Karls des Großen und seiner Nachfolger die führende Schriftform. Es bestand kein Unterschied mehr zwischen Buch- und Briefschrift. Zum ersten Mal war ein Schreibstil entwickelt worden, der nicht mehr zur Demonstration der Virtuosität ehrgeiziger Schreiber taugte, sondern der vor allem der Lesbarkeit diente. Dazu wurde weitgehend auf die oft rätselhaften Abkürzungen und kaum lesbaren Ligaturen der Vorgänger verzichtet. Einfache Buchstabenformen, deutliche Wortabstände – damals keine Selbstverständlichkeit – kennzeichneten die neue Schrift. Die Satzanfänge wurden durch Großbuchstaben aus der Unziale oder Rustica gekennzeichnet.

Karl der Große ließ die neue Schrift systematisch verbreiten

Weil kein Kloster über das umfassende Wissen der versammelten Aachener Gelehrten auf den Gebieten der neuen Kirchenliteratur, der Werke der Kirchenväter oder der griechischen und lateinischen Philosophen und Wissenschaftler verfügen konnte, pflegten die klösterlichen Skriptorien Spezialgebiete und exportierten die dafür entstandenen Bücher. Das Kloster Sankt Martin in Tours zum Beispiel lieferte vornehmlich die neuen korrigierten Bibeln an Kirchen und Klöster.

Um sich möglichst umfangreiche Bibliotheken einrichten zu können, entwickelte sich unter den Klöstern ein reger Austausch von Büchern und von gebildeten und geschulten Schreibermönchen. Des Kaisers Wunsch und die strenge Disziplin der Benediktiner werden für die Originaltreue der Kopien gesorgt und allzu kreative Klosterbrüder gezügelt haben. Dennoch blieb die Schrift etwas Lebendiges, das wie jede Handschrift die Herkunft nicht verleugnen kann und Schreibschule und Entstehungszeit verrät.

Karl ließ nicht nur Bücher verschicken. Er sandte auch die gelehrten Kirchenmänner seiner Palastschule in Klöster ihrer Heimatländer zurück, damit

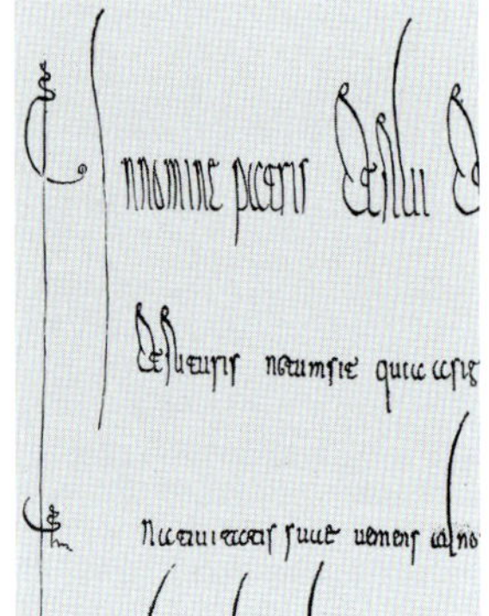

Aus einer Urkunde Karls des Großen von 813 mit diplomatischen Minuskeln. Ganz links ein „Chrismon", eine Formel aus C und Kürzeln, die am Anfang einer Urkunde stand. Sie lautet etwa: ante omnia Christus; Christus amen.

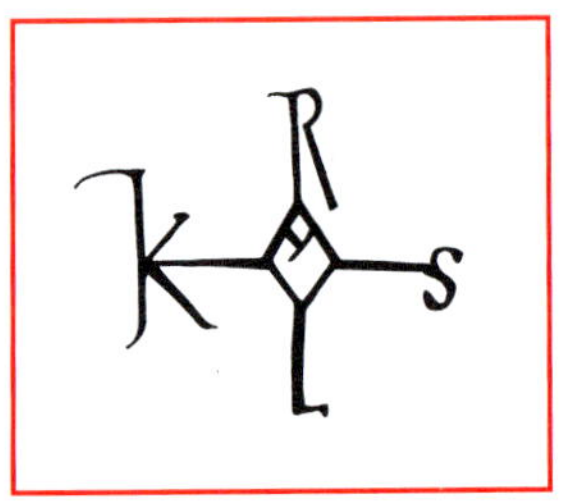

Das Signum Karls des Großen. Der Kaiser brauchte nur noch in das A von Karolus einen Haken einzusetzen. Das war seine Unterschrift.

sie neue Schulen gründeten und von dort das in Aachen erworbene Wissen verbreiteten. Alkuin wurde Abt von Sankt Martin in Tours, und dort entstand unter ihm und seinen Nachfolgern eines der berühmtesten Skriptorien.

Bis zum Ende des 1. Jahrtausends hatte sich die karolingische Minuskel weitgehend durchgesetzt. Damals bediente sich das schriftkundige Westeuropa ein paar Jahrhunderte lang für Wissenschaft und Kirche einer Schrift und einer Sprache – natürlich des Lateins. Ausnahmen bildeten die päpstlichen und kaiserlichen Kanzleien, deren bewusst dekorative Schriften nicht nachgeahmt werden durften; hier hielten sich zum Beispiel in der sogenannten *diplomatischen Minuskel* merowingische Formen bis ins 11. Jahrhundert.

Im 8. Jahrhundert entstanden neben den lateinischen Büchern auch deren Übersetzungen in die verschiedenen Landessprachen und die ersten landessprachlichen Dichtungen und Verträge. Im deutschen Sprachgebiet erschienen unter anderem das Nibelungenlied und das Hildebrandslied in althochdeutscher Sprache.

Aus der karolingischen wurde die romanische Minuskel

Ihre Hochform erlangte die karolingische Minuskel in der Romanik unter den sächsischen Kaisern. Es war ein neues Zeitalter angebrochen. Die ungarischen Reiterhorden, die im 10. Jahrhundert, Tod und Verwüstung hinter sich lassend, nach Westen bis über den Rhein vorgedrungen waren, wurden 955 unter Otto I., dem Großen, vernichtend geschlagen und endgültig aus dem Reichsgebiet vertrieben. Im Osten des jetzt *deutsch* genannten Reiches begannen der Ausbau von Siedlungen zu festen Städten und die Errichtung neuer Markgrafschaften und Bistümer. Während des 11. Jahrhunderts wuchs die Bedeutung der Städte und ihrer Einwohner. Neben dem Adel und dem Klerus hatte sich ein neuer Stand Geltung verschafft: das Bürgertum mit seiner Kaufmannschaft begann Einfluss zu gewinnen. Aus wichtigen Städten wurden wehrhafte freie Reichsstädte.

Auch innerhalb der Klostermauern gab es Reformbestrebungen, die zu neuen Ordensgründungen wie jener der Zisterzienser, der Cluniazenser oder Kartäuser und zur Errichtung zahlreicher Nonnenklöster führten. Auch blieben die Skriptorien nicht mehr nur auf die Klöster beschränkt. Die Bischöfe, die zum Teil als Herzöge und Kurfürsten auch weltliche Herrscher waren, gründeten eigene Schreibwerkstätten für ihre Bibliotheken. Sie ließen nicht nur kirchliche Texte, sondern auch Schriften der antiken Philosophen, Dichter und Gelehrten abschreiben. Noch waren Wissenschaft und Bildung aber ausschließlich Sache der Kirche. Oft mussten die ursprünglich griechischen Texte von Aristoteles, Platon und anderen erst aus dem Arabischen ins Lateinische übersetzt werden, da die frühen Christen von den „heidnischen" Autoren nichts hatten wissen wollen, die Araber aber die griechische Wissenschaft weiter betrieben hatten.

Form und Struktur der karolingischen Minuskel hatten sich verändert. Die Buchstaben waren schlanker geworden. Die keulenförmigen Oberlängen wurden von geraden Schäften mit dreieckigen Anstrichen abgelöst. Der Schaft des a stand fortan senkrecht und bekam einen kleineren Bauch, die obere Schlinge des g wurde geschlossen geschrieben, bald auch die untere. Der Schaft des t begann, den Querstrich zu durchstoßen. Diese *spätkarolingische Minuskel*, die eigentlich romanische Minuskel heißen müsste, weil sie sich von der karolingischen ziemlich entfernt hatte, war der späteren Antiqua-Druckschrift schon sehr ähnlich. Denn diese Minuskel des 10. und 11. Jahrhunderts verwendeten die humanistischen Gelehrten des 14. Jahrhunderts als Vorlage für ihre Buchschrift, die wiederum im 15. Jahrhundert den ersten Druckern in Italien als Vorlage dienen sollte.

Berthold-Sakramentar. Romanische Minuskel um 1200. Ähnliche Schriften wurden später zum Vorbild für die Schrift der Humanisten.

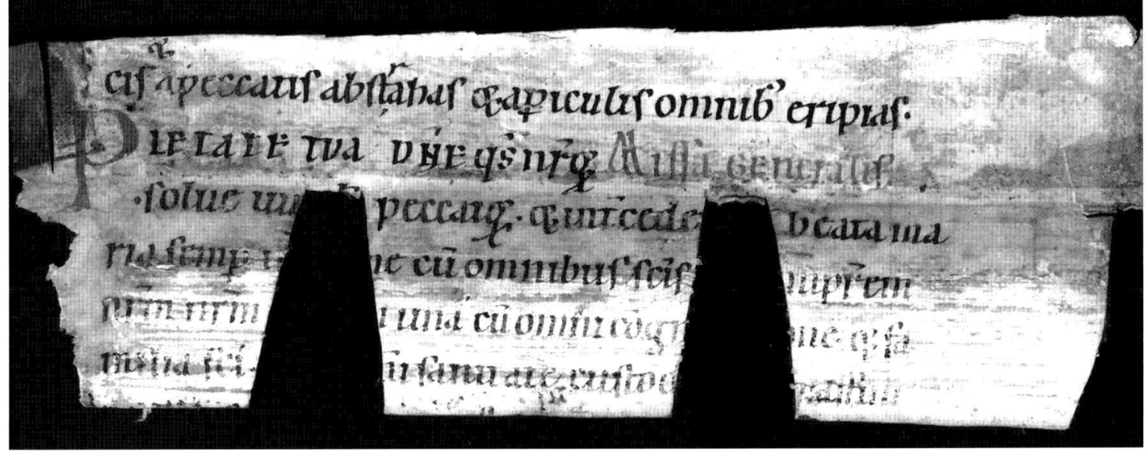

Häufig wurden alte Pergamente benutzt, um neue Buchrücken zu verstärken. Die Schrift ist eine romanische Minuskel.

Die Capitalis monumentalis überdauerte in den Kodizes

Das Ende der römischen Kaiserzeit war auch das Ende der Inschriftenkultur. Schon mit der Einführung des Christentums als Staatsreligion verloren die Inschriften ihre Strenge. Die klassischen Buchstabenformen wurden von lockereren und verspielteren abgelöst. Wie später noch oft, wurde mehr Wert auf dekorative Elemente als auf klare Formen gelegt. Es entstanden Mischformen, die ganz individuell ausgeführt wurden. Schmale Buchstaben wechselten mit breiten und runde mit eckigen. Der alte Formenkanon geriet in Vergessenheit.

Verzierte Inschrift von Filocalus aus den römischen Katakomben. Um 380.

Rechts:
Votivkrone des westgotischen Königs Rekkeswinth 653–72.

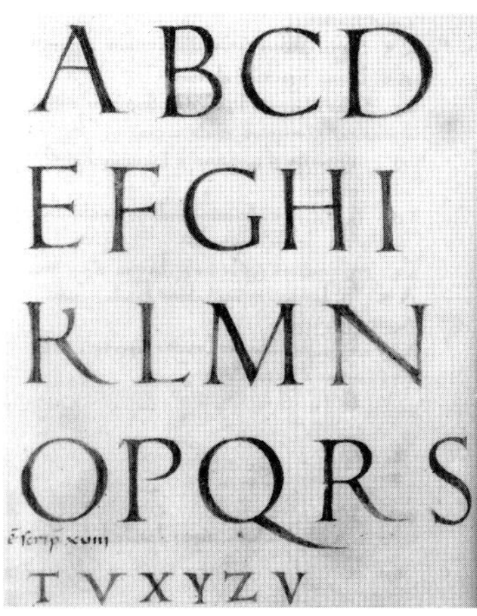

Eines der Schriftmusterblätter, wie sie unter Karl dem Großen den Klöstern als Vorlage dienten.

Nur in den Pergamentkodizes aus den kaiserlichen und klösterlichen Skriptorien gibt es noch lange hervorragende Beispiele der römischen Monumentalschrift. Hier finden wir sie als kostbar ausgeführte Titelschrift, denn zur Schriftreform Karls des Großen gehörte auch die Rückbesinnung auf die klassischen Inschriften Roms. Den klösterlichen Skriptorien diente ein Musteralphabet als Vorlage. Und dieses nahmen sich auch die Steinmetze zum Vorbild.

Der Goldene Psalter Karls des Großen von 790. Die goldene Schrift auf purpurfarbenem Pergament beweist nicht nur den großen Aufwand, mit dem solche Bücher hergestellt wurden, sondern auch die hohe Schriftkultur der Palastschule.

Mit der Zeit schlichen sich in dieses Alphabet allerdings Unzialformen ein. Das runde Unzial-E hatte es den Steinmetzen besonders angetan. Mit Beginn des 12. Jahrhunderts schließlich setzte sich eine aus der Unziale hervorgegangene Form für Inschriften durch, die lombardische oder gotische Majuskel. Es sollte bis zur Renaissance, der Wiederentdeckung der römischen Antike im 14. und 15. Jahrhundert, dauern, bis die Inschriften – zunächst in Italien – ihre klassische Form zurückerhielten.

Grundstein der St. Michaelis-Kirche in Hildesheim 1010. Unter die klassischen römischen Buchstaben mischte sich hier ein Unzial-E.

Die Schriften mit dem Knick

Seite 73
Diese gotische Druckschrift stammt zwar von 1512, zeigt aber mit den Rundungen der großen Buchstaben noch deutlich Herkunft aus den lombardischen Majuskeln, die wiederum von der Unziale abstammen und lange Zeit als Initialbuchstaben gebraucht wurden. Die in Paris nach älteren französischen Handschriften entstandene Schrift ist bis heute in England in Gebrauch und gilt als typisch englische Schrift. Die deutschen gotischen Schriften unterscheiden sich hauptsächlich durch stärker gebrochene Versalien, wie das rote A zeigt.

Schmaler, enger, höher

Nach der zisterziensischen Reform 1098, die zu einem strengeren Klosterleben gemäß der benediktinischen Regel führte, wurden in Europa zahlreiche neue Klöster mit neuen Skriptorien gegründet. Die Mönche haben aber nicht allein liturgische Bücher für ihren Gottesdienst oder für fürstliche Auftraggeber geschrieben und prachtvoll ausgeschmückt, in den Klöstern wurde auch die antike Literatur vor dem Vergessen bewahrt. Vergil, Ovid, Horaz, Platon, Cicero und vor allem die Werke des griechischen Philosophen Aristoteles wurden durch immer wieder erneutes Abschreiben vervielfältigt und für die Nachwelt erhalten. Lange Zeit waren die Klöster inmitten einer kriegerischen Welt der Eroberungen und Zerstörungen die einzigen Orte, an denen große Leistungen des abendländischen Geistes überdauern konnten.

Das geistige Leben im späten Mittelalter war beherrscht von der Scholastik, dem Versuch, Glauben und Vernunft, also die Kirchenlehre und die Lehren des Aristoteles, miteinander zu verbinden. Dem Glauben gebührte allerdings der höhere Rang, denn der Glaube stand über der menschlichen Einsicht. Ihm hatte sich die Wissenschaft noch lange unterzuordnen. Eine besondere Glaubensform war die Mystik. Nicht mehr durch Werke, sondern durch Versenkung und Erleuchtung sollte die Gotterkenntnis erreicht werden. Das war die Zeit der größten Machtentfaltung der katholischen Kirche, und die Zeit der Kreuzzüge zur Befreiung Jerusalems und des heiligen Grabes von den „Heiden".

Anfang des 12. Jahrhunderts, als die auf Kreis und Quadrat basierende romanische Architektur ihren Höhepunkt schon überschritten hatte und Pfeiler und Säulen begannen, in die Höhe zu streben, tauchte in Nordfrankreich der Spitzbogen auf und löste allmählich den Rundbogen ab. Im Gegensatz zum halbkreisförmigen Rundbogen, dessen Radius dem halben Abstand der Stützpfeiler entsprach, war die Scheitelhöhe des Spitzbogens nicht vom Abstand abhängig und erlaubte dadurch den Baumeistern größere Freiheiten. Sie konnten nebeneinander schmale und breite Bögen mit gleicher Scheitelhöhe konstruieren. In den folgenden zweihundert Jahren entstanden vornehmlich nördlich der Alpen und in England die grandiosen gotischen Kathedralen mit ihren hohen Fenstern zwischen den aufragenden Strebepfeilern.

Die Tendenz zu schmal und hoch können wir schon früher in der Schrift beobachten. Die romanische Minuskel mit ihrem überwiegend breiten, runden Duktus wurde zunehmend enger geschrieben und erhielt auf Kosten der Ober- und Unterlängen immer höhere Mittellängen. Daraus bildete sich in der Stauferzeit nach und nach die immer schmaler werdende *frühgotische Minuskel*; gleichzeitig setzten, ebenfalls von Nordfrankreich ausgehend, die ersten Brechungen ein. Die Brechung der Bögen und Rundungen erlaubte eine zunehmend engere Schreibweise der Buchstaben bis hin zur Gitter- oder Texturschrift. Dies geschah keineswegs in Anlehnung an die Architektur, sondern es entsprach dem Stilempfinden der Zeit, dem immer alle Gestaltung unterliegt. Malerei, Skulptur, Kunsthandwerk, alles wurde *gotisch*, was aber in Deutschland zunächst damals als *französisch* be-

Romanischer Initialbuchstabe Q im Reiner Musterbuch aus dem Stift Rein, Anf. 13. Jh.

werten. si uielen sam daz uihe zetal. si slugen
si uon dem wal. rechte sam di hunte. si riefen
alle mit munde. hilf unt chunt marsilie, herre.
durch dine chundiche ere. di cristen sint stare
unt fraissam. di dine ligent alle erslagen. uer
wndet unt ueruallen. si heuent ir wancsan
sangen. rechte sam in nicht en werre. nu rich
dich herre. uarent si also genozen hinnen.
daz nemachtu niemir uberwinden. Marsilie
hiz blasen sinu horn. di haiden alle fur sich
chom. er swur ain ait. des chom er in grozin
arbait. swer der flucht hube. daz man zerode

Übergang von der romanischen zur frühgotischen Minuskel. Bemerkenswert ist die Entstehung des W aus einem doppelten V. Rolandslied des Pfaffen Konrad, Regensburg 1170.

Frühgotische Minuskel. Berthold Sakramentar, Weingarten Anfang 13. Jh.

zeichnet wurde. Mit *gotico* bezeichnete man in Italien erst seit der Renaissance alles, was nicht der Antike entsprach, also „barbarisch" war. Erst die Romantik des 19. Jahrhunderts wertete den Begriff *Gotik* auf zu dem, was wir heute darunter verstehen.

Als ganz Europa gotisch schrieb

Kaiser, Fürsten, Bischöfe und Äbte waren die wichtigsten Auftraggeber für Künstler und Baumeister. Für die romanischen Dome und gotischen Kathedralen entstanden neben schlichten Grabmälern prunkvolle Epitaphe, steinerne und bronzene Taufbecken und bedeutende Bronzetüren, denen noch heute unsere Bewunderung gilt, sei es wegen des künstlerischen Rangs oder wegen des erstaunlichen technischen Könnens, das sie hervorgebracht hat. An all diesen Objekten finden wir Inschriften oder Aufschriften in gebrochenen gotischen Minuskeln oder in runden gotischen Majuskeln, denen Unzialformen zu Grunde lagen.

Runde gotische Majuskel an der Stadtkirche in Hofgeismar 1330.

Ave Maria, gezeichnet aus Bildbuchstaben. Frankreich um 1300.

Die Darstellung dieses Knirpses mit der ABC-Tafel soll offensichtlich seine frühe Begabung beweisen.
Von einem Tafelbild mit der „Heiligen Sippe“ aus der Liebfrauenkirche Oberwesel Ende 15. Jh.

Wegen ihrer engen Schreibweise und dichten Zeilenfolge wird die spätgotische Minuskelschrift des 14. und 15. Jahrhunderts *Textura* genannt, auf deutsch: Gewebe. Es gab unterschiedliche Schreibweisen: eine, bei der die senkrechten Striche der Buchstaben auf der Schriftlinie mit kleinen Würfeln, den *Quadrangeln* abschlossen, eine mit geraden Abschlüssen der senkrechten Striche und eine weniger gebrochene mit gebogenen Endstrichen.

Textura quadrata mit würfelförmigen Abschlüssen. Holzschnitt zu Schedels Weltchronik, gedruckt von Anton Koberger 1493.

Textura prescissa mit geraden Abschlüssen.
Ramsey-Psalter, Ende 13. Jh.
Eine in England gepflegte Schreibweise, die großes Können erforderte.

Links:
Textura quadrata, wie sie für umfangreiche Texte geschrieben wurde. Wenzelsbibel Ende 14. Jh.

Rechts:
Dornspitzige Textura, in Italien *Lettera francese* genannt, geschrieben von Schreibmeister Giovanni Batista Palatino, Rom 1554.

Die Mittellänge der Buchstaben war im Vergleich zu den Ober-und Unterlängen hoch. Die Buchstabenabstände und die Buchstabenbinnenräume waren gleich eng. Durch die dadurch hervorgerufene Gitterwirkung war die Lesbarkeit nach unserem Verständnis stark gemindert. Die meist großformatigen Prachthandschriften dienten jedoch nicht der Lektüre, sondern sie standen im Dienst der Liturgie und der Repräsentation im Gottesdienst der Kloster- und Domkirchen. Dazu dienten auch die aufwendigen Buchmalereien und der ornamentale Buchschmuck. Wegen der engen Schreibweise war es notwendig geworden, ein neben einem n stehendes i zu kennzeichnen, damit die beiden Buchstaben nicht als m gelesen wurden. Seither gibt es den i-Punkt. Das gilt auch für Grabmäler.

Südlich der Alpen, in Italien, Spanien und Portugal stieß die enge und dunkle Textura auf geringe Gegenliebe. Dort entwickelte sich unter dem Einfluss der Universität Bologna, der um 1200 gegründeten ältesten Universität, ein mehr runder Schrifttyp, die *Rotunda*. Das Bild einer beschrifteten

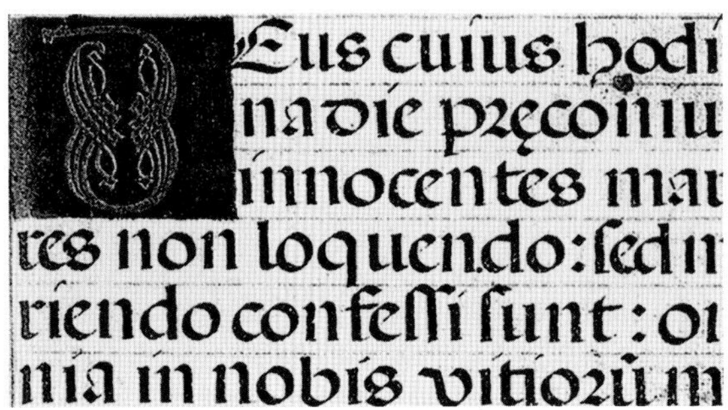

Rotunda oder Rundgotisch.
Gebetbuch aus Flandern.
Handschrift 1. Hälfte 16. Jh.

Seite war heller, die Buchstabenformen waren offener und hatten nicht so viele Brechungen wie die engen Schriften des Nordens. Die Rotunda verbreitete sich rasch in den genannten Ländern und wurde dort bis zur Renaissance und darüber hinaus die am meisten geschriebene und gedruckte Schrift.

Mit der europaweiten Einheitlichkeit des Schriftbildes, wie sie die überwiegend von Mönchen geschriebenen karolingischen und romanischen Minuskeln repräsentierten, war es in der Gotik vorbei. Es konnte nicht ausbleiben, dass sich die gotische Schrift im Lauf der Zeit in den verschiedenen neugegründeten Mönchsorden unterschiedlich entwickelte. Die Paläographen unterscheiden Schriften der Zisterzienser von denen der Franziskaner, Augustiner und Dominikaner, den ausgesprochen städtischen Orden. Auch in Nonnenklöstern wurde hervorragend geschrieben.

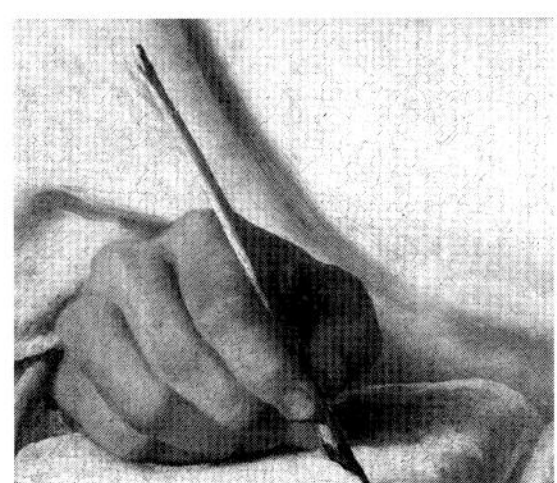

Richtige Darstellung eines Federkiels. Die Schreibfeder hat keine Fahne mehr, die würde nur stören.

Der Schreibermönch Jean Miélot in seinem Skriptorium. Frankreich 15. Jh.

Nur wenige Pfarrer konnten sich für ihre Kirche eine Bibel leisten. Es sei denn, dass ihnen durch vermögende Gönner, die vielleicht glaubten, sich damit einen Platz im Himmel sichern zu können, die Anschaffung eines teuren Buches ermöglicht wurde. Je nach Aufwand der Ausstattung konnte es Monate, ja Jahre dauern, bis ein Missale, ein Evangeliar, ein Lektionar oder ein Psalterium fertiggestellt war. Entsprechend hoch war der Preis. Zum Schluss hat mancher Schreibermönch der Qual des langen Schreibens Ausdruck verliehen und sein Leid geklagt, wie das Beispiel aus einem westgotischen Rechtsbuch des 8. Jahrhunderts beweist: *„O glücklichster Leser, wasche deine Hände und fasse so das Buch an, drehe die Blätter sanft, halte die Finger weit ab von den Buchstaben. Der, der nicht weiß zu schreiben, glaubt nicht, dass dies eine Arbeit sei. O wie schwer ist das Schreiben: es trübt die Augen, quetscht die Nieren und bringt zugleich allen Gliedern Qual. Drei Finger schreiben, der ganze Körper leidet…"*

Die Bevölkerung erfuhr vom Inhalt der Bibel lediglich durch die Predigt und aus Erzählungen, die aus einem bunten Gemisch von Legenden und biblischen Berichten bestanden. Zur Anschauung blieben ihr nur die farbigen Kirchenfenster, die Altäre und manchmal Fresken. Lesen konnten die Allerwenigsten, schon gar nicht das in den Büchern fast ausschließlich benutzte Latein, das man nur in Klosterschulen lernen konnte. Um das Jahr 1000 übersetzte erstmals ein Mönch im Kloster St. Gallen die Psalmen ins Deutsche. Später wurden auch andere Teile der Bibel deutsch geschrieben, aber nur wenige Zeitgenossen bekamen diese Bücher zu sehen. Eine deutschsprachige Literatur entstand erst nach und nach seit dem Ende des ersten Jahrtausends. Erhalten bis heute, wenn auch nicht immer vollständig, sind unter anderen das Nibelungenlied, die Geschichte von Tristan und Isolde, von Parsival, die Gudrunsage und die Lieder der ritterlichen Minnesänger. Aus dem 13. Jahrhundert stammt die sächsische Weltchronik, die die bedeutendsten Ereignisse von Adam und Eva bis zu Friedrich II. von Hohenstaufen in niederdeutscher Sprache schildert.

Aus Buchschriften wurden Verkehrsschriften, aus Verkehrsschriften wurden Buchschriften

Weil die großen Buchstaben der Textura sorgfältig geschrieben, ja fast gezeichnet werden mussten, ging das Schreiben langsam vonstatten; die feierliche Schrift blieb darum hauptsächlich auf liturgische Texte, weltliche Chroniken und Grabmalinschriften beschränkt. Wie schon im alten Rom entwickelten sich deshalb neben den anspruchsvollen Schriftformen Verkehrsschriften, die manchmal sogar noch auf Wachstafeln geschrieben wurden. Es waren individuelle, schnell und leicht zu schreibende, jedoch nicht immer leicht zu lesende Handschriften. Sie heißen *gotische Kursiv* und *Kurrent* und seit dem 14. Jahrhundert *Notula* und dienten seit dem 13. Jahrhundert dem weltlichen Schriftverkehr sowohl an den neu entstandenen Lateinschulen und Universitäten als auch in den immer bedeutender werdenden Handelshäusern. Letztere entfalteten hinter den sicheren Mau-

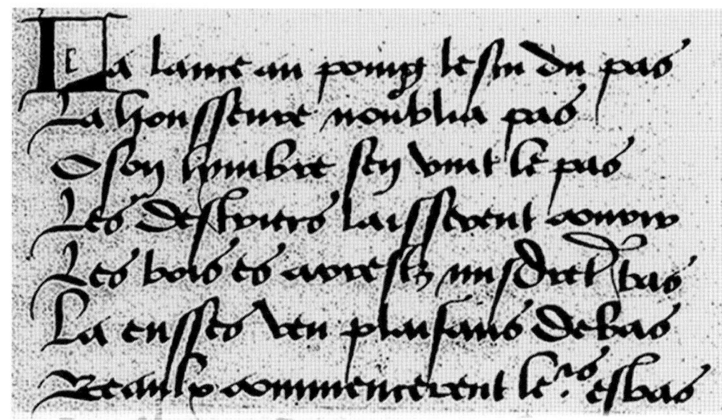

Kurrent aus einem Turnierbuch. Frankreich 1446.

ern der aufblühenden freien Reichsstädte eine rege Tätigkeit. Sie entwickelten das neue Kredit- und Bankgeschäft, zu dessen Abwicklung ein wachsender Schriftverkehr zu bewältigen war. Neue Begriffe wie Konto, Giro und ähnliche wurden von den italienischen Handelspartnern übernommen. Es entstanden die Zünfte der Handwerker. Das teure Pergament war nicht mehr alleiniger Schriftträger, denn inzwischen war das Geheimnis der Papierherstellung aus China nach Europa und von Italien nach Deutsch-

Vorlesung an der Universität von Bologna. 2. Hälfte 14. Jh.

land gelangt. Seit 1390 wurde in Nürnberg Papier produziert. Hier betrieb ULMAN STROMER mit Hilfe italienischer Papiermacher als erster in Deutschland eine Papiermühle.

In den Städten gehörte das Schreiben bald zum täglichen Leben. Neben den Skriptorien der Klöster und den Kanzleien der Regierenden und der Städte waren gewerbliche Schreibwerkstätten entstanden, die den wachsenden Bedarf zu bewältigen hatten, noch dazu in möglichst kurzer Zeit. Sie übernahmen neben der Ausstellung von Urkunden und anderer juristischer Dokumente die komplette Buchherstellung. Zunehmend arbeiteten sie nicht mehr nur allein auf Bestellung, sondern fertigten Bücher für den Markt – auch volkssprachliche.

Häufig verdingten sich Studenten als Schreiber, denn sie brauchten immer Geld, und ein Schreiber musste Latein und Griechisch können. Latein blieb noch für Jahrhunderte die internationale Sprache der Wissenschaft. Studenten mussten neben dem Latein-, Griechisch- und Grammatikunterricht auch den Schreibunterricht besuchen. Wieder können wir beobachten, wie die Alltagsschrift zu einer Veränderung der Buchschrift führte. Mischungen aus gotischer Kursive, Kurrent und Rotunda, die *Bastardschriften*, verdankten ihre Formen den Anforderungen des zunehmenden Schriftverkehrs und einer sich neu entwickelnden Ästhetik. Wenn Studenten die Universität wechselten, brachten sie ihre Art zu schreiben mit in die neue Stadt. Auf diese Weise verbreiteten und vermischten sich unterschiedliche Schreibstile in Europa. Auch Bücher wanderten von Ort zu Ort und wurden als Schreibvorlagen benutzt.

Der Holzschnitt von Jost Amman zeigt einen Papiermacher beim Schöpfen des Papierbreis mit einem Sieb. Hinter ihm die Gautschpresse und das Stampfwerk, das die Hadern zu einem Faserbrei stampfte.

Französische Batarde aus einem Stundenbuch, 1460.

In ihren schönsten Ausprägungen traten die Bastarden in den letzten Jahrzehnten des 15. Jahrhunderts als gleichwertige Buchschriften neben die Textur. Je nach Region und Schreiber ergaben sich mehr oder weniger voneinander abweichende Formen. Wir kennen fränkische, schwäbische, oberrheinische, niederrheinische, sächsische, böhmische, englische und andere Bastarden. Berühmt ist die französische *Batarde* der Renaissance und ihre burgundische Schwester. Damals entstanden in Burgund und in Frankreich die kostbaren Stundenbücher, deren Bebilderung noch heute unsere Bewunderung verdienen. Dabei wird häufig übersehen, dass die Qualität der Schrift der Qualität der Bilder keineswegs immer entsprach. Auftraggeber waren die Könige und der hohe Adel. Berühmt sind die Stundenbücher des Herzogs von Berry und der Herzogin Maria von Burgund, der Gemahlin Kaiser Maximilians.

Was kind vnder mir geborn werdent :
Die sind frölich vnd singend gerne :
Am zit arm die andern rich .
An miltikait ist nieman in gelich . :
Harpfen luten als gute spil .
Hörend sy gern oder kumet sin vil :
Orgeln pfiffen vnd prosunen .
Tanzen kussen halsen runen . :
Ir lib ist hüpsch ane hüpschen mund :
Ougbrawen gefügiv antlit rund :
Vnkünsch vnd der nimme pflegen :
Sind venus kind allwegen :

Blockbuch. Schrift und Bild sind in Holz geschnitten. Der Abdruck, der eigentlich eine einseitige Abreibung ist, wurde von Hand koloriert. Vom Oberrhein 1440.

Bastarden waren auch die Schriften der ersten „gedruckten" Bücher, die man *Blockbücher* nennt, weil Texte und Bilder zusammen Seite für Seite aus Holztafeln geschnitten werden mussten. Hauptsächlich entstanden auf diese Weise einseitige, oft handkolorierte Flugblätter mit Heiligenlegenden oder den Beschreibungen seltsamer Naturerscheinungen, die auf Jahrmärkten und Kirchweihen vertrieben wurden. Aber auch Bücher wurden so hergestellt. Schon bald nach der Erfindung des Buchdrucks mit beweglichen Lettern durch Gutenberg gab es die Bastarda im Setzkasten. William Caxton, ein englischer Kaufmann mit literarischen Ambitionen, brachte eine Bastarda aus den Niederlanden nach England und ließ damit die ersten Bücher in englischer Sprache drucken. Auch in Frankreich erschien das erste französisch gesetzte Buch 1477 in einer *lettre batarde.*

Was Johannes Gensfleisch zum Gutenberg erfunden hat

Das Geniale an Gutenbergs Erfindung war die Perfektion und Zusammenführung von handwerklichen Einzelaktionen zu einer durchorganisierten rationellen Buchproduktion. Da war zuerst der Papiermacher oder der Pergamenter, dann der Stempelschneider, der Schriftgießer, der Schriftsetzer, der Drucker, der Buchmaler und zuletzt der Buchbinder. Wie erwähnt, gab es schon vor Gutenberg „gedruckte" Bücher. Das heißt, gedruckt ist nicht korrekt gesagt. Das Papierblatt wurde auf den eingefärbten Holzschnitt gelegt und die Farbe durch Reiben auf der Rückseite des Papiers übertragen. Daher waren die Blätter einseitig bedruckt. Gutenberg übernahm für seinen Druck das Prinzip der Spindelpresse wie sie zum Beispiel die Papiermacher benutzten, um das Wasser aus den geschöpften Bogen auszupressen. Er übertrug die Farbe nicht durch Reiben, sondern durch Druck vom Druckstock auf das Papier. Auf diese Weise konnte er beide Seiten bedrucken. Der Druckstock war bei ihm kein Holzblock, sondern bestand aus einzelnen erhabenen Metallbuchstaben, den Drucklettern, die beliebig zusammengestellt und zur Wiederverwendung auseinandergenommen werden konnten. Sie wurden in einem flachen, in zahlreiche Fächer geteilten Kasten abgelegt.

Holzschnitt einer Druckerei von Jost Ammann. Der bedruckte Bogen wird abgenommen, und die Druckform wird mit Lederballen neu eingefärbt. In der Fensternische die Schriftsetzer.

Einzelgefertigte metallene Buchstabenstempel benutzten damals schon die Buchbinder, um Schrift in Buchdeckel zu prägen. Gutenberg aber erfand ein Verfahren, wie aus einem Einzel-

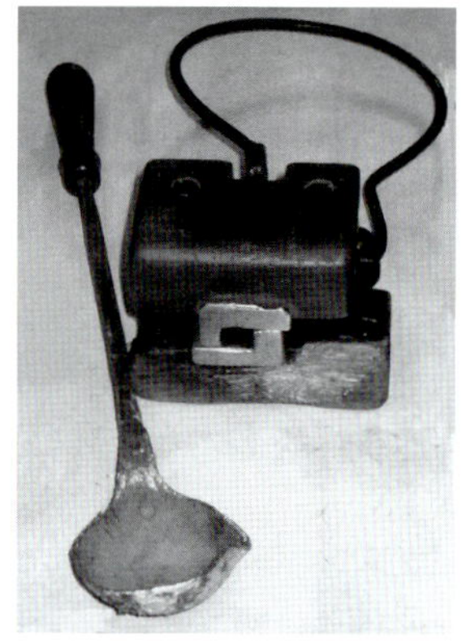

Ein Handgießinstrument mit Bleilöffel. Eingeschlossen ist die Matrize, die durch die starke Metallfeder gehalten wird und dem Blei seine Letterform gibt.

buchstaben eine Menge gleicher Buchstaben hergestellt werden konnte. Als Goldschmied mit der Verarbeitung von Metallen vertraut, schlug er den von Hand geschnittenen Stahlstempel mit dem seitenverkehrten Buchstaben so in eine kleine Platte aus Kupfer, dass eine vertieftes seitenrichtiges Abbild entstand. Diese Matrize klemmte er in ein handliches Gießinstrument, das im Innern so geformt war, dass durch Füllen mit einer flüssigen Bleilegierung und nach deren Erkalten wieder ein Stempel mit einem seitenverkehrten Buchstaben herausfiel. Diesmal aber aus Blei. Auf diese Weise konnte Gutenberg beliebig viele solcher Bleilettern gießen, deren Abdruck auf Papier einen seitenrichtigen Buchstaben ergab. Nach dem gleichen Verfahren goss er platzsparende Buchstabenverbindungen, die man Ligaturen nennt, Satzzeichen und Abkürzungszeichen, die Abbreviaturen heißen. Auch Bleiklötzchen ohne Zeichen brauchte er für die Wortabstände und zum Auffüllen kürzerer Zeilen. Gutenbergs Setzkasten enthielt 292 Buchstaben und Zeichen, weil er jeden Buchstaben in zwei und mehr verschiedenen Breiten gegossen hat, um bei einheitlichem Wortabstand alle Zeilen gleich lang setzen zu können. Das ging nur mit Hilfe zahlreicher Abkürzungen, wie sie auch die Mönche benutzten. Damit wurde er der Erfinder des Blocksatzes, den kein handgeschriebenes Buch so vollkommen erreichen konnte.

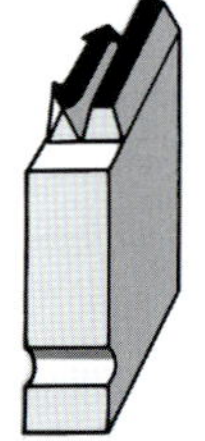

Rechts:
Zeichnung einer Druckform. Sie lässt die unterschiedlich breiten Buchstaben und die Zusammengüsse erkennen, wie sie Gutenberg für den Zeilenausgleich benutzt hat. Daneben die Zeichnung einer Bleiletter.

Unten rechts:
Ein Setzkasten, wie er bis zum letzten Drittel des 20. Jahrhunderts in Gebrauch war und wie er heute noch bei Privatpressen zu finden ist. Die Buchstaben waren nach der Häufigkeit ihres Gebrauchs von vorn nach hinten einsortiert.

Vier Matrizen für Ligaturen.

Gutenberg hat die von ihm erprobten Techniken so weit vervollkommnet, dass jahrhundertelang ohne wesentliche Änderungen auf seine Weise gedruckt werden konnte. Allerdings sind seine Nachfolger mit weniger Drucklettern ausgekommen. Sie brachten ihre Zeilen durch Veränderung der Wortzwischenräume auf die gleiche Breite, so wie es heute noch gemacht wird.

Gegenüberstellung einer geschriebenen Kolumne aus einer Handschrift und einer gedruckten Kolumne mit Randausgleich aus der Gutenbergbibel.

Die Schrift, derer sich Johannes Gutenberg 1450 für den Druck seiner ersten Bücher bediente, war die Textura. Seine berühmte 42-zeilige Bibel, kurz B 42 genannt, war nach geschriebenen Vorlagen gesetzt und von den gleichen *Illuminatoren* und *Rubrikatoren* ausgemalt worden, die ihre Kunst schon immer in den Handschriften ausgeübt hatten. Die Illuminatoren malten die farbigen Initialen und sonstigen Schmuck der Seiten. Die Rubrikatoren, die ihren Namen von rubrum = rot herleiteten, malten die großen Anfangsbuchstaben im Text und markierten die Absätze, die *Rubriken*. Druckbögen wurden auch undekoriert angeboten, und die Buchhändler ließen sie dann am Ort des Verkaufs im jeweiligen Landesstil ausmalen. 40 von 180 Exemplaren druckte Gutenberg auf Pergament, um so eine völlige Übereinstimmung der „künstlich geschriebenen" mit den handschriftlichen Bibeln zu erreichen und entsprechende Abnehmer zu finden. Da seine Bibel 1282 Seiten hatte, soll er für die 40 Pergamentausgaben die Häute von rund 3200 Schafen, Ziegen oder Kälbern benötigt haben.

Zeitgenössischer Holzschnitt eines Fasses, wie es damals auch zum Transport von Büchern benutzt wurde.

In den folgenden Jahren nahmen Buchherstellung und -handel sprunghaft zu. Um 1500 soll es in Europa schon über 1000 Druckereien in etwa 350 Städten gegeben haben. Man rechnet mit ungefähr 30 000 Titeln und einer Auflage von insgesamt 9 000 000 Exemplaren. Anfangs wurden in Deutschland noch 95% der Bücher lateinisch gesetzt und 5% deutsch. Manche Drucker vertrieben nicht nur eigene Produkte, sondern auch die anderer Drucker. Transportiert wurden Bücher damals in Fässern, den Containern des 15. Jahrhunderts. Wo keine Flüssigkeit heraus kann, kann auch keine Nässe hinein.

Die Anforderungen an das Wissen der frühen Drucker und Schriftsetzer waren hoch. Sie mussten nicht nur Latein und Griechisch können, sondern sollten auch in den Wissenschaften beschlagen sein. Sie mussten hochkomplizierte Werke drucken können mit Marginalien, Indizes, Fußnoten und Kommentaren. Darum kam es bald zur Spezialisierung auf einzelne Gebiete wie Theologie, Juristerei, Medizin und Naturwissenschaften oder Literatur. Es entstanden Fachverlage, wie wir sie noch heute haben.[6]

Es wurde dennoch weitergeschrieben

Trotz der Gründung zahlreicher Druckereien nach Gutenbergs Erfindung, wurden die professionellen Schreiber nicht gleich brotlos. Die Kanzleien produzierten nach wie vor ihre Verträge, Protokolle und Urkunden. Auch Einzelbücher wurden weiterhin geschrieben – vom Prachtband bis zur einfachen und handlichen Ausgabe. Weitergeschrieben wurde auch in den Klöstern, deren Bibliotheken Anfang des 16. Jahrhunderts während der Bauernkriege häufig durch Plünderungen und Brandschatzungen große Verluste erlitten hatten. Einzelexemplare liturgischer Werke und Chorbücher mit zum Teil aufwendiger Bebilderung gehörten noch lange zu den Aufgaben der

[6] Alle Angaben nach Stephan Füssel: *Gutenberg und seine Wirkung*.

Skriptorien. Nicht jedes Kloster verfügte nach Krieg und Plünderung noch über eine ausreichend große Mannschaft, um alle Tätigkeiten der Buchherstellung selbst ausführen zu können. Schreibermönche mit besonderen Kenntnissen oder die für die Ausmalung zuständigen Illuminatoren und Rubrikatoren anderer Klöster mussten von Fall zu Fall ausgeliehen werden.

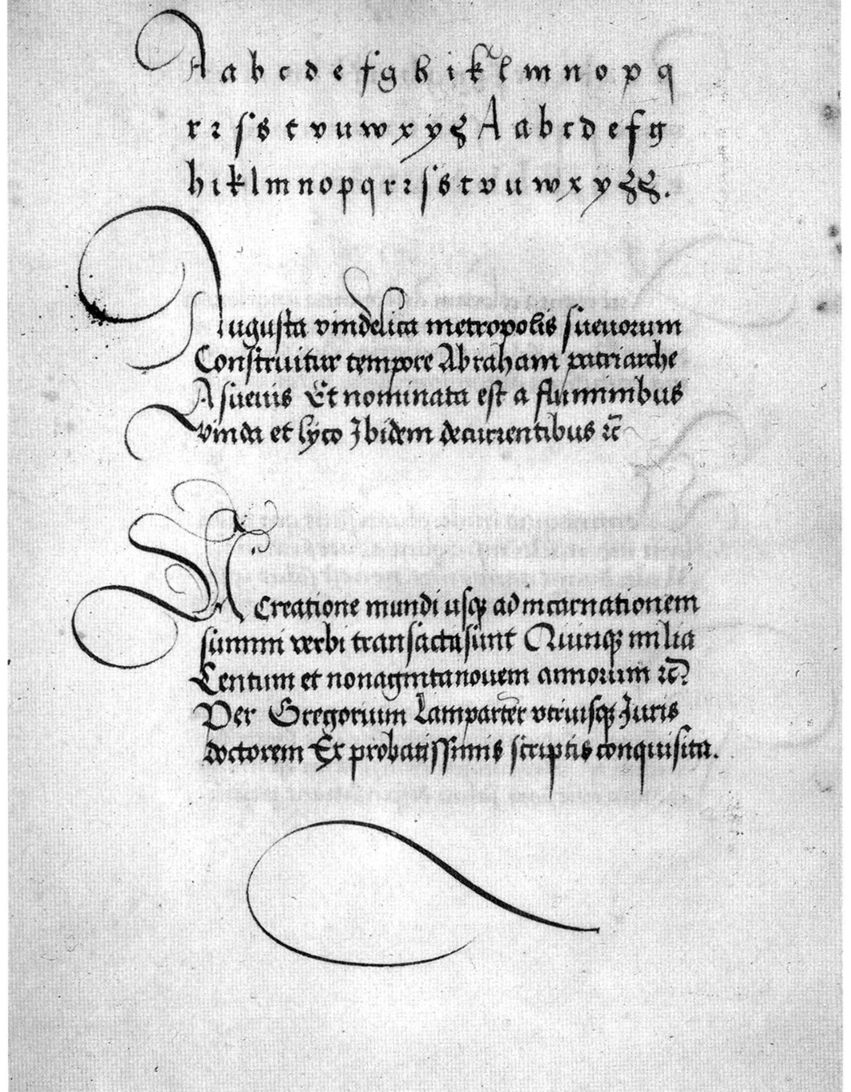
Augusta vindelica metropolis sueuorum
Construitur tempore Abraham patriarche
A sueuis Et nominata est a fluminibus
vinda et lyco Ibidem decurrentibus etc

A creatione mundi usque ad incarnationem
summi verbi transacta sunt Quinque milia
Centum et nonaginta nouem annorum etc.
Per Gregorium Lamparter utriusque Juris
doctorem Ex probatissimis scriptis conquisita.

Bastarda aus dem Schreibmeisterbuch des Abts Laurentius Autenrieth. Kloster Lorch 1520. Die Anfänge der Fraktur sind unverkennbar.

Die Fraktur – auf Befehl eingesetzt und auf Befehl abgesetzt

Links:
Als Überschrift – wie hier über einem Rotundatext – wurde die Textura noch lange eingesetzt. Pflanzenbuch, gedruckt von Peter Schöffer in Mainz 1484.

Rechts:
Seite aus Maximilians Lehrbuch von 1466 mit einer Bastarda, die schon Formen der späteren Schwabacher und Fraktur erkennen lässt.

Die Nachfolgerin der Textura als anspruchsvolle Druckschrift für lateinische Texte wurde in Deutschland die Rotunda aus Italien. Die Niederlande, Skandinavien und einige slavische Länder hielten noch länger an der Textura fest. Es wurde bei uns üblich, deutsche Texte in Bastarda zu setzen und lateinische in Rotunda. Auch in ein und demselben Werk. Als Über- und Titelschrift diente noch lange eine große und kräftige Textura.

Ende des 15. Jahrhunderts entwickelte sich aus Bastard- und Kanzleischriften ein neuer Schrifttyp, die *Fraktur*. Der Name Fraktur, auf Deutsch *Bruch*, der eigentlich nur bedeutet, dass es sich um eine gebrochene Schrift handelt, wurde zunächst von verschiedenen Schreibmeistern für ganz unterschiedliche Schriften benutzt. Die wahrscheinlich früheste bekann-

xxviij

Nenufar Seeblomen

Nenufar frigid. et hu. in secdo gradu. Et est duplex quedā defert albū florem que est melior. et est croceū florem pducens qd non est adeo bonum. Et flos eius vsui medicine cōpetit. Et ex floribus fit siropus cōtra febrē acutā et epatis calorē. flores nenufaris et flores violarū et semē endiuie et semē lactuce et portulace et semia qtuor frigida q oia decoquant in aq et parū aceti. et

si·o·ia·nus
ep·val·er·har·
ven·di·cat·oc·
fe·li·mar·an·
prisc·ca·fab·ag·vin·cen·ti·
pau·po·no·bi·le·lu·men·
Bri·pur·bla·sius·ag·dor·
fe·bru·ap·sco·las·ti·ca·va·
lent·iu·li·con·um·ge·tune·
pe·trum·ma·thi·am·in·de·
Mar·ci·lun·a·du·a·per·
te·co·ra·tur·Gre·go·ri·o·cir.

te Bezeichnung finden wir um 1400 für eine *Notula fracturarum*, eine gotische Urkundenkursiv. Frakturähnliche Schriftformen gab es bereits in der Mitte des 15. Jahrhunderts. Es waren Urkundenschriften anspruchsvoller Kanzleien. Einzelne Formen kann man schon in Urkunden der Prager Reichskanzlei KAISER KARLS IV. entdecken. Als die Reichskanzlei unter KAISER FRIEDRICH III. um 1452 nach Wien verlegt wurde, pflegte man dort den aus der böhmischen Bastardschrift hervorgegangenen Schreibstil weiter.

Erzherzog Maximilian lässt sich beim Schreiben bewundern.

WOLFGANG SPITZWEG, Schreibmeister in der Reichskanzlei, war der Schreiblehrer des jungen ERZHERZOGS MAXIMILIAN, dem er ein Lehrbuch mit Musterschriften zusammenstellte. Darin sind wesentliche Formen der Fraktur weitgehend vorgebildet. Von daher mag die Liebe des späteren Kaisers Maximilian zu dieser Schrift stammen, die für ihn seit seiner Kindheit Vorbild war und die er selbst für deutsche Texte zu schreiben wusste. Der Kaiser muss auf seine eigenen Schreibkünste sehr stolz gewesen sein, denn im „Weißkunig", einem autobiografischen Werk, beschreibt er seine frühe Freude an der Kalligrafie und lässt sich als schreibenden Schüler abbilden. Darum halte ich es sogar für denkbar, dass er an der Gestaltung der von ihm in Auftrag gegebenen *Gebetbuchfraktur* selbst beteiligt war. Manche Schriftgelehrte sehen im kaiserlichen Sekretär und Kalligrafen VINZENZ ROCKNER den Urheber, andere im Schreibermönch und Kellermeister LEONHARD WAGNER vom Kloster Sankt Ulrich und Afra zu Augsburg, einem der vielseitigsten Schreibmeister um 1500. Maximilian war als Mitglied der Bruderschaft des heiligen Ulrich diesem Kloster verbunden.

Leonhard Wagner schuf eine Sammlung von 100 verschiedenen Schriften seiner Zeit, die *Proba Centum Scripturarum*. Die von ihm *Clippalicana major* genannte Schrift hat große Ähnlichkeit mit der Gebetbuchtype.

Mensuras viarum nos miliaria dic
galli leucas, egipcij signes. Perse
autem proprie quegz spatia. Milia
terminatur. Leuca finitur passibu
dium est octaua pars miliarij. hal

Schriftprobe Leonhard Wagners um 1510, die manchen als Vorbild der Fraktur gilt.

Auch seine *Notula semifraktum,* eine elegante Kanzleischrift, enthält alles was zur Fraktur gehört. Aufschlussreich für den gestalterischen Ehrgeiz des Kaisers ist die Widmung, die Wagner seiner Schriftprobe vorangestellt hat. Sie beginnt mit „Dem römischen Kaiser Maximilian..." und endet mit „...damit er sie verbessern oder korrigieren möge." Ich schließe aus dieser Bemerkung, dass es zwischen Maximilian und Wagner Fachsimpeleien im Kloster gegeben hat.

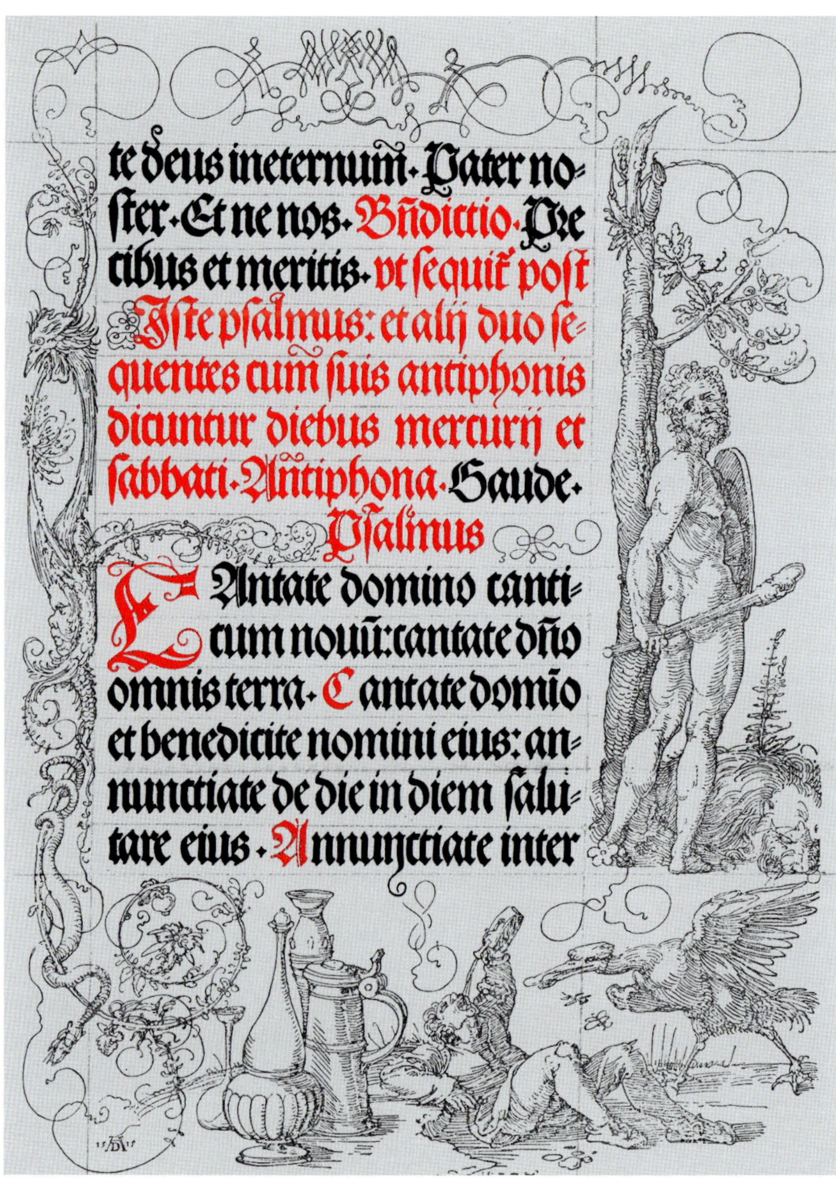

te deus ineternũ· Pater no-
ster· Et ne nos· Bñdictio· Pre-
cibus et meritis· vt sequit post
Iste psalmus: et alij duo se-
quentes cum suis antiphonis
dicuntur diebus mercurij et
sabbati· Antiphona· Gaude·
Psalmus
CAntate domino canti-
cum nouũ: cantate dño
omnis terra· Cantate domĩo
et benedicite nomini eius: annunctiate de die in diem salu-
tare eius· Annunctiate inter

Kaiser Maximilians schönes Gebetbuch, illustriert von Albrecht Dürer 1515.

Das von Maximilian bestellte Gebetbuch wurde ein Prunkstück der Buchkunst. Auf Pergament gedruckte Exemplare wurden an Albrecht Dürer, Hans Baldung Grien, Lucas Cranach, Hans Burgkmair und Jörg Breu, also an die namhaftesten Künstler des Reichs, zur Ausschmückung übergeben.

Nach dem Gebetbuch gab der Kaiser weitere Bücher mit jeweils anderen Frakturschriften heraus. Es war dies außer dem „Weißkunig" noch der „Theuerdank", ein Heldengedicht über Maximilians abenteuerliche Brautfahrt nach Burgund. Beide druckte, wie schon das Gebetbuch, der Hofbuchdrucker Johannes Schönsperger in Nürnberg. 1538 entstand ebenfalls in Nürnberg eine neue Schrift für den Druck, deren Urheber der Schreibmeister Johann Neudörffer d. Ä. und der Holz- und Stempelschneider Hieronimus Andreä, genannt Formschneider, waren. Weil das berühmte Werk von Albrecht Dürer „Underweysung der Messung" und weitere Werke Dürers damit gesetzt wurden, spricht man von der *Dürerfraktur*.

Für Schreibmeister mit eigenen Werkstätten war das Entwerfen der Schriftvorlagen für den Buchdruck ein neues Betätigungsfeld. Die Formschneider, eine Zunft, die für das Schneiden in Holz und Metall zuständig war, schufen danach die Stempel zum Matrizenschlagen. Das Gießen war Sache der Drucker. Großgewordene Druckereien vereinigten unter ihrem Dach alle Tätigkeiten, die zur Herstellung von Büchern gehörten. Schreibmeister lieferten auch den Steinmetzen die Vorlagen. Grabsteine dieser Epoche bieten ein anschauliches Bild des damaligen Schriftgebrauchs. Deutlich ist abzulesen wie sich seit etwa 1490 eine Zweischriftigkeit entwickelte. Nachdem sich die Frakturformen mit ihren vielen Varianten durchgesetzt hatten, wurde es üblich, aber nicht die Regel, deutsche Texte in Fraktur und lateinische in Antiqua zu schreiben, zu setzen oder zu meißeln.

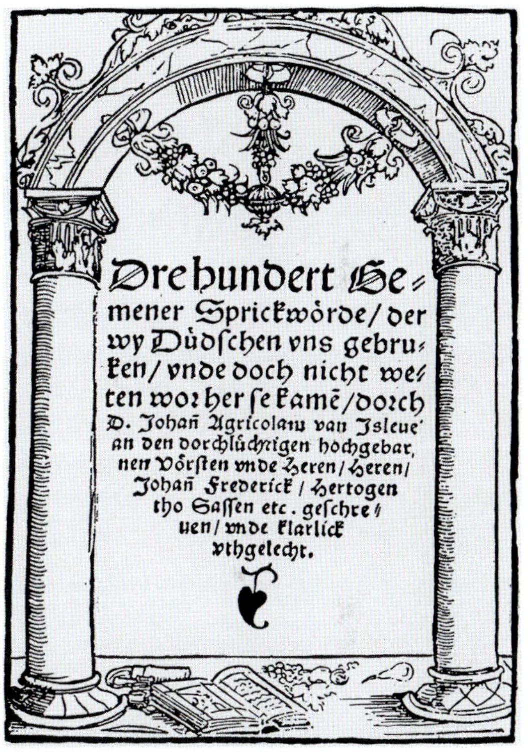
Drehundert Ge=
mener Sprickwörde/ der
wy Düdſchen vns gebru=
ken/ vnde doch nicht we=
ten wor her ſe kamē/dorch
D. Johañ Agricolam van Isleue'
an den dorchlüchtigen hochgebar,
nen Vörſten vnde Heren/Heren/
Johañ Frederick/Hertogen
tho Saſſen etc. geſchre=
uen/ vnde klarlick
vthgelecht.

Renaissance-Buchtitel gesetzt aus der Schwabacher. Magdeburg 1528.

Fraktur	Schwabacher
ABCDEFGHJ	ABCDEFGHI
KLMNOPQRS	KLMNOPQRS
TUVWXYZ	TUVWXYZ
abcdefghijklmnopq	abcdefghijklmnopq
rſstuvwxyz	rſstuvwxyz

Fraktur (links) und Schwabacher im Vergleich.

In der ersten Hälfte des 16. Jahrhunderts dominierte jedoch in den Druckereien zunächst nicht die Fraktur, sondern die von den Druckbastarden und der Rotunda abgeleitete *Schwabacher*. Die Herkunft des Namens ist bis heute ungeklärt. Es könnte sein, dass sie ihren Namen von den *Schwabacher Artikeln* der Protestanten von 1529, die in dieser Schrift gedruckt wurden, bekommen hat. So vermutet es jedenfalls der Typograf Philipp Luidl. Eine andere Möglichkeit ergibt sich aus dem Titel. Diese Type wurde vornehmlich für deutsche Texte benutzt. Aus der Schwabacher und einer ihrer Verwandten, der Wittenberger Schrift, wurden Luthers Texte und seine Bibelübersetzungen gesetzt. Deren Auflagen waren für die damalige Zeit ungewöhnlich hoch. Es wurden zuvor schon etliche Übersetzungen der Bibel gedruckt, jedoch pflegte man damals noch „Wort für Wort" unter Beibehaltung der lateinischen Satzformen zu übersetzen, wodurch vieles unverständlich bleiben musste. Es war Luthers überragende Leistung, sprachmächtig „Sinn für Sinn" zu übersetzen. Der Erfolg war überwältigend: 3000 Exemplare waren schon im ersten Vierteljahr vergriffen. Zwischen 1522 und 1534 erschienen 85 Auflagen des Neuen Testaments. Von der ganzen Bibel wurden in Wittenberg bis 1574 rund 100 000 Bücher gedruckt. Viele tausend Anhänger Luthers haben damit lesen gelernt. Weil hier zum ersten Mal deutschsprachige Texte in solch großer Zahl so vielen Menschen zugänglich gemacht wurden, darf man sich nicht wundern, dass sich für die häufig laut Lesenden und laut Vorlesenden die Wortbilder aus gebrochenen Schriften einprägten und sich mit der Sprache verbanden. Die Antiqua musste ihnen fremd bleiben. Die protestantischen „Los von Rom"-Bestrebungen bewirkten obendrein, dass damals die Antiqua, die auch die Schrift der lateinisch sprechenden katholischen Kirche war, als „römische" Schrift beschimpft wurde, die Schwabacher und die Fraktur dagegen als die Schriften des Protestantismus galten. Luthers Behauptung: *„… denn die lateinischen Buchstaben hindern uns über die Maßen sehr, gut deutsch zu reden"* dürfte die Spaltung entscheidend beeinflusst haben. Nicht minder ein Satz des Nürnberger Schreibmeisters Wolfgang Fugger, der 1553 in seinem Schreibvorlagenbuch geschrieben hat: *„Es will nit schön sehen, so man die teutschen Sprach mit lateinischen Buchstaben schreiben will."* Weil die Fraktur hauptsächlich für deutsche Texte gebraucht wurde, sprach man von ihr als der „deutschen" Schrift, die Antiqua war dagegen die „lateinische". Priester,

Von Gottes Gnaden/
Eberhard Ludwig/
Hertzog zu Würtemberg
und Teck / rc.
Der Röm. Kayserl. Majest. und deß H. R. Reichs / wie auch deß Löbl. Schwäbischen Crayses / respè. General - Feld-Marchall, und General der Cavallerie.

Unsern Gruß zuvor / Liebe Getreue:

Emnach Wir zu mehrerer Auffnahm und Erweiterung allhiesigen Lust-Schlosses Uns gnädigst resolvirt haben / allen und jeden / so allhier zu bauen / und sich häußlich nider zu lassen / willens seynd / nicht nur den Platz und die Bau-Materialien gratis und ohne Entgelt / zu überlassen / sondern auch solche Leuthe / Fünffzehen Jahr lang / von allen Beschwerden und per omnia genera Onerum, sie mögen Namen haben / wie sie immer wollen / befreyt zu lassen; Als ist hiemit Unser Befehl / Ihr sollet solche Unsere gnädigste Resolution in Euch gnädigst anvertrautem so gleich nach Empfang dises behörig publiciren und Unsere gnädigste Intention dardurch Männiglich bekant machen / umb sich ein und andern Orths darnach entschliessen zu können / an deme beschiehet Unsere Meynung. Datum Ludwigsburg den 17. August. 1709.

Der Aufruf Herzog Eberhard Ludwigs von Württemberg von 1709 zeigt, wie die Zweischriftigkeit oft übertrieben wurde. Selbst innerhalb eines Wortes hat man die Schrift gewechselt.

Gelehrte und schon die Studenten dieser Zeit nutzten die lateinische Sprache und die lateinische Schrift, um ihre Internationalität und ihre Ausnahmestellung gegenüber dem „gemeinen Volk" zu betonen. Die Antiqua blieb darum in Deutschland hauptsächlich der Wissenschaft vorbehalten.

Der Reichtum der Handschriften wurde wie von Leonhard Wagner so auch von den anderen Schreibmeistern kultiviert. Die überragende Figur war JOHANN NEUDÖRFFER DER ÄLTERE in Nürnberg, aus dessen Schule bedeutende Schreiber hervorgingen. Für unterschiedliche Aufgaben wie Urkunden, Bücher, Briefe und ähnliche präsentierten die Meister in ihren Vorlagenbüchern eine reiche Auswahl ganz verschiedener Handschriften.

Die gewöhnlichen Schriftanwendungen waren nicht immer Höchstleistungen, aber oft originell. Pranger in Dettelbach 1674.

Schreibmeisterbücher dienten als Vorlagen, aber auch als Demonstration der Virtuosität des Meisters.

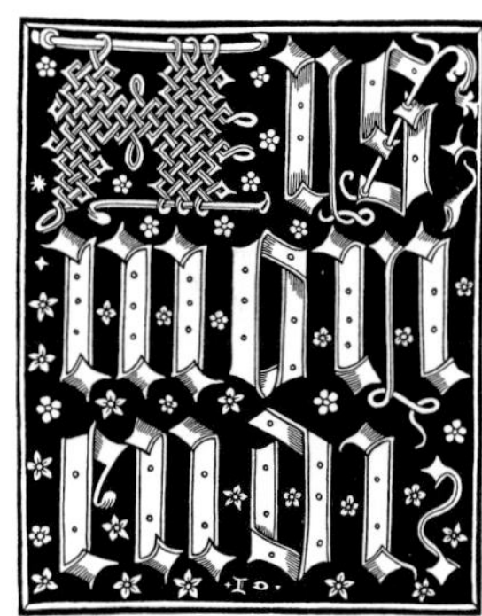

„Ars moriendi". Bandtextura gezeichnet von Giovanni Batista Palatino, Rom 1554.

In der zweiten Hälfte des 16. Jahrhunderts setzte sich in den deutschen Buchdruckereien endgültig die Fraktur durch und wurde die Buch- und Zeitungsschrift schlechthin. Ihre bewegten Formen und die vielfältigen Möglichkeiten der Ausschmückung entsprachen dem heraufkommenden barocken Schmuckbedürfnis, das wir auch in der Sprache des 16. und 17. Jahrhunderts und ihren oft weitschweifigen Formulierungen antreffen. Gleiche Tendenzen finden wir in der barocken Architektur, die die kompakte Bauweise der Renaissance abgelöst hatte und dem Prunkbedürfnis der absolutistischen Welt- und Kirchenfürsten dienen musste.

Posthalterschild von 1776 im Stil des Rokoko.

Barocker Epitaph in Laufen aus dem Jahr 1734.

Erst entrümpelt, dann Opfer des deutschen Chauvinismus

Im 18. Jahrhundert geschah eine Hinwendung zur Antike in Architektur, Kunst, Literatur und Gesellschaft, angestoßen durch die ersten wissenschaftlichen Ausgrabungen in Griechenland und Italien. Eine neue Einfachheit und Strenge nach klassischen Vorbildern, der *Klassizismus*, löste das höfische Rokoko ab. Die Veränderungen, die der Antiqua dabei widerfuhren, sollten auch die Fraktur nicht unberührt lassen. Der Buchdrucker, Schriftgießer und Verleger Johann Friedrich Unger in Berlin, der sich für die klassizistischen Didotschriften aus Paris den Alleinvertrieb für Deutschland gesichert hatte, versuchte zusammen mit dem Pariser Drucker Firmin Didot von der Fraktur „das krause, gotisch-schnörklichte von den großen Buchstaben wegzuschaffen" und ihr ein strenges klassizistisches Kleid zu verpassen. Mehrere Versuche, die Fraktur offener und lichter zu gestalten und damit dem helleren Bild der Antiqua anzunähern, misslangen. Didot hatte offenbar keine Beziehung zu dieser Schrift. Erst als Unger den Schriftschneider Johann Christoph Gubitz nach Berlin geholt hatte, gelang 1794 das Kunststück. Es war eine gezeichnete, keine geschriebene Fraktur, die wegen ihrer ungewohnten Strenge aber nicht übermäßig erfolgreich war und fast 100 Jahre lang vergessen wurde.

Die aufkommende *Romantik* setzte in der Literatur eine Bewegung in Gang, die nach der Verherrlichung der Antike durch die Klassiker und Aufklärer in der Idealisierung des Mittelalters und des Rittertums ihr Thema fand. Die Romantik, der Kunststil des Biedermeiers, erfasste gleichermaßen die Architektur, die bildende Kunst, das Schauspiel und die Musikwelt. In keinem Schlosspark, der etwas auf sich hielt, durfte eine Burgruine fehlen. Die Schrift musste ebenfalls mittelalterlich aussehen. Hinzu kam, dass die napoleonischen Kriege das Erwachen eines bis dahin so nicht gekannten

Von zwar armen, aber ehrli
1789 geboren. Meine Mutter
habenden Küfers Kordorf un
gleich mein Pathe. Mein Vate
konnte aber damit, theils weg

Der erste Versuch Ungers, die Fraktur offener und schlichter zu gestalten.

deutschen Nationalismus bewirkten, der die Fraktur auch im politischen Sinn zur „deutschen Schrift" werden ließ, im Gegensatz zur „französischen Schrift", wie die Antiqua genannt wurde. Auf die Romantik folgte der *Historismus*, die Nachahmung aller möglichen Stile wie der Romanik, der Gotik und der Renaissance, ja sogar des byzantinischen Stils. So mussten Bahnhöfe wie gotische Schlösser, Postämter wie italienische Palazzi und Tunneltore wie Burgtore aussehen. Dampfmaschinen wurden durch korinthische Säulen aus Gusseisen gestützt. Und das ausgerechnet in der Zeit des industriellen Aufbruchs! Maschinen vervielfältigten in unbegrenzter Menge jeden Gegenstand in jedem gewünschten Stil aus jedem verfügbaren Material. Es war die Geburtsstunde des Kitsches.

Nachricht des Verlegers.

Mein erster Versuch neuer deutscher Druckschrift, den ich in der Ostermesse 1793 bekannt machte, fand Beifall, wurde aber auch hie und da getadelt. Männer ohne Vorurtheil gegen Neuerungen, und denen guter Geschmack wohl schwerlich abgesprochen werden kann, munterten mich zu fernerer Vervollkommnung auf, und nun wartete ich nur noch die öffentlichen Urtheile darüber ab. Diese sind jezt wohl größtentheils erschienen, und lauten dafür und dawider. Einer findet die neuen Lettern den schon vorhanden gewesenen ähnlich, mit welchen die großoctav Bibel in Halle gedruckt ist. Ich verglich sie, und fand, so wie mehrere Personen, nicht die geringste Ähnlich-

A 2

Die Unger-Fraktur von 1793 ist eine klassizistische Form der Fraktur. Überraschend ist die miserable Typografie mit den großen Wortzwischenräumen.

Für diesen Grabstein (unten) in Landshut hat der Steinmetz schon 1788 seine eigene klassizistische Fraktur gefunden.

Hier
Ruhet der Hoch Edl ge-
bohrne Herr Laurentius
Franc. Baur Khurfürstl:
Rent deputations Rath
und Fiscal zu Landtshut
seines Alters 61. Jahr.

Rechts: Kupferstichtitel der Romantik von 1819.

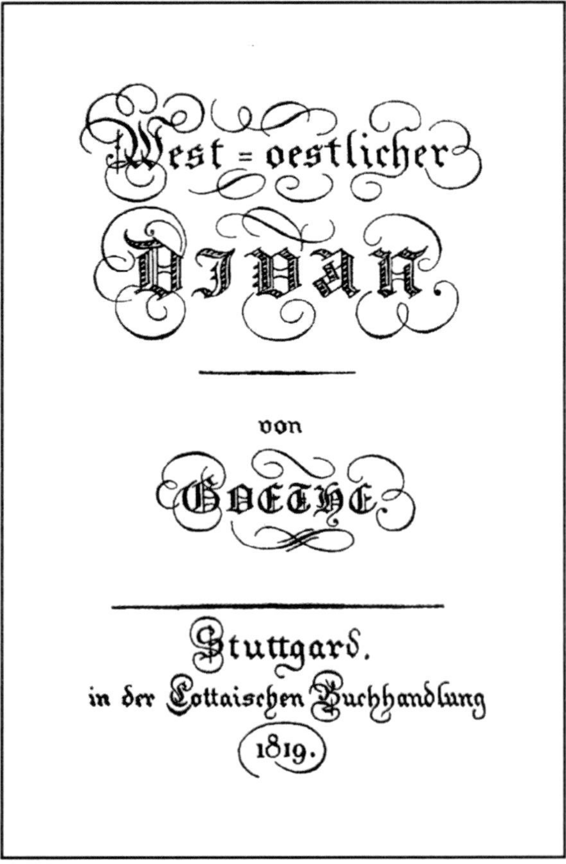

Die zwölf Monate des Jahres.

Ein Jugendkalender

in Wort und Bild

von

Leonhard Diefenbach,

Maler & Zeichnungslehrer.

Zweite Auflage.

Stuttgart,

K. Thienemann's Verlag.

Julius Hoffmann

Typischer Schriftsalat des Historismus, 1866

Der Kupferstich und die 1799 erfundene Lithografie bewirkten, dass auch der Schriftgestaltung fast keine Grenzen mehr gesetzt waren. Die Schrift war der Willkür der den wechselnden Moden verpflichteten Entwerfern und deren Zwang zur Originalität ausgeliefert. Die Schriftzeichner erreichten oft eine große Virtuosität, jedoch fehlte die Stilsicherheit der alten Schreibmeister und Formschneider. Längst wurden die gebrochenen Schriften nicht mehr mit der breiten Feder geschrieben, sondern mit der spitzen Feder oder dem feinen Pinsel gezeichnet, was sie ihrer eigentlichen Struktur beraubte.

Jugendstilinserat 1898 von Otto Eckmann.

Durch den *Jugendstil*, der Ende des 19. Jahrhunderts den Historismus abzulösen versuchte, hatten dank des Bestrebens junger Künstler, neue Formen zu entwickeln, auch die gebrochenen Schriften einige gewaltsame Umformungen erlitten. Die erfolgreichste Kreation war die Pinselschrift des Malers Otto Eckmann.

Altschrift kontra Bruchschrift

Ungeachtet der romantisch, chauvinistischen Verherrlichung der gebrochenen Schriften als deutsche Schriften, hatte sich der Schriftgebrauch in Deutschland im 19. Jahrhundert höchst pragmatisch entwickelt. Da die Menschen mit der Fraktur aufgewachsen waren und darum diese Schrift am besten lesen konnten, wurden Bücher der schönen Literatur und Tageszeitungen überwiegend in Fraktur gesetzt. Die meisten anderen Druckobjekte, die nicht für die breiten Schichten der Bevölkerung gedacht waren, wie wissenschaftliche Bücher und Zeitschriften, wurden in Antiqua gesetzt – mit steigender Tendenz.

Antiqua gegen Fraktur – eine mit Erbitterung geführte Auseinandersetzung fand nur statt, weil völkische und nationalistische Kreise nicht bereit waren, eine natürliche Entwicklung hinzunehmen und statt dessen versuchten, ihren politischen Einfluss zu benutzen, um die Entwicklung ihrer Überzeugung entsprechend zu beeinflussen. Wenn sich damals sogar ein Mann wie der Reichskanzler Otto von Bismarck geweigert haben soll, deutsche Bücher zu lesen, die in Antiqua gesetzt waren, wie erzählt wird, darf man sich über den langsamen Gang der Entwicklung nicht wundern.

Schon in der ersten Hälfte des 19. Jahrhunderts war unter den Antiquagegnern die Rede von der Besonderheit des deutschen Wesens und der diesem entsprechenden deutschen Schrift und vom Germanentum, das den anderen Rassen weit überlegen sei. Diese Überheblichkeit wurde ins Maßlose gesteigert, als 1871 Frankreich besiegt und das neue deutsche Kaiserreich gegründet worden war. Nichtsdestotrotz formierten sich die fortschrittlichen Befürworter der Antiqua im „Verein für Altschrift" – *Altschrift* war damals die Bezeichnung für Antiqua –, dem sich bald ein „Allgemeiner Deutscher Schriftverein" zur Unterstützung der *Bruchschrift* – so hießen die gebrochenen Schriften – entgegenstellte. Die Auseinandersetzungen gipfelten 1911 in einer Eingabe der Altschriftler an den Reichstag. Die Volksvertreter sollten beschließen, dass die offiziellen Drucke des Deutschen Reiches künftig in Antiqua zu setzen seien. Drei Viertel der anwesenden Abgeordneten lehnten den Antrag ab.

In der Werbung sah es damals jedoch anders aus. In einem 1913 erschienenen Buch von 360 Seiten „Die Reklame, ihre Kunst und Wissenschaft" das in Antiqua gesetzt und schon von der auf den Jugendstil folgenden *Neuen Sachlichkeit* geprägt war, finden sich unter 151 abgebildeten Inseraten 91 mit Antiqua und Kursiv, 58 mit Grotesk oder Egyptienne und Kursiv und nur 2 mit einer gebrochenen Schrift. Von den 98 teils farbig abgebildeten Plakaten sind 32 mit Antiqua beschriftet, 63 mit Grotesk oder Egyptienne und nur 3 mit gebrochenen Schriften. Den Werbern war schon damals klar, dass die lateinischen Buchstaben deutlicher waren, wenn es um das schnelle Erfassen einzelner Wörter oder eines Satzes und um Fernwirkung ging. Zudem verkörperten Groteskschriften damals zweifellos Modernität, und modern wollte Werbung immer sein.

Frakturplakat 1916.

Fortschritt durch Rückgriff

Ende des 19. Jahrhunderts entstand in England die *Arts and Crafts* Bewegung. Ihre Reformbestrebungen waren idealistische Versuche, alte Handwerke wiederzubeleben und damit wieder gute Formen zu schaffen. Den Hintergrund bildete der sozialistische Kampf gegen die rücksichtslose Industrialisierung durch den Kapitalismus. Die Arts und Crafts Bemühungen um gute Formen wirkten in Deutschland in der Kunstgewerbebewegung und im *Deutschen Werkbund* weiter und später noch im *Bauhaus*. Zu den Bemühungen auf kunsthandwerklichem Gebiet gehörten auch Reformversuche für eine bessere Schrift. Man besann sich der frühen Drucke und versuchte, es den ersten Druckern gleichzutun. Den Anstoß gab William Morris mit seiner Druckerei *Kelmscott Press*. Er entwarf neue Druckschriften nach alten Vorbildern, deren Typen er vergrößern ließ und nachpinselte. Die auf diese Weise entstandenen und dann geschnittenen Lettern seiner Rundgotisch konnten ihrem Vorbild, das ja einmal durch Schreiben mit der Breitfeder entstanden war, nicht gerecht werden. Edward Johnston, von Morris angeregt, gelang es durch die Erforschung und Anwendung alter Schreibmethoden, gute Alphabete nach mittelalterlichen Vorbildern zu entwickeln. Das ging bis zur Wiederbelebung alter Vergoldetechniken. Sein Buch *„Writing and Illuminating and Lettering"* begeisterte weite Kreise für die Erneuerung der Schriftkunst. In Deutschland setzte sich diese Bewegung fort, gefördert durch die Übersetzung des Buches durch Anna Simons in München, einer Schülerin von Johnston. Das Buch hieß jetzt *„Schreibschrift, Zierschrift und angewandte Schrift"*.

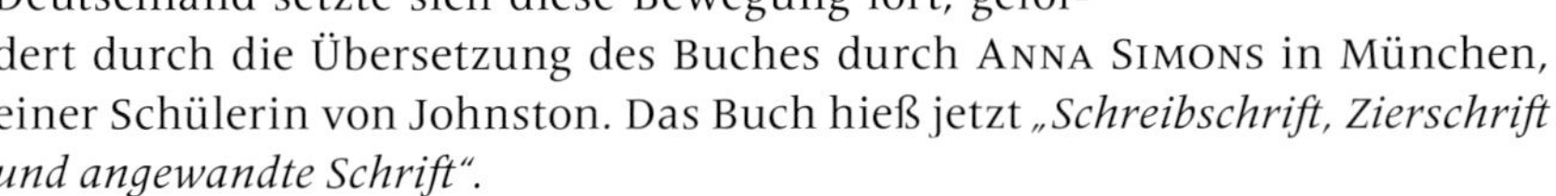

Verlagssignet
von William Morris 1892.

Breitfederschrift
von Rudolf Koch um 1920.

In Österreich wies der anfangs noch dem Wiener Jugendstil verpflichtete Rudolf von Larisch neue Wege der Schriftgestaltung. Er bemühte sich vor allem um eine der damaligen Zeit entsprechende typografische Gestaltung und hob die Lesbarkeit hervor. Mit seinem Buch *„Unterricht in ornamentaler Schrift"* begründete er den Schriftunterricht an Schulen jeder Art.

Zu den deutschen Schriftreformern in der Zeit vor und nach dem Ersten Weltkrieg gehörte der betont christliche Rudolf Koch in Offenbach. Mit seiner unverwechselbaren Handschrift erneuerte er hauptsächlich die gebrochenen Druckschriften. Seine Schüler waren Herbert Post und der mehr die dekorativen Formen liebende Friedrich Heinrichsen. Sie und ihr Meister bevorzugten das Schreiben mit der Breitfeder. Auch Hermann Zapf, damals in Frankfurt, kam vom Schreiben zum Entwerfen. Ebenfalls einer der Großen war F. H. Ernst Schneidler in Stuttgart mit seinen nicht minder berühmten Schülern Georg Trump und Imre Reiner. Die Antipoden der Offenbacher Schule waren außer Schneidler Walter Tiemann und Rudo Spemann in Leipzig und in Berlin Emil Rudolf Weiss mit seinem Schüler Johannes Boehland, der seine eleganten Frakturschriften mehr zeichneten als schrieb. Sie alle verhalfen den gebrochenen Schriften in Deutschland wieder zu guten Formen und damit zu einer, streng genommen, unzeitgemäßen Renaissance. Selbst Paul Renner, der Schöpfer der Futura, machte da keine Ausnahme. Nicht einmal Johannes Tschichold, der sich später Ivan und dann Jan nannte.

Kalligraphie
von Rudo Spemann 1939.

A B C D E F G
H I K L M N
O P Q R S T
U V W X Y Z
Ulm Münster

Geschriebene Fraktur
von Johannes Boehland
um 1930.

Eine zweifelhafte Auswirkung der Reformbewegung war nach dem Ersten Weltkrieg der Unterricht in „Kunstschrift" an den Grund- und weiterbildenden Schulen. Darin wurde hauptsächlich das Schreiben gotischer Buchstaben gelehrt. Das erklärt die weitgehende Vertrautheit der Bevölkerung mit diesen Buchstaben und deren verbreitete Anwendung für so banale Improvisationen wie „heiße Würstchen", „Vorsicht frisch gestrichen", „Betreten verboten" und ähnliche. Dass die gotische Schrift ihrem Ursprung nach einmal als Textura eine feierliche liturgische Schrift war, hatte man längst vergessen.

Werbung für die beliebten „Kunstschrift"-Federn.

Paul Renners „Deutsche Schrägschrift" um 1937.

Du bist so schön wie eine Pfirsichblüte
So zart wie eine junge Rosenknospe
Die eben zaghaft durch die Schale bricht.

Aus einem von Jan Tschichold 1921 geschriebenen Gedicht.

Hitler und die Schrift der „Rückwärtse"*

Die herrschenden Stile der zwanziger und dreißiger Jahre waren die *Neue Sachlichkeit* und der *Art Déco-Stil*. Die Entwicklung der Schrift ging immer weiter in Richtung Antiqua, außer in belletristischen Büchern und Tageszeitungen, die in der Mehrzahl nach wie vor aus Fraktur gesetzt wurden. Immer mehr setzte sich jetzt auch in Deutschland die serifenlose Grotesk, als Verkörperung der Moderne in der Werbung und bei Inschriften durch. Die Typografie war, wie das trotz wirtschaftlicher Misere blühende kulturelle Leben, nicht mehr nur national, sondern international ausgerichtet. Andererseits war immer noch der Glaube weit verbreitet, dass nur die deutsche Schrift – damit waren alle gebrochenen Schriften gemeint – deutsche Sprache und deutsches Wesen kongenial wiederzugeben vermochte. Für

* Dieses Kapitel entstand teils aus eigenem Erleben, teils mit Hilfe der Arbeit von Susanne Wede, die in ihrer verdienstvollen Dissertation *Typografische Kultur*, Max Niemeyer Verlag, Tübingen 2000, im gut recherchierten Kapitel *Schriftgestaltung und Schriftverwendung im Dritten Reich* unvoreingenommen berichtet.

manche völkisch-nationalistisch eingestellten Kreise war diese Überzeugung geradezu zu einer mit missionarischem Eifer verbreiteten Ideologie geworden.

Von den Druckereien wurden für Anzeigen und Plakate auch fette Schriften gotischen Stils benutzt. Solche Schriften hießen damals *gotische Grotesk* und wurden von den Schriftgießereien nach dem Ersten Weltkrieg unter höchst martialischen Namen wie *Tannenberg, National, Fanfare, Deutschmeister,* aber auch ehrlicher *Werbedeutsch* vermarktet. Weil solche Schriften nach 1933 häufig für die das Völkische herauskehrende Nazipropaganda verwendet wurden, werden sie fälschlich als typische „Nazischriften" hingestellt und wieder und wieder abgebildet. Eine nationalsozialistische Schrift hat es nie gegeben.

Die Schriftzeile von 1925 zeigt, dass die fetten gotischen Schriften einer Forderung der Werbung und nicht dem Verlangen der Nationalsozialisten entsprachen.

Es kommt immer wieder vor, dass in unverantwortlicher Weise und in völliger Verkennung des damaligen Zeitgeistes alle gebrochenen Schriften ohne Unterschied in einen Topf geworfen werden. Nur so konnte es passieren, dass zwei völlig verschiedene gotische Schriften der dreißiger Jahre wie Max und Moritz regelmäßig in einem Satz als abschreckendes Beispiel für Nazischriften genannt werden. Es sind dies die *Tannenberg* und die *Gotenburg*. Erstere eine konstruierte, sehr strenge gotische Schrift, die mit den fetten Groteskschriften konkurrieren sollte und die mit dem Ortsnamen einer Schlacht des Ersten Weltkriegs, deren Sieger damals Reichspräsident war, bewusst auf nationalistische Ressentiments spekulierte und Letztere eine noble, an guten Vorbildern sich orientierende, geschriebene Quadrattextur, die aber das Pech hatte, später für offizielle Verlautbarungen der Partei benutzt worden zu sein. Dies und der Name Gotenburg mag zu der falschen Einstufung geführt und so verhindert haben, dass man genau hingesehen

Mit dem Namen „Tannenberg", dem Namen einer gewonnenen Schlacht des Ersten Weltkriegs, folgte die Schriftgießerei dem allgemeinen nationalistischen Trend.

hat. Gotenburg war zur Zeit der Hanse der deutsche Name für die schwedische Stadt Göteborg. Ich besitze die erste Schriftprobe der Gotenburg aus dem Jahr 1932!

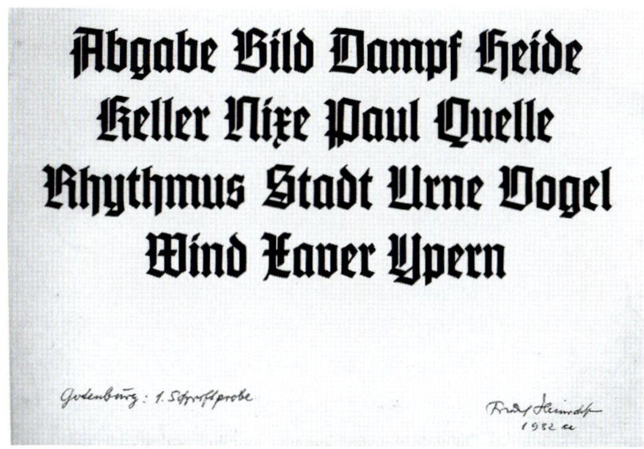

Die Textura „Gotenburg" von Friedrich Heinrichsen wurde entgegen ständig wiederholter Behauptungen schon vor 1933 entworfen.

Als Adolf Hitler und seine Nationalsozialistische Deutsche Arbeiterpartei (NSDAP) 1933 an die Macht gelangten und zum Entsetzen der Demokraten nicht daran dachten, sie wieder abzugeben und sich jemals wieder zur Wahl zu stellen, jubelten die vom hehren Germanentum der Deutschen und ihrer Weltherrschaft fantasierenden Antidemokraten und ewig Gestrigen und versuchten von 1933 an, die „deutsche Schrift" überall durchzusetzen und die Antiqua ganz abzuschaffen. Sie erreichten ihr Ziel zwar nicht in dem Maß, wie sie es gern gehabt hätten, doch die Vertreibung und Vernichtung der kulturellen Opposition, die den wahren, international herrschenden Zeitgeist verkörpert hatte, ermöglichte ihnen, die entstandenen Lücken auf ihre Weise zu füllen. Völkische Gesinnung triumphierte über Weltoffenheit. Dem Treiben dieser „Völkischen" ist es zu verdanken, dass die kurze Spanne von acht Jahren bis zu Hitlers Bannstrahl gegen die gebrochenen Schriften 1941 genügte, den gebrochenen Schriften nach dem Krieg den unverdienten Makel der „Nazischriften" zu verpassen. Damit war den Westdeutschen für Jahrzehnte ein Gebrauch dieser Schriften verleidet. In Ostdeutschland kannte man diese törichte Gleichsetzung von gebrochener Schrift mit Nazischrift nicht im gleichen Maß. Dort blieb der Umgang mit diesen Schriften weniger verkrampft.

Initiale „W" der Eggebrecht-Presse 1937.

Der „Führer" mochte die Fraktur nicht

Öffentliche Äußerungen Hitlers 1934 darüber, dass der nationalsozialistische Staat sich verwahren müsse gegen das plötzliche Auftauchen jener „Rückwärtse", die dem deutschen Volk Straßenbenennungen und Maschinenbeschriftungen in echt gotischen Lettern aufdrängen wollten, und seine

Philippika gegen die vermeintliche gotische Verinnerlichung, die schlecht in das Zeitalter von Stahl und Eisen, Glas und Beton passe, mit denen sich eine neue Welt ankündige, und der Satz: „Warum sollten barocke Schnörkel der Ausdruck des Deutschen sein!“ scheinen zwischen den vielen anderen, mit bedeutend größerer Lautstärke wieder und wieder verkündeten Sätzen untergegangen zu sein. Solche Aussprüche über Schrift lassen im Übrigen erkennen, dass Hitler alle gebrochenen Schriften gotisch nannte, auch die Fraktur, denn die war mit den „barocken Schnörkeln“ gemeint.

Der Staat bediente sich im Gegensatz zur Partei gern der Antiqua, die ihm wie seine pseudoklassizistische Architektur und Skulptur zur imperialen Repräsentation geeigneter schien, vornehmlich die auf Mittelachse gesetzten Antiqua-Großbuchstaben. Hitler selbst hatte 1925 mit der Wahl der Antiquaversalien für den Zeitungskopf des „Völkischen Beobachters“, dem Sprachrohr der NSDAP, ein damals viel zu wenig beachtetes Beispiel gegeben.

Im internationalen Umfeld hatten fortschrittliche Gestalter freie Hand. Herbert Bayer, vormals Lehrer am Bauhaus, wurde noch 1937 mit der Ausgestaltung bedeutender internationaler Ausstellungen betraut. Dann ging er aber doch lieber nach Amerika. Im Gegensatz zur freien Kunst hat es für die angewandte Kunst des Grafikdesigns und der Typografie kaum restriktive Maßnahmen gegeben. Im Gegenteil, eine gewisse Internationalität war offiziell durchaus erwünscht.

Offenbar hatte Hitlers Reichsinnenminister Frick nicht richtig hingehört, denn für sein Ministerium ließ er Schreibmaschinen mit gebrochenen Schriften ausprobieren. Frick war es auch, der 1933 unvorsichtig erklärt hatte, „Die „deutsche Schrift“ darf ihren unbedingten Vorrang vor der „lateinischen“ niemals verlieren“. Das war Wasser auf die Mühlen der leidenschaftlichen Deutschschriftler. Als dann noch Fricks Sachbearbeiter für Sprache und Schrift den Vorsitz in ihrem „Bund für deutsche Schrift“ übernahm, schien das Ziel dieser Vereinigung, die Abschaffung der Antiqua, schon greifbar. Im Brockhaus von 1934 stand: „In Deutschland ist der Fraktur durch die nationalsozialistische Revolution der Weg zu neuer Blüte bereitet“. Hier war wohl, wie allgemein üblich, der Name Fraktur die Sammelbezeichnung für alle gebrochenen Schriften.

Titelseite einer offiziellen Kunstzeitschrift von 1941.

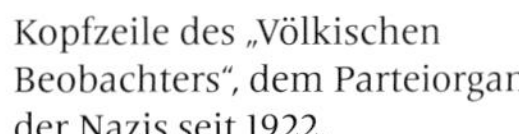

Kopfzeile des „Völkischen Beobachters“, dem Parteiorgan der Nazis seit 1922.

Höchst befremdlich wirken auf uns heute die gotischen Schriften in der Architektur und an Maschinen. Wie immer in diktatorischen Regimen, übertrieben die subalternen Dienststellen die Erfüllung vermeintlicher Wünsche „von oben“ bis zur Lächerlichkeit. Die Deutsche Reichsbahn brachte es fertig, für ihre Leitsysteme auf den damals neu und durchaus modern gebauten Berliner S-Bahnhöfen die dafür denkbar unpassende gotische Schrift anzubringen.

Das reiche Angebot der Schriftgießereien an hervorragenden moderneren Antiqua- und Groteskschriften, das zu jener Zeit bestand, wird in einschlägigen Aufsätzen und Vorträgen häufig unterschlagen, wie auch die Tatsache, dass die Gießereien während des Dritten Reichs mehr Antiquaschriften als gebrochene Schriften verkauft haben. Es mag viele Leser überraschen, dass noch 1939 in Reklame- und Grafikzeitschriften auf den zahlreichen als beispielhaft abgebildeten Werbemitteln kaum gebrochene Schriften zu finden waren, wohl aber neben der Antiqua neue Schreibschriften und Groteskschriften, die man damals auch *Blockschrift* nannte. Nach wie vor wurden an den Akademien, Kunstgewerbe- und Berufsschulen alle Arten von Schriften geübt und entworfen. Dabei gab es entsprechend den Persönlichkeiten der Lehrenden und deren Einstellung natürlich unterschiedliche Schwerpunkte.

Olympia-Plakat 1936 mit gezeichneter Grotesk-Schrift. Das „Dritte Reich“ sollte nach außen modern erscheinen. Entwurf Ludwig Hohlwein.

Der Anfang vom Ende der gebrochenen Schriften

1940 hatte der „Reichsminister für Propaganda und Volksaufklärung“ Josef Goebbels, von der Öffentlichkeit weitgehend unbemerkt, für alles Propagandamaterial, das ins Ausland ging, die Antiqua vorgeschrieben. Denn in den im Krieg von den Deutschen überfallenen und besetzten Ländern von Norwegen bis Griechenland waren die Menschen nicht gewöhnt, die Fraktur zu lesen. Im Januar 1941 ordnete der „Führer und Reichskanzler“ an, dass für alle offiziellen und amtlichen Drucksachen und an den Schulen nur noch die „Normalschrift“, gemeint war die Antiqua, verwendet werden durfte. Dies sollte fortan die Schrift für ganz Europa sein, so wie die deutsche Sprache die Sprache Kontinentaleuropas sein würde, wie Hitler im November 1941 in seinem Führerhauptquartier bemerkte und dabei erkennen ließ, dass er das Schriftverbot bereits im Herbst 1940 beschlossen hatte. Auch lehnte er schon 1940 Entwürfe für Ernennungsurkunden in gebrochener Schrift ab und befahl, dafür die Antiqua zu verwenden.

Fortan mussten alle amtlichen Verlautbarungen von Staat und Partei in Antiqua gesetzt werden. Auch alle Zeitungen, Zeitschriften und Bücher, die zum Teil ins Ausland gingen. Dies wurde aber nicht so begründet, sondern die gebrochenen Schriften wurden mit dem absurden Verdikt „Schwabacher Judenlettern“ belegt. Noch deutlicher als durch einen solchen mit einer primitiven Propagandaphrase begründeten Erlass kann eine Diktatur ihre Ignoranz geschichtlicher Tatbestände nicht ausdrücken. Das geschah jedoch ganz bewusst. Von „deutscher Art und völkischem Wesen", das die gebrochenen Schriften angeblich verkörperten, war von da an keine Rede mehr.

Das Erschrecken im Bund für deutsche Schrift und in ähnlichen Verbänden war groß. Die Mitglieder waren fassungslos und fühlten sich wie vor den Kopf geschlagen. Hatten sie doch davon geträumt, dass nach der „Neuordnung Europas" alle Völker die deutsche Sprache und damit natürlich die „deutsche Schrift" lernen müssten. Die Bitten um eine Revision dieses Erlasses mit dem Hinweis auf die falsche Bezeichnung, belegt durch ausführliche, seitenlange Gutachten, die „von glühender Vaterlandsliebe beseelt", „voll völkischen Stolzes auf deutsche Art und deutsches Wesen" und „von ausgeprägtem völkischem Ehrgefühl erfüllt" waren, zeugen aus unserer heutigen Sicht von einer erschreckenden Naivität und der völligen Verkennung Hitlers und seiner Gefolgsleute. Die Antwort des Reichsministers des Inneren, der diese Verbände bis dahin unterstützt hatte, bestand darum auch nur aus einem einzigen Satz, nämlich dem Hinweis auf eine „klare und unzweideutige Entscheidung des Führers". Danach gab der damalige Stabsleiter Bormann dem Chef der Sicherheitspolizei SS-Gruppenführer Heydrich einen Wink, den Bund der begriffsstutzigen Deutschschriftler sich auflösen zu lassen.

Die gleichen Briefmarken von 1940 und 1941 dokumentieren das Frakturverbot auf ihre Art.

Man kann den an sich richtigen Eingriff von Hitler und Goebbels in den damaligen längst unzeitgemäß gewordenen Schriftgebrauch deutlich an den Briefmarken ablesen. Vermutlich von langer Hand vorbereitet, stand darauf von 1941 an „Deutsches Reich" in schmalen Antiqua- und hin und wieder in Groteskversalien. Vorher las man „Deutsches Reich" fast nur in gotischen Buchstaben.

Veröffentlicht wurde die „Umstellung auf Normalschrift" übrigens nie. Sie wurde mittels Anordnungen den damit befassten Stellen bekannt gemacht – manchmal sogar nur als „Empfehlung". Es fehlten klare Durchführungsbestimmungen, und das führte vor allem bei unteren Dienststellen teilweise zu Überreaktionen und grotesken Auswüchsen. So wollte die Berliner Baubehörde der Schultheiß-Brauerei in Berlin verbieten, Reklameschilder mit ihrem bekannten Frakturschriftzug anzubringen, obwohl derartige private Anwendungen von dem Erlass überhaupt nicht betroffen waren.

Es bestand keinesfalls ein generelles Verbot der gebrochenen Schriften! Das mag erklären, dass der Bevölkerung allenfalls der Schriftwechsel bei den Tageszeitungen aufgefallen sein mag. Direkt betroffen vom Verbot der „deutschen Schrift" waren die Schulkinder und die Lehrer, für die es nur noch die „lateinische Schrift" gab. Eltern und Lehrer haben die Umstellung auf eine einzige Schriftart begrüßt. Für das Leben der Menschen in Deutschland waren damals die gleichzeitigen kriegerischen Ereignisse des beginnenden Russlandfeldzugs, des Kriegs in Nordafrika und des Balkankriegs sowie die täglichen Todesanzeigen für die für „Führer, Volk und Vaterland" gefallenen Soldaten und die bald darauf einsetzenden Bombenangriffe ungleich einschneidender.

Wenngleich die Fraktur bis zum Ende des Krieges 1945 und darüber hinaus weiter für Bücher benutzt wurde, war doch ihre schon lange unzeitgemäße Verwendung als Gebrauchsschrift endgültig vorbei. Am längsten hielt die evangelische Kirche an den gebrochenen Schriften für ihre Bibeln, Gesangbücher und sonstige Drucksachen fest, wie sie sich auch nur ungern von Luthers Sprache trennen mochte. Als eines der letzten Überbleibsel aus der NS-Zeit begegnet uns immer noch das rote gotische A der Apotheken von 1936, das noch dazu falsch gezeichnet ist.

Durch das Verbot der gebrochenen Schriften für die Schulen wuchsen Kinder heran, die die Fraktur nicht mehr oder nur sehr mangelhaft lesen konnten. Heutige Studenten der Gemanistik tun sich schwer, die deutsche Literatur des 19. und 20. Jahrhunderts zu lesen. Fraktur und andere gebrochene Schriften sind heute nur mehr Auszeichnungsschriften und treten mit Vorliebe dann auf, wenn eine alte Tradition herausgestellt werden soll. Es gibt Handpressendrucke, die sich hin und wieder in niveauvoller Form der gebrochenen Schriften bedienen. Nach jahrzehntelanger Abstinenz gibt es in Deutschland jetzt aber doch wieder neue Alphabete verschiedener gebrochener Schriften. Alle selbstverständlich digitalisiert. Es sind schöne Museumsstücke. Als solche sollten wir sie pflegen, hin und wieder benutzen und so ihren reichen Formenschatz vor dem Vergessen bewahren.

Die Entstehung des runden r aus der römischen Ligatur OR. Das halbe R verselbstständigte sich im 14. Jh. und fand seinen Platz hinter den runden Buchstaben.
In Frankreich und Spanien wurde es zum handschriftlichen r. (4. und 5. Reihe)

ſedes domui David. Rogate pacem
Hieruſalem ſit bene his qui diligunt te
Sit pax in muris tuis abundantia in
domibus tuis Propter fratres meos et
amicos meos loquar pacem tibi Propter

Burgundica von Gerrit Noordzeij, 2009.

Bemerkenswert ist eine neue Bastarda nach dem Vorbild der burgundischen Bastarden. Die *Burgundica* des holländischen Schriftdesigners Gerrit Noordzij zeigt überraschend die zwei verschiedenen kleinen r des Mittelalters. Eine Form, die nur hinter runden Buchstaben auftritt wie in dem oben gezeigten Wort Propter und das normale r. Die Geschichte dieser zweieiigen Zwillinge beginnt mit der römischen Ligatur OR, die nur die rechte Hälfte des R stehen ließ. Seitdem blieb das halbe r den runden Buchstaben zugeordnet. Daraus muss wohl das kursive französische r hervorgegangen sein.

Vom Kodex aufs T-Shirt

Die erstaunliche Geschichte einer Druckschrift, die 500 Jahre unverändert überstanden hat und uns heute immer öfter begegnet.

An Gasthäusern und auf Bierdeckeln beginnt eine Schrift die traditionelle Fraktur zu verdrängen. Sogar in Bayern, wo doch die Fraktur zur Folklore gehört. Sie steht auf Transparenten, auf Buchumschlägen, auf T-Shirts und als Tätowierung auf den verschiedensten Körperteilen.

Wer sich heute im schönen Andalusien aufhält und Augen für Schrift hat, der wird sich dieselben ungläubig reiben, wenn er dort die Häufigkeit gebrochener Schriften entdeckt. Nicht nur wie bei uns üblich für Bierwerbung oder an Wirtshäusern, nein, hier werben gotische Buchstaben für teure

Die Old English in Deutschland und in Spanien, 2005.

Juweliere und schicke Modegeschäfte. Sogar auf Herrenslips werben die Textura-Versalien verfettet und verfremdet rings um den Bauch. Offensichtlich haben die Spanier bei der Old English über den Eindruck von Tradition und handwerklicher Qualität hinaus, die schmückende Wirkung entdeckt. Der Siegeszug der Old English scheint unaufhaltsam. In Rumänien ist gar ein Dracula-Briefmarkenblock mit einer bluttriefenden Variante erschienen.

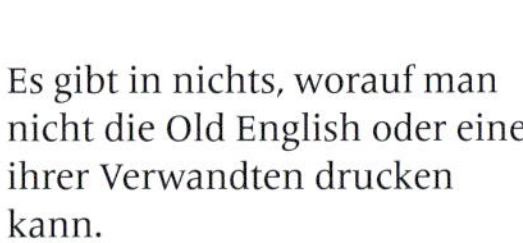

Es gibt in nichts, worauf man nicht die Old English oder eine ihrer Verwandten drucken kann.

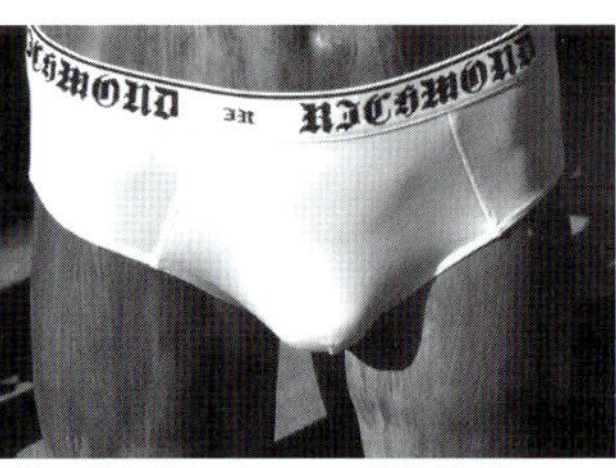

Spezialbriefmarken für rumänische Vampire.

Links: Umschlag für ein Jugendbuch über das Mittelalter.

T-Shirt aus Italien mit Old English Varianten, 2006.

Trotz aller stilistischen und technischen Veränderungen hat sie ihre mittelalterlichen Formen durch fünf Jahrhunderte hindurch bewahrt wie keine andere. Sie gehört zur Sippe der gotischen Schriften und ist eine geborene Textura. Selten hat sie einen ihrer Buchstaben, häufig aber ihren Namen geändert. Heute tritt sie als *Old English* auf. Andere Namen aus ihrer bewegten Vergangenheit sind *Black Letter, Black, English, Priory Black, Ancient Black* oder *Cloister Black* und in Deutschland *Manuskript-Gotisch.*

ADEMSTU adghjy
ADEMSTU adghjy

Französische (oben) und deutsche Druckschriften (unten) um 1500 mit ihren typischen Formen, insbesondere A, M, S, a, y.

Sie ist anders als die deutschen Textura-Druckschriften, wie sie von Gutenberg und dessen Nachfolgern verwendet wurden. Im Gegensatz zu den großen Buchstaben der deutschen gotischen Schriften, die immer wieder Änderungen erfahren haben, konnten in der Black Letter die runden Versalien ihre Formen bewahren. Auch blieben ihnen bis auf den heutigen Tag die charakteristischen waagerechten Füllstriche erhalten. Am auffälligsten ist das Doppelstrich-S, das man in französischen Handschriften schon 1366 finden kann. Selbst die Minuskeln haben ihre erkennbaren Eigenheiten. Das zweistöckige a hat einen nach rechts unten gerichteten Abschluss des Bauches und statt der üblichen gebogenen, eine gerade Verbindung vom oberen Querstrich zum Bauch. Seltsam erscheint der Dorn auf a, d, m und n, ein zur Zeit ihrer Entstehung modisches Attribut der Textura, das wie ein kleiner Pickel nicht nur in all den Jahrhunderten trotz aller technischen Neuerungen erhalten blieb, sondern zum Teil auch in zahlreiche spätere Modifikationen in oft extremen Formen übernommen wurde.

Die Old English startete in Paris

Die erste Druckwerkstatt in Paris wurde 1470 an der Sorbonne, der Pariser Universität, von humanistischen Gelehrten eingerichtet. Die ersten Drucker wurden aus Deutschland und der Schweiz angeworben. Bis dahin hatte die Universität die Bücher aus Deutschland, der Schweiz und Italien bezogen. So reisten zum Beispiel Fust und Schöffer, die Nachfolger Gutenbergs jährlich nach Paris, um dort ihre Bücher zu verkaufen. Peter Schöffer hatte an der Sorbonne studiert und war dort als Schreibmeister tätig. Zu dieser Zeit waren die Schreibmeister wie auch später die Drucker und Schriftsetzer, wie schon erwähnt, studierte Leute, die die lateinischen und griechischen Texte, die sie druckten, auch verstehen mussten.

Die ersten an der Sorbonne gedruckten Bücher wurden ihrem humanistischen Inhalt entsprechend in Antiqua gesetzt. Als mehr und mehr theologische Werke und Bücher für den Gottesdienst gedruckt werden mussten, die den alten Handschriften gleichen sollten, waren gotische Schriften gefragt, wie die Textura nach dem Muster nordfranzösisch-englischer Handschriften. Die Parallel-Entwicklung der französischen und englischen Buchstabenformen lag an den damaligen politischen Verhältnissen. Große Gebiete Nord- und Westfrankreichs standen von der Mitte des 14. bis zur Mitte des 15. Jahrhunderts unter englischer Herrschaft. (Was einer gewissen Jungfrau von Orleans gar nicht gefiel.)

Missale Coloniense, gedruckt von Wolfgang Hopyl in Paris 1514.

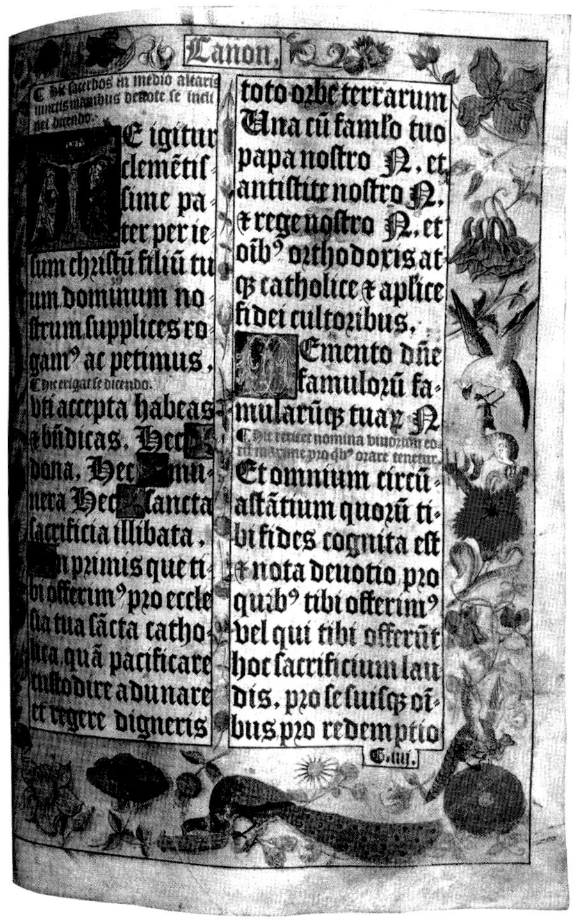
Canon.

Te igitur clemētissime pater per iesum chrīstū filiū tuum dominum nostrum supplices rogam⁹ ac petimus, uti accepta habeas et bṅdicas. Hec dona. Hec munera. Hec sancta sacrificia illibata. In primis que tibi offerim⁹ pro ecclesia tua sācta catholica. quā pacificare custodire adunare et regere digneris

toto orbe terrarum Una cū famulo tuo papa nostro N. et antistite nostro N. et rege nostro N. et oīb⁹ orthodoxis atque catholice et aplice fidei cultoribus. Memento dñe famulorū famularūque tuarum N. Et omnium circūastātium quorū tibi fides cognita est et nota deuotio pro quib⁹ tibi offerim⁹ vel qui tibi offerūt hoc sacrificium laudis. pro se suisque oībus pro redemptio

Die Druckschrift, die heute Old English heißt, tritt zum Beginn des 16. Jahrhunderts in Erscheinung. Sie stammte aus der Pariser Druckerei von Wolfgang Hopyl, einem Niederländer. Ob er die Schrift auch geschnitten und gegossen hat, wissen wir nicht. Wir kennen die Namen der Letternschneider aus der ersten Zeit nicht. Wohl gab es den angesehenen und erfolgreichen Drucker und Verleger Georg Wolf aus Baden, der für Metallgravuren bekannt war und der die Pariser Druckereien mit Druckformen für Schmuckränder und Initialen belieferte, die er signierte. Es ist zu vermuten, dass auch etliche der besten Schriften aus seiner Werkstatt hervorgingen. Hopyls Schrift bildete als eine der ganz frühen Lettern einen richtigen Font nach unserem Verständnis, also Groß- und Kleinbuchstaben aus einer Hand. Damals wurden die beiden Alphabete meistens unabhängig voneinander von verschiedenen Schriftschneidern zu verschiedenen Zeiten geschnitten und nach Bedarf zusammengestellt. Die Lettern konnten von Schriftgrad zu Schriftgrad verschieden sein. Wir kennen Hopyls Lettern aus einem *Missale Diocesis Coloniensis*, das der Pariser Drucker 1514 für einen Kölner Buchhändler druckte. Offensichtlich wünschte der Besteller ein von Hand reich illuminiertes, den kostbaren Handschriften vergleichbares Werk zu erhalten.

Für die Pariser Druckereien, die immer häufiger die Antiqua bevorzugten, verlor die Textura bald an Bedeutung und blieb hauptsächlich liturgischen Werken vorbehalten. Hopyls Textura fand jedoch Abnehmer in den Niederlanden und in England. Zwischen Flandern und England bestanden enge Beziehungen. 1585 stellte der Drucker und Schriftgießer Christophe Plantin, ein gebürtiger Franzose, in Antwerpen in einem Schriftmuster unter dem Namen *Flamand* einen Neuschnitt unseres Textura-Alphabets vor. Vermutlich wollte er sich von Paris unabhängig machen. Der Stempelschneider war Hendrik van den Keere, der bedeutendste damalige niederländische Schriftschneider. Van den Keere hielt sich sehr genau an die Vorbilder und übernahm dabei auch die Dornen an a, d, n und m. Seine Schrift wurde in England sehr erfolgreich.

ꝛincipes Iuda/duces eôꝛum:pꝛincip
Zábulon/⁊ pꝛincipes Nephthalim.
anda Deus virtúti tuæ:confirma h
Deus quod operâtus es in nobis.

Holländischer Druck mit Antiqua-Versalien, Amsterdam 1532.

Die Schrift der anglikanischen Kirche und der King's Printers

Die höheren Weihen erhielt die Pariser Drucktextura 1611 in England, als sie für den Satz der für biblische Texte verbindlichen *King James Bibel* bestimmt wurde. Während des Bürgerkriegs 1641 bis 1650 bewahrten die Londoner King's Printers, die für die Veröffentlichung der Regierungen und des Parlaments zuständig waren und noch sind, die Matrizen und druckten unter Cromwell und den folgenden Kings und Queens weiter mit der *King's Printers' Black Letter*. Dadurch blieb in der Bevölkerung die Vertrautheit mit dieser Schrift erhalten. Weil sich nach Jahrhunderten niemand mehr der Herkunft der Black-Letter erinnerte, war man sich ihres englischen Ursprungs so sicher, dass die Fachjournalistin P. M. Handover 1960 in einem Aufsatz, nach einer Lobeshymne auf die Old English, schreiben konnte: „...das letzte Argument, falls Einfachheit, Eleganz und Schwärze nicht genug überzeugen, ist das, dass keine andere Letternform so unbestreitbar englisch ist!" Sie ahnte nicht, dass die Lady Old English in Wahrheit eine Madame ist.

Nach dem Bürgerkrieg ging der allgemeine Gebrauch der Textura in den englischen Druckereien immer weiter zurück, und die Antiqua übernahm die Führung. Die Black-Letter diente danach vornehmlich zum Satz kirchlicher Texte und als Auszeichnungsschrift. Darüber hinaus blieb sie bis in die Gegenwart die offizielle Schrift der King's Printers, wie sich das für das in vielen Dingen konservative Königreich gehörte. So überrascht es nicht, dass diese Schrift noch heute viele Freunde unter den Perücken tragenden englischen Richtern und Anwälten hat, die sie sich auf ihre Visitenkarten drucken lassen.

Die Whiteline-Blackletter. Der erste, anfangs noch in Holz geschnittene Zeitungskopf der Londoner Times von 1787.

Der erste bedeutende englische Drucker und Schriftgießer, der die Schrift französischen Stils nachgeschnitten hat, war WILLIAM CASLON in London im Jahr 1742. Er machte damit viel Geld und die englischen Drucker unabhängig von Importen aus den Niederlanden. Bei ihm hieß die Schrift einfach *Black*, denn schon damals wurde in England von der Textura nur noch als der Black Letter gesprochen.

Die Schrift überstand in dieser Gestalt unbeschadet das 18. Jahrhundert trotz der Vorherrschaft der Antiqua. 1787 hatte JOHN BELL Erfolg mit einer *Whiteline Black Letter* als Display-Schrift, die damals – noch in Holz geschnitten – auch für den Zeitungskopf der Londoner Times verwendet wurde. Seit Beginn des 19. Jahrhunderts, dem Zeitalter der Romantik mit deren Verklärung des Mittelalters, finden wir die Old English in den Schriftangeboten der meisten englischen Gießereien. Manchmal schon mit extrafetten Varianten. Die Schriftschneider gaben lediglich dem V zur Unterscheidung vom U eine neue Form, und für das W verdoppelten sie nicht mehr das U, sondern das V.

Die alte Schrift in der Neuen Welt

Natürlich versorgten die englischen Schriftgießereien auch Englands Kolonie jenseits des Atlantiks. Das ging so lange gut, bis aufmüpfige Amerikaner 1775 in Boston den englischen Tee, für den sie keine Steuern zahlen wollten, ins Meer kippten. Danach wollten die Amerikaner nicht nur keinen Tee, sondern auch keine Schriften aus England mehr haben, oder vielleicht bekamen sie auch keine mehr. Ihre Unabhängigkeitserklärung haben sie aber mit einer

Caslon-Schrift gedruckt. 1785 pries ein amerikanischer Drucker seine Schriften noch als „manufacted by the great Artist W. Caslon Esq." Dann allerdings strengten sich die Amerikaner mächtig an, um bald eigene Schriften gießen zu können.

Die Produktion nordamerikanischer Druckschriften begann nach dem Unabhängigkeitskrieg. Graveure und Goldschmiede kopierten neben Antiqua-Schriften auch die Black von Caslon. Die sah anfangs nicht immer gut aus, doch war es nur eine Frage der Zeit, bis die amerikanischen Schriften den gleichen Qualitätsstandard erreicht hatten, wie ihre Vorbilder.

In einer Eingabe an den US-Senat von 1821 hieß es stolz: „There are five Type Foundries in the United States, capable of producing types to almost any extent." Künftig gab es also „amerikanische Schriften für amerikanische Drucker". Kupferstecher entwickelten ihrer Technik entsprechende magere Formen, die als *Engraver's Black* und *Wedding Text* in die Setzkästen der Drucker gelangten, und als Schriften für Einladungen, Glückwunsch- und Visitenkarten oder Diplome sehr beliebt waren. Und weil sie es immer noch sind, wurden sie für den heutigen Gebrauch digitalisiert. Eine andere eigens für amerikanische Glückwunschkarten entworfene Black Letter kommt aus Deutschland. Es ist die kalligrafische *Hallmark Gotisch* von HERMANN ZAPF von 1969, die letzte gotische Schrift, die für den Bleisatz entworfen wurde.

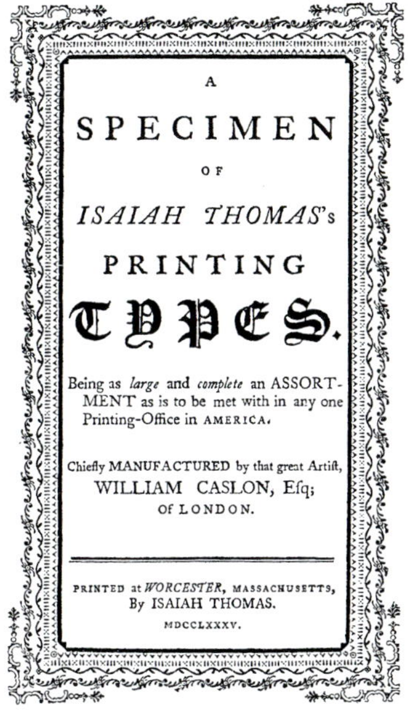

A
SPECIMEN
OF
ISAIAH THOMAS's
PRINTING
TYPES.

Being as *large* and *complete* an ASSORTMENT as is to be met with in any one Printing-Office in AMERICA.

Chiefly MANUFACTURED by that great Artist, WILLIAM CASLON, Esq; Of LONDON.

PRINTED at *WORCESTER*, MASSACHUSETTS, By ISAIAH THOMAS. MDCCLXXXV.

Ein amerikanischer Drucker machte 1785 Reklame für seine Caslon-Schriften.

ABCDEFGHIJKLMN
OPQRSTUVWXYZ
abcdefghijklmnopqrstuvwxyz

Seit 1901 gehört sie zu den erfolgreichsten und heute als Wedding-Text oder Linotext angebotenen gotischen Druckschriften .

ABCDEFGHIJKLMNOP
QRSTUVWXYZ
abcdefghijklmnopqrstuvwxyz

Die Hallmark Gotisch von Hermann Zapf von 1969 ist eine gotische Schrift für den Fotosatz.

Die praktisch denkenden und sich um Traditionen wenig kümmernden Amerikaner haben der besseren Erkennbarkeit wegen bei ihren Textura-Schriften ein paar Versalien ausgewechselt. Das H, das N und natürlich das V, das ja ursprünglich mit dem U identisch war. Manchmal auch das skurrile Y. Wir finden diese neuen, der Antiqua entlehnten Formen, noch heute in den modifizierten Textur-Schriften des 19. Jahrhunderts und auf einigen der bekanntesten nordamerikanischen Zeitungsköpfen, wie zum Beispiel dem der *New York Times*. Viele internationale Zeitungen schmückten sich im 19. Jahrhundert mit einem Kopf, der im Stil des Historismus gezeichnet war und auf der Old English oder einer ihrer Varianten basierte.

The New York Times

The Sydney Morning Herald

Berlingske Tidende

INTERNATIONAL Herald Tribune

Le Monde

Il Messaggero

Internationale Zeitungstitel im Stil des Historismus aus dem 19. Jahrhundert. Gezeichnete Modifikationen der Old English.

Die Black Letter in Deutschland

Deutsche Schriftgießereien übernahmen die Black Letter für ihre kirchlichen Auftraggeber und für Titelschriften. Deutsche Buchtitel und Überschriften wurden um 1850 zum Teil schon aus einer modifzierten Black Letter gedruckt. Fast jede deutsche Schriftgießerei brachte damals eine solche modifizierte gotische Schrift heraus. Nach der Reichsgründung 1870 erschienen sogar eine *Kaiser-* und eine *Bismarck-Gotisch*. Die führende Textschrift in Deutschland blieb jedoch nach wie vor die Fraktur. Die immer aufwendigere Werbung und die Konkurrenz der zahlreichen Schriftgießereien taten ein Übriges dazu, und so entstand eine Fülle skurriler Typen von spindeldürr bis übergewichtig, die sich mehr und mehr vom Urbild entfernten.

1906 stellt in England Edward Johnston in seinem Buch „Writing and Illuminating and Lettering" unter der höchst befremdlichen Bezeichnung *Gewöhnliche (englische) moderne Fraktur* eine Black Letter Type vor, die sehr genau der Old English entsprach. Da Johnston vor und nach dem ersten Weltkrieg der Anreger fast aller deutschen Künstler war, die sich damals mit dem Entwerfen neuer Schriften befassten und die nach seinem von seiner Schülerin Anna Simons übersetzten Buch „Schreibschrift, Zierschrift & angewandte Schrift" gearbeitet haben, braucht man sich nicht zu wundern, dass viele deutsche Schriftgießereien im ersten Drittel des 20. Jahrhunderts ähnliche Textura-Schriften auf den Markt brachten, die jedoch erheblich vom Original abwichen. Das lag zum größten Teil an der Individualität der damaligen Schriftdesigner, die meistens Maler waren und ihre eigene Auffassung vom Aussehen einer gotischen Schrift hatten. Die ähnlichste deutsche Wiedergabe war die *Manuskript-Gotisch* der Bauerschen Gießerei in Frankfurt am Main von einem unbekannten Schriftschneider.

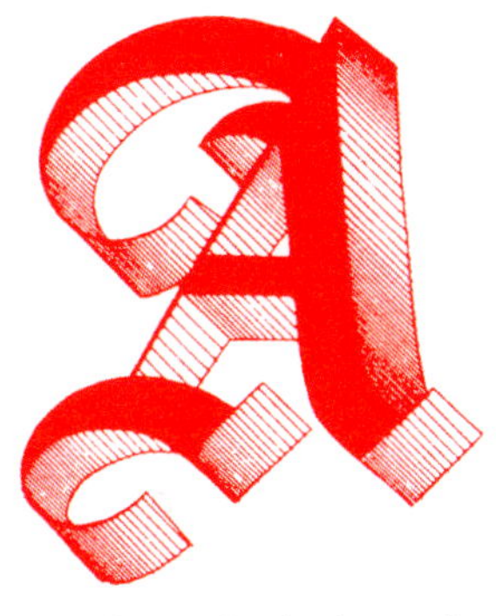
Gotischer Zierbuchstabe, 19. Jh.

Es gibt neue Bearbeitungen der Old English als Fantasy-Schriften. Entsprechend fantasievoll sind die Namen. Leider beweisen diese oftmals die zweifelhaften Geschichtskenntnissen der Autoren oder der Marketingleute. Das zeigt zum Beispiel der stolze Name *Crusader*. Die bedauernswerten Kreuzritter mussten sich zu ihrer Zeit aber noch mit der romanischen oder allenfalls mit der frühgotischen Minuskel behelfen – wenn sie überhaupt schon lesen und schreiben konnten. Auch merkt man den neuen Schriften an, dass ihre Entwerfer nie eine breite Schreibfeder in der Hand gehabt haben und dass sie daher kein Verständnis für die Formen einer gebrochenen Schrift haben können, was häufig zu recht albernen Kreationen führt.

Wenn deutsche Nationalisten keine Ahnung haben

Auf dem Höhepunkt des schon erwähnten deutschen Schriftenstreits „Altschrift contra Bruchschrift" (Antiqua gegen Fraktur), bei dem es um die Einführung der Antiqua für amtliche Drucksachen ging, kam es bekanntlich 1911 im Deutschen Reichstag zu heftigen Auseinandersetzungen. Dabei argumentierten die Befürworter der Antiqua unter anderem mit der Schwierigkeit, die Ausländer mit dem Lesen der Fraktur hätten. Prompt verwiesen die Streiter für die gebrochenen Schriften, die damals „deutsche Schriften" genannt wurden, ausgerechnet auf die amerikanischen und englischen Zeitungstitel als Beispiele für die Bekanntheit der „deutschen Schrift" im Ausland. Nicht ahnend, dass diese allesamt gezeichnete Varianten der Old English und damit Nachfahren der Pariser Textura waren. Dennoch behielten die chauvinistischen Ignoranten das letzte Wort, die Fraktur blieb die Amtsschrift im Deutschen Reich.

Die heutige Unkenntnis macht es möglich, dass die neudeutschen Nationalisten mit und ohne Glatze in ihrer rassistischen Verblendung unsere Engländerin französischen Ursprungs als „deutsche Schrift“ für ihre Parolen auf Transparenten, Kapuzen- und T-Shirts verwenden, und sich damit genau so blamieren wie ihre Altvorderen 1911, die bei der Abstimmung pro und contra Fraktur als Amtsschrift die Old English ebenfalls als „Deutsche Schrift“ bezeichneten. Dass ihre Vorbilder im Dritten Reich die gebrochenen Schriften 1941 verboten hatten, scheint bei ihnen noch nicht angekommen zu sein.

Er hält das bestimmt für eine „deutsche Schrift“ und weiß nicht, dass er englisch-französische Typen auf dem Rücken trägt.

Kein Zett im Eszett?

Mutmaßungen eines Typografen

Im alten Rom verzichteten die Schreiber auf die Endungen von Wörtern, die allgemein bekannt waren und setzten für die unterschlagenen Buchstaben einen Punkt. Sie konnten darauf vertrauen, dass die Leser wussten, was fehlte. Nicht anders, als wenn wir z.B., Str., Dr. med. u. ä. schreiben. Später diente der Punkt dazu, die Sätze zu trennen, und ein Doppelpunkt oder ein Semikolon traten an seine Stelle als Abkürzungszeichen oder *Abbreviatur*. Mit der Zeit kamen noch verschiedene Abkürzungszeichen dazu und es entstand eine regelrechte Stenografie, die *Tironischen Noten*, die ich schon im Kapitel über die Minuskeln erwähnt habe, wie auch Tyro, den Sekretär Ciceros, der als Erfinder der römischen Abkürzungen gilt.

Frühform des scharfen S. Schwabacher 1521.

Diese Abkürzungs- und Auslassungszeichen waren Bestandteil des römischen Schreiberalltags. Hauptsächlich Juristen bedienten sich ihrer für ihre stets wiederkehrenden Wendungen. In den päpstlichen und kaiserlichen Kanzleien haben sie lange überlebt, wie eine Urkunde Karls des Großen von 813 belegt (s. S. 64). Eine dieser Tironischen Noten sieht aus wie eine kleine 3. Sie stand zuerst für *-is, -us, -os* hinter einem langen S, aber auch am Ende eines Wortes für *-um* oder ergänzte im Lateinischen ein q zu *-que* für angehängtes *und*. Ein weiteres Abkürzungszeichen, das in mittelalterlichen Texten viel gebraucht wurde, war ein kleiner Strich oder Haken, der die häufig auftretenden Buchstaben *-er, -or,-ed* und andere zuerst im Lateinischen und später im Deutschen ersetzte. Also S'vus für Servus oder Gl'ia für Gloria. Die Schreiber in den spätmittelalterlichen Skriptorien und Kanzleien verfuhren ziemlich großzügig mit den Abkürzungen und setzten dieselben Kürzel für ganz verschiedene Silben oder Buchstabengruppen ein, um möglichst gleich lange Zeilen schreiben zu können. Sie konnten darauf vertrauen, dass ihre Leser sich im Lateinischen auskannten.

Deutsche Zungen reden anders

Die Schriftsprache im westlichen Europa war im frühen Mittelalter ausschließlich Latein. Die überwiegende Zahl der Texte diente der Verwaltung, der Diplomatie, der Kirche und der in ihr integrierten Wissenschaft. Erst gegen Ende des ersten Jahrtausends wurden auch Texte in den Nationalsprachen geschrieben. Die deutsche Schriftsprache des frühen Mittelalters war nicht einheitlich. Sie entsprach der Sprache des Volksstammes, dem Autor und Schreiber angehörten. Also fränkisch, sächsisch, alemannisch u.a.

Ein Problem, das sich den Skriptoren in den Klöstern und Kanzleien und den Dichtern beim Schreiben deutscher Texte stellte, war das Kennzeichnen der Th, Ts-, Ds und Ss-Laute der alt- und mittelhochdeutschen Sprache. Dafür gab es im lateinischen Alphabet keine Buchstaben. Im 12. und 13. Jahrhundert behalf man sich mit dem lateinischen Z, einfach und doppelt geschrieben. Auch mit einem langen S, ebenfalls einfach und doppelt verwendet oder zusammen mit einem Z. Die Unsicherheit war jedoch groß. In Ermangelung eines Dudens und einer deutschen Grammatik war jeder Autor auf sich gestellt, und es blieb ihm überlassen, wie er seine Sprache, die ja damals immer ein Dialekt war, wiedergeben wollte. Da die Autoren außer deutsch auch lateinisch schrieben, benutzten sie die ihnen vertrauten lateinischen Abkürzungs- und Auslassungszeichen nicht nur, um deutsche Wörter abzukürzen, sondern auch um die eine oder andere Aussprache zu kennzeichnen. Dazu dienten zum Beispiel der Haken und die kleine 3.

Der Haken machte in den Handschriften aus dem stimmhaften S ein stimmloses S und wanderte in dieser Eigenschaft unverändert in die Blockbücher und später in die frühen deutschen Drucke. Wurde der Haken mit dem oberen Querstrich des langen S in einem Zug geschrieben, entstand eine Figur, die schwäbische Schulkinder heute *Dreierles-S* nennen, die aber auch lange als Abkürzung für die Münzen Solidus und Schilling gegolten hat.

Namhafte Fachautoren setzen die 3 mit dem z gleich, das damals ebenfalls mit einem Bogen nach unten geschrieben wurde. Bemerkenswert ist jedoch, dass die Form der 3 unverändert geblieben ist und jahrhundertelang die Wandlungen des Z nicht mitgemacht hat, auch nicht als dieses in der Textura die lateinische Form angenommen hatte.

Deutsche Bücher aus dem lateinischen Setzkasten

Auch im Druck gerieten lateinische Einsprengsel in Form von Abkürzungen in deutsche Texte. Dabei konnte es geschehen, dass der Setzer für das scharfe S einmal das Kürzel kleine 3 und ein anderes Mal das Kürzel Haken aus dem Setzkasten fischte. Diese zwei unterschiedlichen ehemals lateinischen Kürzel kennzeichneten beide das stimmlose S.

In der Schwabacher Schrift und in der Fraktur gab es gleich aussehende Formen für das Z und das Kürzel. Ersteres war aber meistens größer als Letzteres. Später gab es Alphabete, in denen sich beide Figuren nicht mehr voneinander unterschieden. Diese Formgleichheit dürfte der Ursprung für die Namensgebung „Eszett" sein.

Wie aus dem stimmlosen oder scharfen S im Deutschen das Eszett wurde.

In der 2. Zeile aus der Gutenberg-Bibel ersetzt der Haken am S „er“. Das ganze Wort steht unten.

Im Holzschnitt von 1465 wird das lange S in der zweiten Zeile durch den Haken ein stimmloses S.

Eine Rotunda von 1480. Das lang S in der vierten Zeile ist ebenfalls mit einem Haken versehen.

In der Handschrift von 1487 wurden das S und der Haken in einem Zug geschrieben.

Handschrift des 12. Jhs. Die kleine 3 am b in der 2. Zeile ersetzt die Endung „um“ von pluribum.

Textura Druckschrift von 1461. In der 3. Zeile macht die 3 aus dem langen S ein scharfes S. Oben ein Z.

In der dritten und vierten Zeile gibt es beide Formen des scharfen S. 1461.

Hier besteht kein Unterschied zwischen der kleinen 3 und dem Z. So kam es gewiss zum „Eszett“.

Das ß in der ersten Zeile aus dem Jahr 1708 zeigt die endgültige Form für die Fraktur.

J. E. Walbaum hat um 1800 für seine Antiqua das scharfe S aus der Fraktur übernommen.

Paul Renner entwarf für die Futura 1927 ein scharfes S in der Tradition des 19. Jahrhunderts.

In dieser italienischen Kursive von 1525 sieht man, dass das heutige ß einmal ein Doppel-S war.

ß

Die andere Schreibweise in der Antiqua und der Grotesk

In den deutschen Antiquaschriften ist das stimmlose S eine Ligatur von langem S und rundem S. Ursprünglich ist diese Kombination aber ein Doppel-S, zumal lateinische und italienische Texte, in denen man solche Ligaturen zuerst anwendete, kein Eszett kannten. Auf diese Weise hat das lange S bis heute überlebt. Im 16. und 17. Jahrhundert taucht hie und da die Verbindung langes S mit Z auf, sie konnte sich aber nicht halten. Einige deutsche Antiqua-Schriften des 19. und des 20. Jahrhunderts und selbst Groteskschriften haben das lange S mit einer 3 zu einer Figur verschmolzen. Dazu gehören am Bauhaus entstandene Schriftentwürfe und die Futura von Paul Renner, sogar die Helvetica hat ein „Dreierles-S". Man kann es einen Buchstaben mit Akzent nennen, so wie andere Sprachen auch ihre Akzentbuchstaben haben!

Ein Nachteil des scharfen S ist die Tatsache, dass es seit Luther nie mehr am Beginn eines Wortes stand und bei Substantiven auch nie gestanden ist. Daher gibt es davon keinen Versalbuchstaben. Zahlreich sind zwar die Versuche, für Versalzeilen eine passende Form zu finden, doch konnte bisher noch keine Lösung überzeugen. Eine logische Form für die Antiqua- und Groteskschriften wäre ein Versal-S mit einem wie auch immer gearteten Akzent, auf den man sich einigen müsste. Auch der jüngste Vorschlag, der sogar schon eine DIN-Norm bekommen hat, kann nicht überzeugen. Er ist noch immer aus dem Geist der Fraktur gestaltet und nichts anderes, als ein großes „Dreierles-S". Darum bleibt die Ähnlichkeit mit dem Versal-B bestehen, so dass die Amerikaner auch künftig vom „German B" sprechen werden, wenn sie unser stimmloses, scharfes S meinen.

MAẞSTAB

Das scharfe Versal-Eszett, das inzwischen zur DIN- und ISO-Norm wurde.
© Andreas Stötzner/SIGNA

	S 1.	Σ 2.	ʒ 3.	ʒ 4.	Sʒ Sʒ 5.	SS 6.	ß 7.	ß 8.	ß 9.	ß 10.	S 11.	s/z 12.
1879		Σ	ʒ ʒ							ß		z
1903	S S	Σ	ʒ	ʒ ʒ	Sʒ Sʒ Sʒ Sʒ		ß					SZ
1906								ß				
1909 –1912					Sʒ Sʒ		ß					
1913 –1916							ß	ß				
							ß	ß				
1919							ß					
1927/28							ß					
1930						SS	ß					
1948 –1950		ΣΣΣ			Sʒ ß		ß					
1954	S											
1955 –1957	SS SS SS	ΣΣΣ Σ Σ			ß ß	SS SS	ß		ßß ßß ß	ß ß ß	SSS S	SZ Z Z
1959 –1963										ß	ß	
1998 –2005		Σ			SS	SS SS ß	ß	ß	ß ßß ßß	ß ß		

Einige Versuche, ein
Versal-Eszett zu gestalten.

Die Antiqua – seit 600 Jahren immer wieder neu entworfen

AaBbCcDd
EeFfGgHhI
iKkLlMmN
nOoPpQqR
rSsTtUuVv
WwXxYyZz
1234567890

A

Seite 125
Diese Renaissance-Antiqua zeigt, wie verschieden die großen und die kleinen Buchstaben teilweise sind. Manche Kleinbuchstaben haben die Versalform durch die Jahrhunderte behalten, andere wie a, e, g oder r haben ihre eigenen Formen bekommen. Die Versalien sind in der Renaissance entstandene Kopien der römischen Capitalis monumentalis, während die Gemeinen, wie die kleinen Buchstaben als Druckschrift heißen, mit Serifen versehene Weiterentwicklungen der späten karolingischen und romanischen Minuskel sind.

Als „modern“ alt und „antik“ neu bedeuteten

Das 14. und 15. Jahrhundert waren in Italien durch religiöse Streitereien und weltliche Kriege geprägt. Ein Papst regierte in Rom, ein anderer in Avignon. Der römische war zeitweilig sogar gezwungen, in Florenz zu leben. Söldnerführer eroberten Städte und machten sich zu Herzögen. Missliebige Personen wurden verbannt, wenn nicht gar verbrannt. In dieser harten und grausamen Zeit entstand in Italien, ausgehend von der Toskana, die großartige Kultur der Renaissance, hervorgerufen durch den Humanismus und dessen Wiedererweckung der klassischen Antike. Fortan war das Antike das Neue.

Der Wunsch zur Überwindung des mittelalterlichen, scholastischen und von der Theologie beherrschten Denkens führte zur intensiveren Beschäftigung mit den großen Denkern und Forschern des Altertums. Es begann eine lebhafte Suche nach antiken Texten, die in den Klöstern verstaubten, wo sie vor fast 300 Jahren abgeschrieben worden waren. Durch neuerliches Abschreiben der alten Bücher und ihre Verbreitung erfolgte auf allen kulturellen Gebieten eine Hinwendung zum Altertum und infolgedessen auch zur Natur im weitesten Sinne, wie man es bis dahin nicht kannte. Die Maler entdeckten die Landschaft und die Regeln der Perspektive, die Bildhauer den nackten Körper und seine Anatomie. Die Baumeister orientierten sich gleichfalls an der Antike und entdeckten den Rundbogen neu.

Auch die Schrift erfuhr eine radikale Erneuerung. Mitte des 14. Jahrhunderts verwendete man in Büchern nördlich der Alpen hauptsächlich die Textura und südlich der Alpen die Rundgotisch, die Rotunda. Im Alltag schrieb man die gotische Kursive oder Kurrent. Die Buchstaben der Rotunda waren zwar offener als die der Textura, aber sie standen ebenso eng beieinander, und auch die Zeilen waren meistens dicht gedrängt. So darf es nicht wundern, dass über die schlechte Lesbarkeit der damals *litterae modernae* genannten zeitgenössischen gotischen Buchstaben geklagt wurde. Kam noch die Altersweitsichtigkeit hinzu, wurde Lesen und Schreiben für ältere Gelehrte fast unmöglich. Zwar kannte man damals schon den Lesestein, ein halbkugelig geschliffenes Vergrößerungsglas, das über den Text geschoben wurde,

Beispiel für die im 14. Jahrhundert geschriebene Rundgotisch.
Aus der aus dem Arabischen übersetzten *Chirurgia* des Arztes Abu`l Qasim.

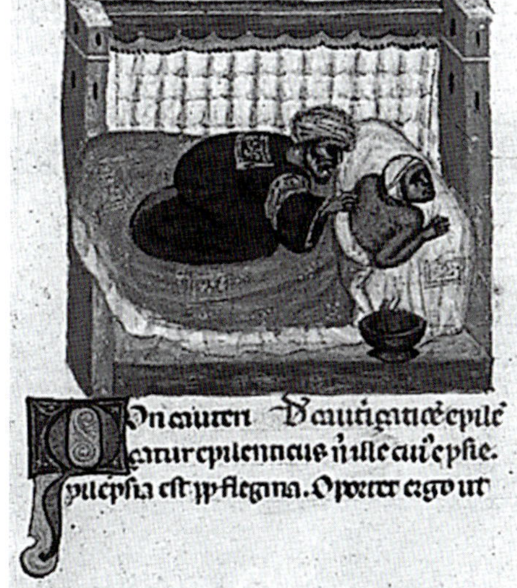

So sahen die ersten Brillen, die sogenannten Nietbrillen auf der Nase aus. Aus einer Handschrift Anfang 15. Jh.

aber dieser taugte nicht beim Schreiben. Die Lesesteine konnten übrigens erst geschliffen werden, nachdem 1240 ein Buch des arabischen Mathematikers Ibn al Haitam über die Optik ins Lateinische übersetzt worden war. Aus den Lesesteinen entstanden in Murano bei Venedig durch Verkleinern, einen flacheren Schliff und das Einsetzen in ein Gestell die ersten Brillen. Sie waren sehr teuer und darum selten.

Wir kennen die Klagen über diese Misere aus einem Brief, den ein älterer Herr von 62 Jahren 1366 seinem neun Jahre jüngeren Freund schrieb, weil er Probleme mit dem Lesen bekommen hatte. Der ältere war Francesco Petrarca, der bedeutendste italienische Dichter, Gelehrte und Diplomat jener Zeit, der andere Giovanni Boccaccio, der erfolgreiche Schriftsteller.

Petrarca war nicht nur von den Texten der antiken Schriftsteller begeistert, sondern auch von der klaren und leicht lesbaren Schrift der alten Kodizes. Er war bei seinen Forschungen auf die romanische Minuskel gestoßen. Da er wie alle Gelehrten seiner Zeit sein eigener Schreiber war, experimentierte er mit Buchstaben, indem er versuchte, Formen der romanischen Minuskel mit solchen der rundgotischen zu verbinden. Natürlich konnte er seine in Jahrzehnten geübte gotische Schreibweise nicht einfach verlassen und umlernen, und so kam eine eigentümliche, aber gut lesbare Mischung zustande, die *Petrarca-Schrift.* Als Druckschrift wird sie später von den Paläographen *Gotico-Antiqua* oder *Fere-Antiqua*, also Beinahe-Antiqua, genannt.

Petrarca, der als der Begründer des Humanismus gilt, und seinen Nachfolgern, dem päpstlichen Sekretär Poggio Bracciolini, den Gelehrten Niccolò Niccoli, Leonardo Bruni und dem Kanzler der damaligen Republik Florenz und Schüler Petrarcas Caluccio Salutati war es zu verdanken, dass die klassische antike Dichtung, Literatur und Philosophie den Zeitgenossen bekannt wurde. Nicht nur zur schöngeistigen Beschäftigung, sondern als Anleitung zum praktischen Handeln. Bald gab es auch Übersetzungen ins Italienische, und somit konnten alle des Lesens kundigen Zeitgenossen, nicht nur die in Florenz, an den Schätzen der Antike teilhaben. Einer, dem die Bücher in der Volkssprache zustattenkamen, war Leonardo da Vinci, der nie Latein gelernt hatte und doch ein großer Forscher wurde. Eine wesentliche Voraussetzung für die weite Verbreitung war allerdings, dass seit etwa 1270 in Fabriano Papier hergestellt wurde.

Die genannten Gelehrten sammelten die Bücher der antiken Schriftsteller wo immer sie welche entdeckten, schrieben sie ab oder ließen sie abschreiben und sorgten für ihr Bekanntwerden. Ihre Nachforschungen setzten sie jenseits der Alpen fort bis in die Klöster Sankt Gallen, Reichenau, Weingarten und Einsiedeln. Dabei gingen sie immer systematischer vor.

Von einem Manuskript des 11. Jh.s von Poggio Braccolini in Florenz um 1400 nachgeschiebene Schrift.

dragenos erus duusit. Morte subtractus spe
glorie syphax est. tibur audita multo ante
Conspecta tamen mors eius fuerit · quia publi
truipho ductum polibius haud quaq spernen
triuphantem est pilleo capiti imposito. Q. ten

Die Renaissance der Schrift

Die Florentiner Humanisten und ihre Schüler griffen Petrarcas Bemühungen um eine leicht lesbare Schrift auf und nahmen sich die romanische Minuskel des 11. Jahrhunderts (s. S. 69) zum Vorbild für ihre neue Schrift. Auch sie mussten sich zunächst von der herrschenden gotischen Schrift lösen. BRACCIOLINIS erster bekannter Versuch datiert von 1397; da war er siebzehn. Allmählich gelang es ihm immer besser, die Klarheit der romanischen Minuskel zu erreichen. Bracciolini war es auch, der die Buchstaben römischer Inschriften mit der Feder nachahmte und damit seine Überschriften schrieb. Man nannte die neue Schrift *litterae antiquae*, „alte" oder „frühere Buchstaben". Dies führte später zu der Fehlannahme, die Humanisten hätten irrtümlich die karolingische und romanische Minuskel für die Schrift der antiken Schriftsteller gehalten. „Antik" war aber damals die Bezeichnung für alles Neue, das aus dem an der Antike ausgerichteten Geist entstanden war. „Modern" war die Rundgotisch oder Rotunda genannte Schrift. Ein Irrtum konnte den hochgebildeten Humanisten schon deshalb nicht unterlaufen sein, weil die ihnen bekannten Werke christlicher Autoren sowie liturgische Bücher des 9. bis 11. Jahrhunderts ebenfalls in karolingischen und romanischen Minuskeln geschrieben waren. Außerdem haben viele Kodizes am Schluss ein sogenanntes Kolophon, das etwa unserem Impressum entspricht und außer dem Namen des Schreibermönchs manchmal die Entstehungszeit nennt oder den Namen des Auftraggebers, von dem man auf die Entstehungszeit schließen kann.

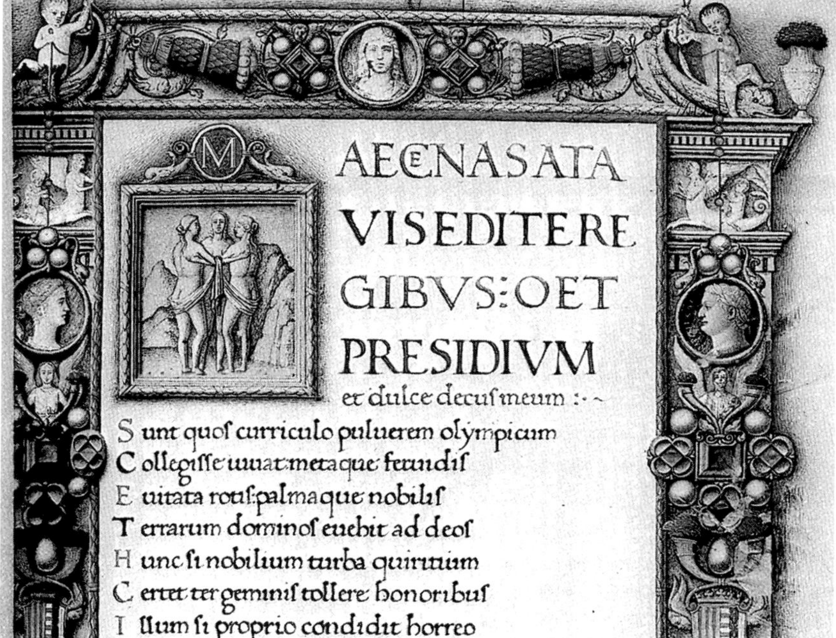

M
AECENAS ATA
VIS EDITE RE
GIBVS: O ET
PRESIDIVM
et dulce decuſ meum :·~
S unt quoſ curriculo puluerem olympicum
C ollegiſſe iuuat: metaque feruidiſ
E uitata rotiſ: palmaque nobiliſ
T errarum dominoſ euehit ad deoſ
H unc ſi nobilium turba quiritium
C ertat tergeminiſ tollere honoribuſ
I llum ſi proprio condidit horreo

Ausschnitt aus der Anfangsseite einer Renaissance-Handschrift auf Pergament von 1480 mit den Gedichten des Horaz. Die Initiale M für Maecenas steht über dem Bild der drei Grazien. Noch ist nur das lange s in Gebrauch.

Die neue Schrift entsprach mit ihren runden Bögen schon weitgehend dem neuen Stilgefühl. Während der ersten Hälfte des Quattrocento entstand nach und nach die formvollendete *humanistische Minuskel*. Es wurde ein Zeichen von Bildung, sich ihrer zu bedienen. Bald wurden die Buchstaben der antiken römischen Inschriften, die nur aus Großbuchstaben, den Majuskeln bestanden, nicht nur mit der breiten Feder nachgeschrieben, sondern auch sorgfältig nachgezeichnet und für Titelschriften, Initialen und Anfangsbuchstaben eingesetzt. Seither ergibt sich für Kalligrafen und Schriftentwerfer die nicht einfache Aufgabenstellung, zwei von ihrem Ursprung her grundverschiedene Alphabete, nämlich Minuskeln und Majuskeln, miteinander in Einklang bringen zu müssen.

Der Erste, der hinter das Geheimnis der Proportionen der römischen Inschriften gelangen wollte, war der Antiquar Felice Feliciano aus Verona. Er kopierte römische Inschriften und entwarf dazu um 1460 ein Konstruktionsschema, das allen seinen Buchstaben zu Grunde lag. Niemand weiß aber, ob die Römer überhaupt je eine Konstruktion benutzten, die über Kreis und Quadrat hinausging. Dessen ungeachtet folgten noch viele ähnliche Versuche von verschiedenen Renaissancekünstlern und Schreibmeistern; darunter auch von Albrecht Dürer. Mit einer Unzahl von Zirkelschlägen wurden viele höchst komplizierte Serifen-Konstruktionen ausprobiert, ohne damit das zu erreichen, was ein erfahrener Kalligraf mit Formgefühl und Augenmaß schaffte, und womit es bestimmt auch die Römer geschafft haben.

Alphabetum Romanum.
Die Originalzeichnungen des Felice Feliciano in Verona mit Beschreibungen.
Er erkannte als Erster, dass die römischen Inschriften auf der Grundlage von Kreis und Quadrat konstruiert waren.
Biblioteca Vaticana, 1460.

Längst war das Schreiben von Büchern keine ausschließliche Beschäftigung der Mönche mehr, sondern Gelehrte und Buchhändler hatten Schreibschulen und -werkstätten gegründet, um Schreiber, meist Studenten, auszubilden. Es wurde nicht berufsmäßig geschrieben – es gab keine Schreiberzunft –, sondern man schrieb für sich und einzelne Auftraggeber; oft neben dem Studium, um dieses zu finanzieren. Der bedeutendste Arbeitgeber, der bis zu 45 der copisti und, falls sie Griechisch konnten, scrittori genannten Schreiber beschäftigte, war der florentinische Buchhändler Vespasiano da Bisticci. Er beriet Mächtige seiner Zeit bei der Einrichtung ihrer Bibliotheken. Einmal lieferte er in 22 Monaten rund 200 Bände an Cosimo di Medici. Als Buchhändler befasste er sich hauptsächlich mit der Herstellung von wertvollen, ja prunkvollen Büchern, für die er hervorragende Maler heranzog. Der Bedarf an solchen Büchern war groß. Sie dienten weniger dem Lesen, als vielmehr der Freude am Betrachten. Die herrschenden Familien wetteiferten in der Einrichtung wertvoller Bibliotheken. Auch Päpste und Kardinäle, sofern sie Humanisten waren, legten großen Wert auf umfangreiche

Sammlungen lateinischer und griechischer Autoren. Bei ihnen zählten die handgeschriebenen Bücher nach Tausenden!

Sie wollten zu den Quellen gelangen

Was man aus den Klöstern von griechischen Autoren kannte, waren zum größten Teil Texte, die zunächst aus dem Griechischen ins Arabische und später aus dem Arabischen ins Lateinische übersetzt und immer wieder abgeschrieben worden waren. Die Klöster waren in den Jahrhunderten vor der Gründung der Universitäten im 13. Jahrhundert die einzigen Orte der Gelehrsamkeit.

Nach der ersten Begeisterung für die alten Autoren, die jedoch nicht immer originalgetreu und vollständig überliefert worden waren, entstand der Wunsch, die Texte im Original zu lesen. Das bewog manchen Gelehrten und Studenten, nach Byzanz zu reisen und die unverfälschten Originale kennen zu lernen, wenn nicht gar zu erwerben, denn in Griechenland hatte sich die Kenntnis der antiken Klassiker trotz der Jahrhunderte dauernden Herrschaft der orthodoxen Kirche ununterbrochen erhalten. Ganze Wagenladungen voll griechischer Bücher, darunter solche von Aeschylos, Euripides, Homer und viele andere gelangten damals nach Florenz. Der Handel mit diesen Büchern und ihren Abschriften blühte und nahm bald noch zu, als die Türken begannen, das byzantinisch-griechische Kaiserreich zu unterwerfen und zuletzt 1453 Konstantinopel eroberten. Ein Strom griechischer Flüchtlinge nach Italien war die Folge, darunter befanden sich viele Gelehrte. Sie ließen sich vorwiegend in den seit eh und je mit Griechenland verbundenen Orten auf Sizilien, oder in Venedig und anderen Seestädten nieder. In Florenz wurde Griechisch Lehrfach fürs studium humanitatis und blieb für Jahrhunderte die zweite Wissenschaftssprache in Europa.

Fast alle Schreibmeister bemühten sich zu Beginn des 16. Jh.s. um die ideale Konstruktion der Antiqua.

Den Humanisten verdanken die Indianer ihren Namen

Als Beispiele für die Praxisbezogenheit der antiken Wissenschaften seien hier nur Geografie und Astronomie erwähnt. Schon der griechische Gelehrte Eratosthenes von Kyrene, Direktor der Bibliothek von Alexandria, hatte um 250 v. Chr. errechnet, dass die Erde eine Kugel mit dem Umfang von 250000 Stadien sei. Das sind 39690 Kilometer, also fast die rund 40075 Kilometer unserer heutigen Berechnung. Diese Erkenntnis wurde allerdings durch die Kirche bekämpft und lächerlich gemacht, weil es doch nicht sein konnte, dass auf der anderen Seite der Kugel die Menschen mit dem Kopf nach unten lebten. Die Araber, die viele antike Autoren kannten, hatten die Kugelgestalt ihren astronomischen und geografischen Berechnungen zu Grunde gelegt und Instrumente zur Feststellung der Sonnenhöhe und zur Navigation auf See entwickelt. Die ins Lateinische übersetzten arabischen Texte wurden von dem Genueser Seefahrer CHRISTOPH KOLUMBUS gründlich studiert und veranlassten ihn im Jahr 1492 zu seiner Fahrt nach Indien in westlicher Richtung, ein Umstand, dem die Indianer ihren Namen verdanken. Wissenschaftliche Unterstützung soll Kolumbus vom Florentiner Humanisten und Astronomen TOSCANELLI erhalten haben. Ein anderer Florentiner, der Nautiker AMERIGO VESPUCCI, fand als Erster heraus, dass es hinter dem angeblichen Indien noch weiter ging. Nach ihm bekam der neue Kontinent den Namen Amerika.

Humanismus aus Italien und Buchdruck aus Deutschland

Och rait c
Die ſchlic
Koß er d
In das künigrei
Durch wildes ge
Der tag ſich gen
Do kam er an w
Das was von ſei
Es gaben die vel
Das rait er nider
Die ſtat zů pelrap
Der künig camp
Hette ſy geerbet

Gotico-Antiqua von Johannes Mentel in Straßburg 1477.

Die Ideen des Humanismus, die von der kleinen Gruppe gelehrter Männer in Florenz ausgingen, wurden von konservativen Kräften, insbesondere jenen der Kirche, anfangs heftig bekämpft. Bald jedoch verbreiteten sie sich über Italien und wanderten endlich über die Alpen, wo sie gegen die Mitte des 15. Jahrhunderts das Elsass erreichten. Aus der Lateinschule im dortigen Schlettstadt, das heute nach seinem ursprünglich merowingischen Namen Selestat heißt, entwickelte sich ein wichtiges humanistisches Zentrum, dem bedeutende Humanisten vorstanden. Auch hier wurden Texte antiker Schriftsteller aus Klöstern zusammengetragen und abgeschrieben. Daraus, sowie durch Stiftungen und Nachlässe, erwuchs eine bedeutende Bibliothek humanistischer Handschriften und Frühdrucke, die noch heute besteht und die ihre seltenen Schätze für die Besucher ausgestellt hat.

Schlettstadt war der Geburtsort von JOHANNES MENTEL, der 1458 eine Druckerei in Straßburg gründete. Er hatte Latein und Griechisch studiert, aber auch eine künstlerische Ausbildung erhalten. Zunächst arbeitete er als Kalligraf und Illuminator in Straßburg, wo er alsbald in die Dienste des prachtliebenden Bischofs RUPRECHT VON STRASSBURG trat. Aus seiner Druckerei ging schon 1463 die erste noch etwas unbeholfene humanistische Druckantiqua hervor. Als die erste wird sie von den Druckschriftspezialisten deshalb bezeichnet, weil in ihr das kleine n und das kleine m und andere

apud deum: & deus erat verbum. Hoc erat
in p̄ncipio apud deum . Omnia ꝑ ipſũ facta
ſũt: & ſine ipſo factũ eſt nihil. Quod factum
eſt in ipſo vita erat: & vita erat lux hominũ
& lux in tenebris lucet. & tenebre eam non

Die erste Antiqua-Druckschrift von Johannes Mentel in Straßburg 1463.

schon mit zweiseitigen Serifen, mit Füßchen, versehen waren. Andere dem Breitfederzug der humanistischen Minuskel nachempfundene Schriftschnitte beendeten die senkrechten Striche an n und m auf der Schriftlinie entweder schräg, gerade oder mit einem kleinen Schlenker nach rechts. Eine zweiseitige Serife ist nicht mehr durch eine einfache Schreibbewegung zu erreichen; hier dienten offensichtlich Inschriften als Vorbilder. Berühmt wurde Mentel durch den Druck der ersten deutschen Bibelübersetzung 1461. Seine Schwiegersöhne Adolf Rusch und Martin Schott setzten sein Werk fort. Aus Mentels Werkstatt gingen Günther Zainer, der Erstdrucker in Augsburg, und dessen Verwandter Johann Zainer, der Erstdrucker in Ulm, hervor. Die deutschsprachigen Drucker übernahmen den Namen Antiqua von den italienischen Humanisten. Die Franzosen nannten die Schrift *Romain* und die Engländer zuerst *White Letter* im Gegensatz zur gotischen *Black Letter*, später aber *Roman*.

Die ersten Buchdrucker in Italien waren zwei deutsche Kleriker, Arnold Pannartz und Konrad Sweynheym, die ihre Werkstatt 1465 im Benediktinerkloster Subiaco bei Rom einrichteten und später nach Rom gingen. Es folgten die Brüder Johann und Wendelin de Spira aus Speyer in Venedig und Johann Numeister in Foligno. Sie alle versuchten, ihre Druckschrift nach dem Vorbild der humanistischen Minuskel zu schneiden, um gegenüber den handgeschriebenen Büchern konkurrenzfähig zu sein. Ihre Alphabete waren zwar wie die meisten Handschriften noch mit Elementen der gebrochenen Schrift durchsetzt, doch durch große Ober- und Unterlängen kam viel Weißraum zwischen die Zeilen, der die Seiten heller erscheinen ließ und für eine bessere Lesbarkeit sorgte. Solche *Gotico-Antiqua*-Typen der Anfangszeit wurden auch in Deutschland für profane Drucke verwendet. Von allen gebrochenen Buchstaben hielt sich das kleine Rotunda-h mit dem runden Abstrich am längsten.

Auch in Florenz selbst etablierte sich ein deutscher Frühdrucker. Er stammte aus Schlesien und nannte sich Nicolaus Laurentiis de Alemania. Er war ständig hoch verschuldet, was ihn wiederholt ins Gefängnis brachte. In den florentinischen Akten wird er als Schreiber bezeichnet. Offenbar gab es noch keine Berufsbezeichnung für Drucker. Laurentiis scheiterte an den hohen Papierpreisen, die bezahlt werden mussten, bevor das erste Buch verkauft war, und verlor Haus und Werkstatt. Am Papierpreis lag es auch, dass bis etwa 1475 ein gedrucktes Buch nicht billiger war als ein geschriebenes.

Die ersten Antiqua-Druckschriften nach heutigem Verständnis

Der Franzose Nicolas Jenson, geboren um 1420, als die Jungfrau von Orleans in Frankreich gegen die Engländer zu Felde zog, war der erste nichtdeutsche Buchdrucker in Italien. Er schuf 1470 eine Druckschrift, die unseren heutigen Vorstellungen von einer Antiqua schon sehr nahekam und den Ruf der venezianischen Antiqua begründete. Bei ihm bekam das klei-

Die erste gültige Antiqua- Druckschrift von Nicolas Jenson in Venedig 1470.

ſic in tuis litteris quas Arpini accæperã
uellé. Ego uolebã auté uel cupiebã poti
plane cũ ĩ formianum ueniſſ& præcide
ſolebã: at ille perpauca locutus hãc ſũ
ſceré ſe rebus ſuis impeditũ nobiſcũ ire

ne h endlich den geraden Abstrich, der es deutlich vom kleinen b unterschied. Seine Type war so hervorragend geschnitten und gegossen, dass sie sich jahrzehntelang halten konnte und Jenson der berühmteste Drucker in Venedig wurde und für lange Zeit blieb, auch als es dort schon zahlreiche Druckereien gab. Als gelernter Formschneider und Münzmeister in Toulon war er ein Profi der Metallbearbeitung. Seine von den Handschriften schon ziemlich unabhängige und mehr den Erfordernissen des Stempelschnitts folgende Antiqua beeinflusste noch im 19. und 20. Jahrhundert die Schriftentwerfer. Sein Ruhm beruhte auch darauf, wie er mit der Schrift umging, also auf seiner Typografie, die von der Gestaltung der Handschriften weitgehend unabhängig war.

Der nächste Höhepunkt in der Entwicklung der Druckschriften datiert von 1495. Erreicht wurde er von Francesco Griffo da Bologna. Seine Lettern waren lichter als die Jenson-Typen. Das hing auch mit der Verbesserung des Papiers zusammen, das inzwischen feinere Striche erlaubte. Im Unterschied zu Jenson schnitt Griffo die Versalien, wie die Majuskeln von den Druckern genannt werden, etwas niedriger als die Oberlängen der Kleinbuchstaben wie das schon die humanistischen Handschriften zeigten. Damit erreichte er, dass die Anfangsbuchstaben oder gar ein ganzes Wort aus Großbuchstaben im Text nicht allzu aufdringlich wirkten – heute eine Selbstverständlichkeit.

Sein Auftraggeber war der humanistische Gelehrte, Drucker und Verleger Aldo Manuzzi, der aus Mitteln des Fürsten Pio da Carpi 1485 in Venedig eine Druckerei gegründet hatte. Weil Manuzzi mit Griffos Schrift ein Werk des Gelehrten, Dichters und Kardinals Pietro Bembo druckte, dessen toskanisches Italienisch später die Schriftsprache Italiens werden sollte, heißt diese Type samt ihren heutigen Nachschnitten *Bembo*. Die meisten historischen Druckschriften, wie zum Beispiel die *Jenson*, wurden dagegen nach ihren Druckern benannt. Die Stempelschneider blieben anonym, wenn sie nicht gleichzeitig Drucker waren.

Druckermarke und Verlagssignet von Aldus Manutius.

Der Bologneser Griffo übertraf sich noch mit einer zweiten Type, die er für ein weiteres Werk aus der aldinischen Druckerei schnitt. Es war die *Poliphili-Type*, so genannt nach einem Roman mit dem „Hypnerotomachia Poliphili", einem Liebesroman. Damit hatte die Antiqua ihre Kinderkrankheiten end-

---

E MIE DEBILE VOCE TALE O GRA
tioſe & diue Nymphe abſone peruenerãno &
inconcĩne alla uoſtra benigna audiẽtia. quale
laterrifica raucitate del urinante Eſacho al ſua-
ue canto dela piangeuole Philomela. Nondi
meno uolendo io cum tuti gli mei exili cona-
ti del intellecto, & cum la mia paucula ſufficiẽ
tia di ſatiſfare alle uoſtre piaceuole petitione,

Antiqua-Druckschrift von Francesco Griffo für Aldus Manutius in Venedig 1499.

gültig überwunden. Griffo schnitt für Aldo Manuzzi, der sich nach humanistischer Gepflogenheit Aldus Manutius nannte, auch eine kleine griechische und eine lateinische Kursive – die ersten Druckkursiven – mit der der Verleger eine Serie antiker Klassiker im handlichen Format herausgab. Diese Ausgaben begründeten den Ruhm Manutius' als Verbreiter der humanistischen Literatur. Berühmt wurde sein Verlegerzeichen: ein von einem Delphin umschlungener Anker. Manutius erhielt für Venedig das Monopol für seine von Griffo geschnittenen Schriften. Vielleicht deshalb trennten sich Griffo und Manutius 1502, da Griffo im Herrschaftsbereich von Venedig seine eigenen Schriften nicht mehr vertreiben durfte. Nach anderen Berichten hat er erst nach dem Tod des Aldus 1516 Venedig verlassen. Griffo kehrte nach Bologna zurück und eröffnete seine eigene Druckerei. Zwei Jahre später soll er seinen Schwiegersohn mit einer Eisenstange erschlagen und damit sein Leben verwirkt haben. Vielleicht lag es an seinem unrühmlichen Ende oder am alles überstrahlenden Ruhm seines Auftraggebers, dass keine Schrift, die Griffo geschnitten hat, seinen Namen trägt. Die Bücher des Aldus Manutius werden noch heute allgemein als die Aldinen bezeichnet.

Über der Entstehungsgeschichte der Antiqua darf nicht vergessen werden, dass die Masse der Bücher in Italien dank konservativer Auftraggeber in der Rotunda geschrieben und seit 1467 in Rotundalettern gedruckt wurde. Auch in der Druckerei von Nicolas Jenson. In Deutschland setzte sich von 1472 an die aus Venedig eingeführte Rotundatype mehr und mehr gegen die Textura aber auch gegen die Gotico-Antiqua durch, während sie in Italien gegenüber der Antiqua allmählich an Boden verlor. Aldus Manutius benutzte als erster in seiner Druckerei überhaupt keine gebrochenen Schriften mehr. Auf ihrem Weg nach Norden sparte die Antiqua die deutschsprachigen Länder weitgehend aus und verbreitete sich ab 1470 zunächst in Frankreich, das im 16. Jahrhundert in der Herstellung von Antiqualettern führend werden sollte. Dass sich die Drucklettern inzwischen endgültig von der Nachahmung der Handschrift verabschiedet hatten, bedeutet nicht, dass auf charakterische Eigentümlichkeiten des Breitfederzugs ganz verzichtet worden wäre. Bis heute weisen die Anstriche der Oberlängen, die manchmal noch schräge Achse der runden Buchstaben, vor allem aber der mehr oder weniger ausgeprägte Stärkenunterschied zwischen senkrechten und waagerechten Strichen auf die Herkunft der Antiqua von der Federschrift hin. Der Strichkontrast kennzeichnet eine Schrift als Antiqua selbst dann, wenn sie keine Serifen hat.

Domine labia mea aperies Et os meum annunciabit laudem tuam. Deus in adiutorium meum intende Domine ad adiuuandum me festina. Gloria patri et filio, et spiritui sancto. Sicut erat in principio et nunc et semper, et in scla seculorum amē. Hymnus
Nobis sancti spūs gratia sit data. De qua uirgo uirginum fuit obūbrata. Cum per sanctū angelum fuit salutata. Verbū caro factū est uirgo fœcundata. An. Veni sancte spūs reple tuorum corda fideliū, et tui amoris in eis ignē accende. Ver. Emitte spūm tuum et creabūtur. Res. Et renouabis faciē terre. Oremus. Oratio
Omnipotens sempiterne deus da nobis illam sancti spūs grām, quā discipulis tuis in die sancto Penthecostes transmisisti. Per eūdem Chrm dnm nrm, amen Ad Primam.

Gebetbuch Kaiser Karls V. Die Handschrift ahmt eine Renaissance-Druckschrift nach. Die Bilder sind Beispiele flämischer Buchmalerei, 1519,

Daniel Hopfer war Waffenätzer und wandte seine Technik auf den Druck an. Damit war er der erste Radierer. 1470–1536.

Renaissance-Inschrift des Fürstbischofs von Würzburg, in der von Jupiter die Rede ist. 1556.

Die international orientierten humanistischen Gelehrten schrieben natürlich lateinisch. Zu ihnen gehörten inzwischen auch bedeutende Kirchenfürsten, die mit der griechisch-römischen Mythologie vertraut waren. Das führte manchmal zu Äußerungen, die uns heute staunen lassen. Der Fürstbischof von Würzburg ließ 1556 an der Stelle seines im Bauernkrieg zerstörten Stammsitzes ein neues Schloss erbauen und versah es mit einer lateinischen Inschrift, die erhalten geblieben ist und am heute dort errichteten Gasthof angebracht wurde.

Der Wirt bietet diese Übersetzung:
Glücklich und gesegnet seist du, der du kommst in das Stammschloss des Zobelschen Geschlechtes und zu den ***Hausgöttern*** *(Laren), welche es als seine Ältesten und Ersten verehrt. Dankbar nennt auch diesen Ort seiner Wiege Melchior von Zobel, Fürstbischof von Würzburg, der mit Stab und Schwert die unbesiegten Franken regiert. Er hat sein Vaterhaus, das er schmerzerfüllt in Trümmern liegen sah, wieder hergestellt mit dem Material, das eben Zeit und Ort gaben. Sobald aber* ***Jupiter*** *dem Erdkreis den ersehnten Frieden wird geschenkt haben, will er alles aus starkem Marmor aufrichten lassen.*

Jedem Jahrhundert seine Antiqua

CLAUDE GARAMOND war der Schöpfer der erfolgreichsten Druckschrift überhaupt. Keine andere Schrift konnte sich vom 16. bis ins 21. Jahrhundert weltweit so erfolgreich behaupten. Charakteristisch für die *Garamond* sind außer der eleganten Form der auffallend kleine Bauch des kleinen a, der hoch angesetzte Querstrich des kleinen e, der im Gegensatz zu den venezianischen Schnitten waagerecht verläuft, und das wie bei allen Renaissanceschriften gerade Ohr am kleinen g. Garamond schnitt als erster eine große Type mit fast 1 cm Versalhöhe. Das erlaubte eine Titelgestaltung mit nur einer Schriftart in verschiedenen Größen.

Kein Schriftanbieter kann es sich heute leisten, keine Garamond zu führen. Doch können die Schnitte sehr unterschiedlich sein. Will man wissen, wie eine richtige Garamond aussieht, muss man 500 Jahre zurückgehen und sich die echte Garamond ansehen, denn schon bald nach ihrem Erscheinen kam es zu Nachahmungen.

Die Urheberschaft von Garamonds frühen Schriften hat viele Forscher beschäftigt. Das mag daran liegen, dass in Frankreich das Stempelschneiden und Schriftgießen zur Tätigkeit des Druckers gehörte, und deswegen der Stempelschneider nicht in Erscheinung trat. Erst als von 1539 an die Schriftgießer einen eigenen Berufsstand bildeten, wurde Garamond bekannt, und sein Ruhm begann sich zu verbreiten. Den Titel königlicher Schriftgießer verlieh ihm Frankreichs König FRANZ I. für eine griechische Kursive, die er bei Garamond bestellt hatte.

Initialbuchstabe aus Venedig. 16. Jh.

Dass es aber auch gefährlich sein konnte, im katholischen Frankreich unter Franz I. Drucker zu sein, zeigt der Fall des Druckers ANTOINE AUGEREAU, eines Protestanten, der wegen des Drucks nicht genehmer Bücher verbrannt wurde. Der Krieg gegen die evangelischen Hugenotten 1575 zwang viele Drucker, Frankreich zu verlassen, und so gelangten auf Umwegen Garamonds Schriften nach Frankfurt, von wo aus sie von dortigen Schriftgießereien in ganz Europa vertrieben wurden. Garamond soll 1561 einundachtzigjährig in Armut gestorben sein, da es zu seiner Zeit noch kein Urheberrecht und kein Lizenzwesen gab. Nach seinem Tod erwarb der Antwerpener Drucker Christoph Plantin seine Matrizen. Sie werden in Plantins noch heute erhaltener Druckerei, dem *Museum Plantin-Moretus* in Antwerpen, aufbewahrt.

Seit der Mitte des 16. Jahrhunderts veränderte sich die Druckantiqua in kleinen, nur von Fachleuten erkennbaren Schritten. Diese reichen allerdings aus, um die Entstehungszeit und den Stempelschneider oder Schriftentwerfer meist erkennen zu lassen. Das schließt nicht aus, dass es unter den Spezialisten immer wieder zu heftigen Diskussionen kommen kann. Auch überraschende Entdeckungen sind noch ab und zu möglich, wie zum Beispiel die, dass eine Garamond zugeschriebene Schrift nicht von ihm, sondern aus späterer Zeit von dem Schweizer Calvinisten Jean Jannon stammt, der im Frankreich Ludwigs XIV. Probleme bekam und seine Matrizen durch Beschlagnahme an die 1640 von Kardinal Richelieu gegründete *Imprimerie Royale* verlor, wo sie nach Einführung der *Romain du Roi* zusammen mit Matrizen Garamonds ins Magazin wanderten und dort unter dem Etikett *Caractères de l'Université* 200 Jahre lang verstaubten. Die ungewöhnliche Bezeichnung mag daher rühren, dass die Stempel von Jannon für die calvinistische Universität in Sedan geschnitten worden waren. Auf der Pariser Weltausstellung 1898 wurde die aus den alten Matrizen frisch gegossene Schrift Jannons von der Staatsdruckerei als Schrift Garamonds präsentiert. Die Verwechslung blieb bis 1926 unentdeckt. Bei der Schrift Jannons, die fast 100 Jahre jünger ist als die Garamonds, sind die Tropfenformen an a, f, r und langem s dem Barock entsprechend deutlich ausgebildet. Der Hals des kleinen g hat einen scharfen Knick, und das kleine a hat eine lange Nase. Man erkennt das unschwer an verschiedenen neuen „Garamond" und „Garamont"-Fonts.

Garamonds Lettern von 1544 links und Jannons zum Verwechseln ähnliche Typen von 1615 rechts.

nullum videri poteſt, quod
vacet turpitudine: aut ita pa
rum malum, vt id obruatur
ſapientia, vixque appareat:
qui nihil opinione affingat,
aſſumatq; ad ægritudinem:

le chef de ſcience: mais les
fols meſpriſent ſapiẽce &
inſtruction. Mon fils, eſ-
coute l'inſtruction de ton
pere, & ne delaiſſe point
l'enſeignemet de ta mere.

Ein anderer Irrtum der Schriftgelehrten betraf die *Janson-Antiqua*. Diese stammte nicht, wie man geglaubt hatte, vom holländischen Schriftschneider und -gießer Anton Janson, sondern vielmehr vom ungarischen Stem-

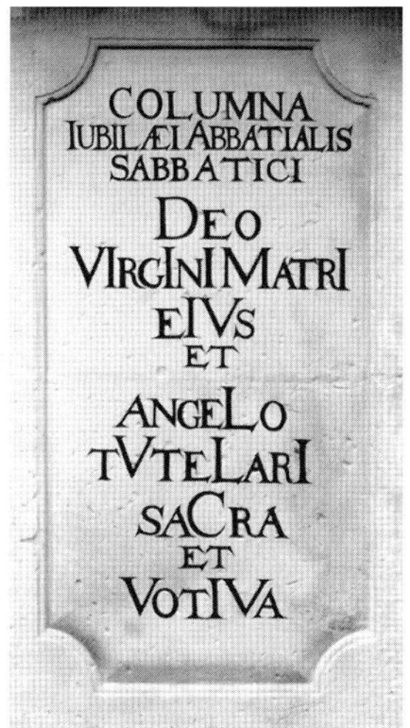

Links:
Die in der Barockzeit beliebte Übung, die lateinischen Texte in Antiqua und die deutschen in Fraktur zu schreiben.

Rechts:
1700 und später wurde die Jahreszahl gern versteckt und durch herausragende Buchstaben als römische Zahlen zusammengestellt.
Hier 1732.

Hier musste die 7 lateinisch gelesen werden: Septem, damit man erfuhr, welcher Monat gemeint war.

Rokoko-Inschrift ebenfalls mit versteckter Jahreszahl und einem damals beliebten modischen B.

pelschneider Miklós Kis. Dieser hatte sich vorübergehend in Amsterdam aufgehalten. Anton Janson war später fast 30 Jahre in Leipzig als Drucker tätig.

Von Deutschland war im 17. Jahrhundert für die Entwicklung der Antiqua nichts zu erwarten. Der Dreißigjährige Krieg hatte das Land zerstört und ausgeblutet, und die Wunden waren auch nach Jahrzehnten noch nicht verheilt. Außerdem spielte die Antiqua neben der Fraktur nur eine Nebenrolle. Das lag zum großen Teil an der Reformation, die die lateinische Sprache und die lateinische Schrift als Ausdruck des Katholischen und des Fremden ansah. Deutsche Texte hat man damals in gebrochenen Schriften gesetzt. Die Zweischriftlichkeit war zum Standard geworden: Fraktur für Deutsch und Antiqua

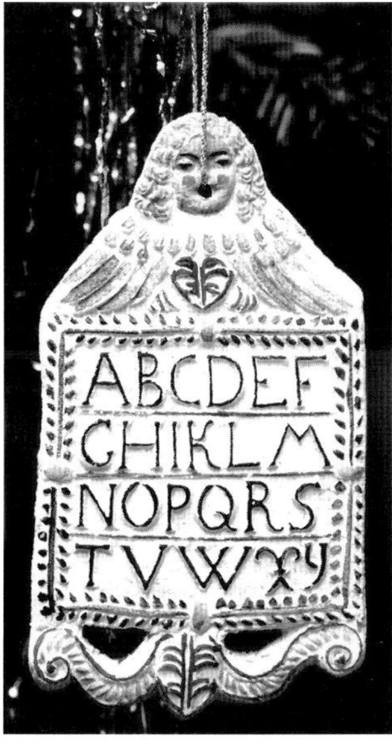

Das gleiche B auf einem Springerle-Motiv aus derselben Zeit (Süddeutsches Gebäck in einem Holzmodel geformt).

für Latein. Diese Schriftkombination finden wir auch auf Grabmälern und Epitaphen.

Schriften, die nicht für langes Lesen gedacht waren, konnten dem Zeitstil uneingeschränkt folgen und einen größeren dekorativen Aufwand treiben. Das gilt gleichfalls für Urkunden und andere handgeschriebene Dokumente. Die barocken Schreibmeister überboten sich in kunstvollen, aber nicht immer leicht lesbaren Proben ihres geradezu artistischen Könnens. Das Aufkommen des Kupferstichs erleichterte die Reproduktion ihrer Schriften und damit deren Verbreitung als Schreibvorlagen.

Der Sonnenkönig wollte seine eigene Druckschrift haben

Ludwig XIV. beauftragte 1692 die *Académie Royale des Sciences,* eine ganz spezielle Schrift für die Hofbuchdruckerei zu entwickeln. Entsprechend der damaligen Vorstellung von der Berechenbarkeit aller Erscheinungen, beschloss man mit wissenschaftlicher Gründlichkeit eine durch und durch exakte Schrift zu konstruieren. Ein Gremium von vier würdigen Perückenträgern wurde unter dem Vorsitz des Bibliothekars Abbé NICOLAS JAUGEON berufen, dem als Berater noch der Leiter der Imprimerie Royale sowie zwei Kupferstecher angehörten.

Die Herren entwickelten einen Raster, der sich aus 64 Quadraten zusammensetzte, von denen wiederum jedes in 36 kleine Quadrate geteilt war. Macht zusammen 2304 kleine Quadrate. Auf einer solchen Rasterfläche entstand jeweils ein Antiqua-Buchstabe, der einschließlich der Serifen restlos

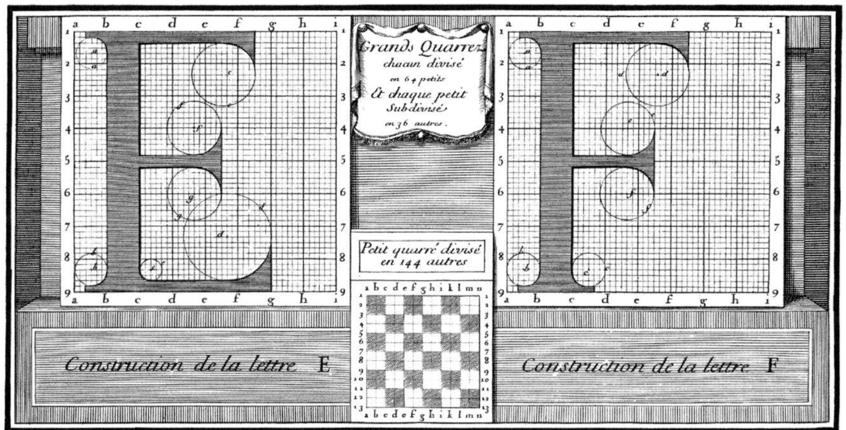

Die vollkommen durchkonstruierte Schrift in ihrer ganzen Steifheit. *Romain du Roi* 1692.

durchkonstruiert war. Das geschah so konsequent, dass die Versalien wieder die gleiche Höhe bekamen wie die Oberlängen; ein Fehler, den schon „die mit den Augen denkenden" Stempelschneider der Renaissance vermieden hatten, um die Versalien nicht zu auffällig werden zu lassen. Die Oberlängen bekamen als oberen Abschluss zweiseitige Serifen wie die Versalien. Die Konsequenz dieser Gestaltung führte zwangsläufig dazu, dass das große I und das kleine l identisch waren. Dies zwar erkennend, gehorchten die Herren dennoch der Logik ihrer Theorie. Als einziges Zugeständnis an die Praxis bekam das kleine l zur Unterscheidung seitlich einen kleinen Pickel angefügt. Das ganze Alphabet sah so steif und abgezirkelt aus wie eine französische Gartenanlage dieser Zeit.

Die stolze Kommission berichtete über das Ergebnis ihrer Arbeit sinngemäß so: *Wir sind glücklicherweise dahin gelangt, die Lettern zu einer Vollkommenheit zu bringen, welche sie bisher nicht hatten, durch Regeln, welche wir bezüglich ihrer Größe, ihres Umfangs, ihrer Stärke, ihrer Haarstriche und ihrer Binnenräume aufgestellt und durch mehrere Jahre verbessert haben, was wir hiermit veröffentlichen, damit der Verstand und der Geschmack des Arbeiters sich daran bilde*. Der Text der dann folgenden Beschreibung von 500 Seiten wurde nie veröffentlicht.

Die Zeichnungen wurden in Kupfer gestochen, und nach diesen Stichen wurde die Schrift mit dem anspruchsvollen Namen *Romain du Roi Louis XIV.* von Philippe Grandjean und Jean Alexandre in Stahl geschnitten. Stellen Sie sich vor, eine große Konstruktionszeichnung wird von Hand auf eine Fläche von wenigen Quadratmillimetern übertragen, um danach eine Schrift von der Größe derjenigen, die Sie gerade lesen, in den Stahl zu schneiden: Die Steifheit der Konstruktion ging dabei zum Glück verloren. 1904 hat man die Schrift mit dem Pantographen automatisch originalgetreu nachgeschnitten und dabei festgestellt, wie steif und fast plump die konstruierte Schrift ohne die Bearbeitung durch die Hand und das Auge des Stempelschneiders tatsächlich war. Die Romain du Roi war zum ausschließlichen Gebrauch in der Imprimerie Royale bestimmt. In den Dienst der Öffentlichkeit geriet sie erst auf Drucksachen der französischen Revolutionäre, nachdem diese sich der königlichen Druckerei bemächtigt hatten. 1793 wurden mit dieser königlichen Schrift die Abschaffung des Königtums und der Beschluss zur Hinrichtung Ludwigs XVI. bekannt gegeben.

MEDAILLES
SUR
LES PRINCIPAUX EVENEMENTS
DU REGNE
DE
LOUIS LE GRAND,
AVEC
DES EXPLICATIONS HISTORIQUES.
Par l'Académie Royale des Médailles & des Inscriptions.
A PARIS,
DE L'IMPRIMERIE ROYALE.
M.DCCII.

Die angewandte *Romain du roi*, nachdem sie durch die Hände eines erfahrenen Schriftschneiders gegangen war. 1702.

Zentimeter schlägt Cicero – Pica schlägt Zentimeter

Gegen die Mitte und zum Ende des 18. Jahrhunderts wirkten in Paris bedeutende Schriftschöpfer und Drucker, die Form und Struktur der Antiqua veränderten. Pierre Simon Fournier verbesserte die Romain du Roi, deren Gebrauch außerhalb der Hofbuchdruckerei untersagt war und umging so das königliche Verbot. Er brachte ein *Manuel Typographique* heraus, das noch ganz nach dem Geschmack des Rokoko gestaltet war. Sein historisches Verdienst liegt in der Entwicklung des typografischen Maßsystems. Der französische Fuß von etwa 30 cm Länge war in 12 Zoll aufgeteilt, ein Zoll wieder in 12 Linien und eine Linie in 12 Punkte.

Aus zwei Punkten machte er einen typografischen Punkt. Ein anderer Pariser Drucker und Schriftgießer, FRANÇOIS AMBROISE DIDOT, vervollständigte das System – und seither spricht man vom *Didot-Punkt.* 12 Didot-Punkte sind ein *Cicero.* Weil die Engländer und die Franzosen anscheinend unterschiedlich große Füße haben, ist der angelsächsische typografische Punkt, der *Pica-Point,* geringfügig kleiner. 12 Pica-Points sind ein *Pica.* Der Didot-Punkt wurde in Deutschland im Zusammenhang mit dem Fotosatz in den 70er Jahren des vorigen Jahrhunderts vom metrischen System verdrängt, um für Papierformate, Buchformate und die Textberechnung ein einheitliches System zu haben. Die kleinste Einheit sollte 0,25 mm sein; doch bevor wir uns umgewöhnt hatten, kam der typografische Punkt als Pica-Point im Computer zurück. Die französischen Namen der Schriftgrade wie *Nonpareille, Petit, Colonel* u.a. haben sich in der Druckersprache bis zum Ende der Bleisatzzeit gehalten. Der Name *Cicero* für den Schriftgrad 12 Punkt stammt von der ersten gedruckten Ausgabe von *Ciceros Reden,* die in der heutigen Größe von 12 Punkt gesetzt worden ist.

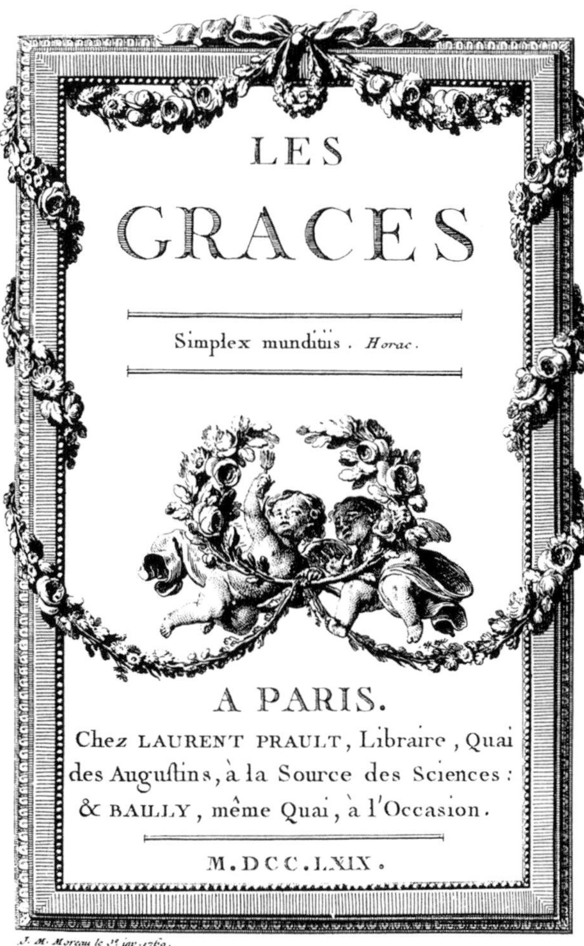

Rokoko-Titelseite von Jean-Michel Moreau le Jeune. Kupferstich, Paris 1769.

Fourniers Schriften zeigen, dass in der Zwischenzeit die Technik des Kupferstichs an Bedeutung zugenommen hatte. Die Fähigkeit der Kupferstecher, feinste Linien wiederzugeben, setzte für den Schriftschnitt neue Maßstäbe. Wir beobachten eine Verfeinerung der Zeichnung, insbesondere bei den Serifen, und eine Verstärkung des Strichkontrastes. Die Dekadenz des höfischen Rokoko verlangte großes Raffinement, dem auch der reiche und zierliche Buchschmuck gerecht zu werden versuchte.

Zweimal über den Kanal und einmal über den Atlantik – Baskervilles Stahlstempel

Weniger raffiniert, doch nicht minder erfolgreich präsentieren sich uns die Schriften zweier englischer Drucker dieser Zeit, WILLIAM CASLON, den wir schon im Kapitel über die Old English kennen gelernt haben und JOHN BASKERVILLE. Beider Schriften sind heute immer noch beliebt; sie wurden neu gezeichnet und digitalisiert. Sie sind kontrastreich, aber noch nach humanistischer Tradition geformt. Die Caslon-Nachfolger erreichten mit William Caslon IV. das 19. Jahrhundert.

Baskerville war der erste, der weitgehend auf Schmuckelemente in seiner Buchgestaltung verzichtete und damit für die Typografie zukunftweisend wurde. Sein Ruhm war auf dem Kontinent größer als auf der Insel, wo Caslon die Nummer eins war. Nach Baskervilles Tod 1775 gelang es seiner Witwe nicht, die Druckerei im Ganzen zu verkaufen. Baskervilles Meister übernahm schließlich den Betrieb. Den kostbaren Schatz an Stempeln und Matrizen, für den sich in England keine Interessenten fanden, erwarb der Theaterdichter Pierre Augustin Caron de Beaumarchais, der wegen der Zensur in Frankreich eine Druckerei in Kehl in der damaligen Markgrafschaft Baden betrieb. Zwei seiner Theaterstücke kamen zu Weltruhm, aus dem einen wurde Mozarts „Die Hochzeit des Figaro" und aus dem anderen Rossinis „Der Barbier von Sevilla".

PUBLII VIRGILII
MARONIS
BUCOLICA,
GEORGICA,
ET
AENEIS.

BIRMINGHAMIAE:
Typis JOHANNIS BASKERVILLE.
MDCCLVII.

Diese Titelseite von John Baskerville verzichtet auf jeden Schmuck. 1757.

Baskervilles Schrift gelangte um 1790 in die Didotsche Druckerei, als Pierre Didot, der Sohn von F. A. Didot, nach Beaumarchais' Tod 3000 Stempel und ebensoviele Matrizen von dessen Schwester erwarb. Er konnte aber nichts mehr damit anfangen, weil die Druckereien in Europa nur noch klassizistische Schriften bestellten oder kopierten, darum versuchte er, die Schrift in England an den Mann zu bringen, aber vergeblich. Sie landete später zum Teil in der Druckerei der Harvard-Universität in den USA und zum Teil in der Pariser Schriftgießerei von Deberny & Peignot, die sie 1935 der Universitätsdruckerei in Cambridge stiftete, womit sie nach England zurückkehrte.

Auch in den Niederlanden schufen tüchtige Stempelschneider bemerkenswerte Schriften. Große Namen des holländischen Stempelschnitts sind Christoffel van Dyck und Joan Michael Fleischmann. Letzterer kam 1728 aus Deutschland in die Niederlande, wo er für die Schriftgießerei Enschedé arbeitete. Die holländischen Schnitte führten eine höhere Mittellänge und dünnere Serifen ein, kamen also unseren heutigen Druckschriften schon so nahe, dass sie jetzt in digitalisierter Form wieder erfolgreich sind.

Der Triumph der klassizistischen Reihe

Die nach dem Humanismus zweite literarisch-philosophische Hinwendung zur Antike und die Erfolge der Naturwissenschaften begründeten im 17. und 18. Jahrhundert den Geist der Aufklärung mit seiner Glorifizierung von Vernunft, Freiheit, Gleichheit und Toleranz. Die gepuderten Zöpfe der Männer mussten einer neuen, natürlicheren Mode weichen und wurden nur noch von Soldaten und Lakeien getragen. Die bürgerliche Gesellschaft in Frankreich stellte sich gegen das feudalistische System des Absolutismus. Das führte 1789 zur Revolution.

Das im 18. Jahrhundert mit der Aufklärung neu erwachte Interesse am Altertum gab den Anstoß zu systematischen archäologischen Grabungen, deren wissenschaftliche Auswertung die Antike in neuem Licht erscheinen ließ. Die Entdeckungen in Pompeji und in Griechenland lösten geradezu einen Antikenkult aus. Gelehrte, Künstler, Architekten und andere ästhetisch Gebildete, die über die nötigen Mittel verfügten, wie der geheime Rat Johann Wolfgang von Goethe, pilgerten fortan zu den klassischen Stätten und Kunstwerken. Man bewunderte die Schnörkellosigkeit und Erhabenheit antiker Bauwerke und Skulpturen, die im rokokogewohnten Betrachter das Verlangen nach Strenge und Schlichtheit in der Kunst weckten, aber auch nach feierlichem Pathos. Die Bücher des Archäologen Johann Joachim Winckelmann, die „Gedanken über die Nachahmung der griechischen Werke in der Malerei und Bildhauerkunst" und die „Geschichte der Kunst im Altertum" mit der naiven Formulierung von der „edlen Einfalt und stillen Größe" griechischer Kunst, idealisierten die antike Welt und prägten ihr Bild für die nächsten Generationen. Das war der Beginn des Klassizismus, der schnell zur Mode wurde und dazu führte, dass die Architekten vor jede Art von Gebäude – vom großen Schloss bis zum einfachen Bürgerhaus – auf Säulen ruhende Tempelgiebel setzten. Überall dominierte die weiße Farbe des Marmors – auch auf vorher braunen Kirchenbänken. Erst viel später, nach genauerem Hinsehen, bemerkte man an den antiken Bauwerken und Skulpturen Reste einer ursprünglich starken Farbigkeit.

Wurzelte der deutsche Klassizismus im Griechentum, so übernahmen die Franzosen ihr Bild der Antike von den Römern. Die Sprache der französischen Revolution war gespickt mit römisch-republikanischen Begriffen, und die neuen Heiligen waren die Gegner der Tyrannei, die sich gegen Caesar erhoben hatten und andere republikanische Römer. Als eines der bezeichnendsten Bilder dieser Zeit entstand 1785 „Der Schwur der Horatier" von Jacques Louis David, dessen strenger Bildaufbau und pathetische Gestik der klassizistischen Kunst die Richtung wies.

Auf dem aus der Antikenbegeisterung hervorgegangenen bürgerlichen Klassizismus, der das höfische Rokoko abgelöst hatte, folgte um die Wende zum 19. Jahrhundert der Neoklassizismus des beginnenden Industriezeitalters. Er entwickelte sich bald zu einem eigenständigen Stil, der weit mehr als nur die Nachahmung antiker Vorbilder bedeutete. Er war eine Revolution, vergleichbar der Neuen Sachlichkeit in unserem Jahrhundert. Dafür mag das Wort des königlich-preußischen Regierungs-Baumeisters KARL FRIEDRICH SCHINKEL stehen: „Architektur ist Konstruktion".

Altes Museum in Berlin, erbaut von Karl Friedrich Schinkel 1825.

Nicht mehr der von Säulen getragene Giebel war das architektonische Vorbild, sondern die gleichförmige Säulenreihe ohne Betonung der Mitte; konsequent durchgeführt am *Alten Museum* in Berlin. Dazu gehörte das von Schinkel geplante Bibliotheksgebäude. An dessen Fassade wird deutlich, dass die Anzahl der Lisenen, die über alle Stockwerke reichen, durch die Länge des Gebäudes und nicht mehr durch die Proportionen der Fassade bestimmt wird. Dieses Prinzip der Aneinanderreihung gleicher Elemente ohne Hervorhebung der Mitte gehörte zu den wichtigen Neuerungen der klassizistischen Formgebung. Am extremsten praktizierten das Vater und Sohn WOOD um 1770 in Bath bei einem Häuserkomplex mit 114 Pilastern. Die Übernahme antiker Ornamente wie *Mäanderband, Laufender Hund* und *Eierstab* ist ein weiterer Beleg für das Prinzip der Reihung.

Detail der Berliner Schlossbrücke von K.F. Schinkel.

Statt eines wechselnden Rhythmus, wie im Barock und Rokoko, herrschte jetzt also der strenge Takt der immer gleichen Wiederholung. Die Ablösung des Rhythmus durch die Aneinanderreihung gleicher Elemente war aber nicht nur charakteristisch für die Architektur, sondern betraf wie immer das gesamte Designgeschehen vor und nach der Jahrhundertwende. In reichen Bürger- und Adelshäusern gab es dazu die passende Inneneinrichtung im napoleonischen Empirestil samt antikisierender Damenmode. Hinzu kamen noch ägyptische Motive.

Die Schriften des klassizistischen Stils entwickelten sich schon früh in den Werkstätten der Druckerdynastie Didot in Paris. Raffinement durch Kontrast einerseits und Eleganz durch Verzicht auf überflüssigen Zierrat andererseits charakterisieren die Schriften und die Typografie von François Ambroise Didot und seinen Söhnen. Ihre und Baskervilles Bücher mit den weit gesperrten Versaltiteln zeigen, dass das klassizistische Empfinden die Typografie bereits bestimmte, bevor es ausgesprochen klassizistische Schriften gab. Didots Sohn Firmin Didot setzte die Umgestaltung der bisherigen Antiquaform und ihrer Struktur im Stil des Klassizismus konsequent fort. Mit dem Verzicht auf die traditionellen Proportionen und der Einführung des Prinzips der Reihung gleicher Elemente in den Schriftentwurf wurden

Salon im Empire-Stil zur Zeit Napoleon Buonapartes. Anfang 18. Jh.

die schmalen Buchstaben wie B, E, F, K oder L breiter als gewohnt und die breiten Buchstaben schmaler. Damit beraubte Firmin Didot die Antiqua ihrer Dynamik. Seine Type ist zwar vornehm, aber ziemlich steif. Das liegt einerseits an der konsequenten Angleichung der Buchstaben, die auf gleich breiten Rechtecken und Ovalen statt auf den unterschiedlichen Formen von Kreis, Quadrat, Dreiviertelquadrat und Halbquadrat aufgebaut sind, und andererseits an der Struktur, für die er den Kontrast der Linien weiter steigerte und die Serifen zu zarten Strichen werden ließ. Kurzum, seine Schrift wird nicht mehr vom lebendigen Rhythmus, sondern vom gleichmäßigen Takt bestimmt. Eine klassizistische Antiqua ist also keinesfalls einfach eine schmale Antiqua. Gleichmäßig schmale Ausführungen der Antiqua hat es in Inschriften aus Platzgründen seit den Römern immer gegeben, aber dabei wurden die schmalen Buchstaben nicht breiter und der Strichkontrast nicht größer. Die klassizistische Schrift behält ihren Charakter auch dann, wenn kein Platzmangel herrscht. Ein großer Weißraum gehört zur klassizistischen Typografie dazu.

HORATIUS

Titelzeile von Pierre Didot. Die Serifen sind nur noch waagerechte Striche. 1799.

Von Fournier, Baskerville und Didot beeindruckt und beeinflusst, entwickelte der aus einer Druckerfamilie stammende Giambattista Bodoni in *Parma* als Leiter der herzoglichen Druckerei eine bewundernswerte Tätigkeit, die ihn neben den Didots zum erfolgreichsten Drucker, Schriftschneider und Schriftgießer im damaligen Europa werden ließ.

BCDEGJKMOPRS
BCDEGJKMOPRS

Gegenüberstellung einer humanistischen und einer klassizistischen Antiqua.

„... aus dem Geist der Nation und des Jahrhunderts heraus“ wie er selber geschrieben hat, schuf er seine berühmte klassizistische Antiqua. Anfangs ahmte er noch ungeniert die Schriften Fourniers nach, die er für seine Druckerei bestellt hatte. 1788 erschien sein erstes Manuale Tipografico, mit dem er seine Schriften bekannt machte, noch im Rokokostil Fourniers. Erst danach verlegte er sich ganz auf die Erfindung klassizistischer Schriften. Er steigerte den Schriftkontrast und bildete die tropfenförmigen Ausgangsstriche bei a, c, f, g und r zu Kugeln. Bodonis große Leistung auf dem Gebiet der Typografie ist die konsequente Anwendung der von Baskerville und den Didots übernommenen, ausschließlich von der Schrift bestimmten Gestaltung der Seiten. Im Vorwort zum zweiten Manuale, das nach seinem Tod im Jahr 1818 herauskam, betonte er: *„Ein Buch wird umso mustergültiger, je reiner die einfache Schönheit der Typen in ihm zur Wirkung kommt.“* Und das Stilempfinden des Klassizismus charakterisierend fährt er fort: *„Hinzu kommt, dass in den schönen Wissenschaften wie in der Philosophie der Geschmack der Kenner sich mehr und mehr dem Einfachen und Herben zugewandt hat und eine Schönheit ohne jedes Ornament, das ja doch nur entliehen wäre, jeder anderen vorzieht.“* Seine zum Teil höchst artifiziellen Schriften waren nur anwendbar, weil die Papierfabriken in der Lage waren, hochweiße und sehr glatte Papiere zu liefern, und weil er große Buchstaben auf großen Formaten druckte. Die gewaltigen, höchst luxuriös ausgestatteten Folianten dienten seinen fürstlichen und königlichen Auftraggebern mehr zum Betrachten und Zeigen als zum Lesen. Es gefiel ihm gar nicht, dass Firmin Didot seine Schriften als untauglich für den normalen Druckereibetrieb bezeichnete und meinte, die überfeinen Striche drückten sich in das Papier ein und nutzten sich schnell ab. Ein Orden von Napoleon und dessen finanzielle Unterstützung mag Bodoni getröstet haben. Offenbar brauchte sich Bodoni um die Rentabilität der herzoglichen Druckerei keine Gedanken zu machen. Wie sonst hätte er es sich erlauben können, das Vaterunser in 155 Sprachen und in deren verschiedenen von ihm geschnittenen Alphabeten zu drucken. Das hatte vor ihm nur die Imprimerie Royale in Paris gekonnt, die es aber nur auf 150 Sprachen gebracht haben soll.

P.

VIRGILII

MARONIS

OPERA

TOMVS I.

PARMAE

IN AEDIBVS PALATINIS

CIↃ IↃCC XCIII.

TYPIS BODONIANIS.

Titelseite von Giambattista Bodoni 1793.

CIↃ IↃCC XCIII.

Eine nicht nur von Bodoni, sondern auch für Hausinschriften gern angewandte Schreibweise der Jahreszahl 1793 mit anderen römischen Ziffern. Die Ziffer CIↃ steht für tausend, IↃ für 500. CCIↃↃ war 10.000 usw.

Auch in Deutschland entstanden noble Schriften nach klassizistischem Muster, 1790 von Johann Carl Ludwig Prillwitz in Jena und 1798 von Justus Erich Walbaum in Weimar. Letzterer lernte als Konditor die Herstellung von metallenen Gussformen für Pralinen und Bonbons. Er bildete sich weiter zum Medailleur und kam so zum Stempelschnitt und Schriftguss und endlich zur eigenen Schriftgießerei. Walbaums Antiquaschnitte erkennt man an der Behandlung des ß. Er kam aus der Frakturtradition, also kombinierte er nicht das lange mit dem runden s wie Prillwitz, und wie das für die Antiqua üblich und auch in diesem Text zu sehen ist, sondern er schnitt sein scharfes S, wie er es von der Fraktur gewohnt war, aus einem langen s und einer Form, die einer 3 gleicht. Diese typisch deutsche Form – die Amerikaner nennen sie „the german B" – sollte sich in verschiedenen Antiquaschnitten bis ins 20. Jahrhundert halten, wo sie sogar noch in den Groteskschriften Futura und Helvetica vorkommt.

Die neuen Schriften wurden zunächst von den Schriftstellern und Dichtern, insbesondere denen der Weimarer Klassik, also von Herder, Wieland, Schiller, Goethe und anderen, lebhaft begrüßt und hochgelobt. Als sich jedoch herausstellte, dass die für deutsche Leser ungewohnte Schrift dem Absatz hinderlich war, legte sich die anfängliche Begeisterung schnell, und die Dichter und ihre Verleger ließen die folgenden Auflagen wieder in Fraktur erscheinen. Bezeichnend ist ein Brief von Goethes Mutter an ihren Sohn, worin sie ihm mitteilte, wie froh sie sei, dass er seine Bücher nicht mehr mit den ihr „fatalen lateinischen Lettern" erscheinen lasse, und ihn bat, er möge deutsch bleiben auch in seinen Buchstaben.

Das von der Fraktur stammende ß der klassizistischen Walbaum-Antiqua.

Inzwischen hatte sich der Wind gedreht: aus England war die Romantik nach Deutschland gedrungen und mit ihr ein neues Interesse am Mittelalter. Das galt zunächst für die Literatur, aber auch die Malerei war davon betroffen, jedenfalls soweit es die Wahl der Themen mit häufig christlichen Motiven betraf. Eine ganz neue Liebe zur Natur gehörte ebenfalls zu diesem Lebensgefühl. Es entstanden die berühmten Gartenanlagen im englischen Stil, die zuerst mit klassizistischen Skulpturen von Göttinnen und Nymphen und kleinen Tempeln bestückt wurden, aber schon bald auch mit einem „gotischen Haus" oder einer künstlichen Burgruine. Die Hinwendung zur Literatur des Mittelalters machte mit den Minnesängern bekannt und hob den unbekannten Autor des Nibelungenlieds in den Rang Homers. Man holte sich das Mittelalter in die Gegenwart, indem man auf dem Reißbrett neogotische Kirchen und Rathäuser entstehen ließ. Dies und ein gegen Napoleon entstandenes neues deutsches Nationalbewusstsein führten dazu, dass sich die als „französisch" diffamierte Antiqua gegen die „deutsche Schrift", nicht durchzusetzen vermochte. Ihr blieb jedoch die wissenschaftliche Literatur vorbehalten – aus Rücksicht auf die internationale Verbreitung.

Die Schrift wird Dienerin der Reklame

Zum Ende des 18. Jahrhunderts setzte mit dem vermehrten Einsatz der Dampfmaschine die Industrialisierung ein. 1825 fuhr die erste englische und 1835 die erste deutsche Eisenbahn. Von der Industrie wurde nicht mehr, wie in den Handwerksbetrieben, nur auf Bestellung produziert, sondern für den

Diese Londoner Plakatwand von 1835 zeigt auch die untenstehende kräftige Clarendon.

ABCDEFG
HIJKLMN
OPQRSTU
VWXYZ

Markt. Um die neuen Produkte verkaufen zu können, brauchte man gedruckte Werbemittel, die Aufmerksamkeit erzielten.

Nachdem Alois Senefelder 1798 die Lithografie erfunden hatte, wurde es leichter, auffallende Drucksachen für die Werbung herzustellen, als zuvor mit dem Buchdruck oder dem Kupferstich. Der Stein bot keinerlei Widerstand und erlaubte das Zeichnen beliebiger Schriften. Eine Situation, die man heute mit den Möglichkeiten durch die Computerprogramme vergleichen kann. Die Schrift konnte jetzt farbig werden. Um für die Werbung mit den Lithografen mithalten zu können, blieb den Schriftgießereien nichts anderes übrig, als zu versuchen, den Formenreichtum der Lithografie zu kopieren. Ging es bisher um die gute Gestaltung, die gute Lesbarkeit und die Ästhetik der Typografie, so kam es bei der immer anspruchsvoller werdenden Werbung auf die Auffälligkeit an. Also wurden die Antiqua-Buchstaben fetter und fetter geschnitten. Vielfach wurden die zu Flächen gewordenen Striche mit Ornamenten versehen. Die Buchstaben erhielten Schatten, wurden dreidimensional und perspektivisch.

BREMEN CHEMNITZ
CHARLES. KANTON
BENKO DORUS WILHELMSBAD

Dekorative Bleisatz-Druckschriften, die sich gegen die Lithografie behaupten mussten.

Ein typisches und dennoch langlebiges Kind dieser Zeit ist die *Clarendon*, die Benjamin Fox 1845 geschnitten hat und die immer noch, wenn auch als Neuschnitt, in Werbemitteln wirkungsvoll auftreten kann. Sie wird fälschlich als Egyptienne bezeichnet, obwohl sie unverkennbar eine klassizistische Antiqua ist, wenn auch mit kräftigen Serifen und einem weniger ausgeprägten Strichkontrast.

Gotik oder Renaissance – was darf´s sein?

Die fortschreitende Industrialisierung Europas mit zunehmender technischer Perfektion erlaubte es, für Hausfassaden, Möbel und sonstige Produkte jeden gewünschten Stil anzuwenden ohne Bezug zum jeweiligen Zweck oder gar zur Gegenwart. Gotik, Renaissance, Barock – wie hätten Sie's gern? Die neuen Möglichkeiten erlaubten fast alles, und das war entschieden zu viel. Es ging das Maß verloren und der Sinn für Qualität im Entwurf. Wenn alles möglich ist, will man das auch zeigen. Dieser *Historismus* hatte seine begeisterten Anhänger: *„Wir sind gerade dadurch, dass kein eigener Stil uns beherrscht, dass wir aber alle Stilgattungen mit Geist und Verständniss zu beherrschen vermögen, in der glücklichen Lage, für jeden Inhalt die angemessene Form zu suchen und anzuwenden.“* Da aber die wenigsten in der Lage waren, die angemessene Form zu finden, kam es zu einer allgemeinen Stillosigkeit. Ein Gebiet entzog sich allerdings dieser Willkür, das war der Maschinen- und Ingenieursbau. Für Lokomotiven, Druckmaschinen oder Eisenbahnbrücken gab es keine Spielmöglichkeiten. Sie unterlagen einzig der Funktion, der Effizienz und der Statik. Das reibungslose Ineinandergreifen Hunderter von Einzelteilen zum Beispiel bei einer Monotype-Schriftgießmaschine erregt immer noch unsere Bewunderung, vorausgesetzt man hat das Glück, ihr noch zu begegnen. Schrift und Buch und erst recht Grab- und Denkmäler unterlagen leider

Historistische Initiale des 19. Jh.s.

nicht den Zwängen der Mechanik und der Statik und konnten darum für die Präsentation größter Geschmacklosigkeit missbraucht werden. Das galt für das viktorianische England ebenso wie für das wilhelminische Deutschland.

Der mit dem Kapitalismus wachsende bürgerliche Wohlstand der sogenannten *Gründerzeit*, an dem die Arbeiter kaum teilhatten, forderte nicht nur sozialistisch engagierte Männer heraus, sondern auch sozialistische Träumer und Schwärmer, die die Welt durch Schönheit heilen wollten. *„Aufgabe der Kunst ist es, dem Arbeiter das wahre Ideal eines erfüllten und vernünftigen Lebens vor Augen zu führen, eines Lebens, in dem die Wahrnehmung und die Erzeugung von Schönheit, jener eigentliche Genuss wirklicher Freude, als für den Menschen ebenso notwendig empfunden werden wird wie sein tägliches Brot."* Dies sagte ein Engländer, der finanziell unabhängig war und sich als Maler und Dichter aus Protest gegen hässliche Industrieprodukte mit der handwerklichen Produktion teurer Möbel, Tapeten, Teppiche und Glasfenster befasste, die kein Fabrikarbeiter je zu Gesicht bekam. Es war der schon erwähnte William Morris, der geniale Kopf einer kleinen Gruppe romantischer Künstler, die in der Hinwendung zum Mittelalter, ähnlich den deutschen Präraffaeliten, die Möglichkeit einer Gesundung von Kunst und Handwerk erblickten. Auf der Suche nach dem Ursprünglichen und Echten begegneten sie nicht nur den großartigen Bauwerken, Skulpturen und Bildern der Gotik und der Frührenaissance, sondern sie bewunderten auch alte Handschriften und die noch nicht perfekten Frühdrucke. Daraus entstand bei ihnen die Liebe zu allem von Hand Gefertigtem. Morris, der die Maschinen verdammte, war leidenschaftlich bestrebt, alte Techniken wieder zu beleben oder ihr Aussterben zu verhindern. Zu diesen alten Techniken gehörten auch das Schriftschreiben, Stempelschneiden, das Drucken auf der Handpresse und das Herstellen handgeschöpften Papiers. William Morris schrieb und druckte Bücher nach mittelalterlichen Vorbildern und entwarf hierzu eigene, nicht sonderlich gelungene Schriften, nicht nur wie schon berichtet im gotischen, sondern auch im venezianischen Stil nach Jenson. Didot, Bodoni, ja sogar Baskerville verachtete er wegen ihrer von ihm als dürftig empfundenen Gestaltung. Er dagegen versah die Seiten seiner Bücher derart reich mit floralen Rändern, Initialen und romantischen Holzschnittillustrationen, dass sie mehr Ähnlichkeit mit einem vollgestopften viktorianischen Salon, als mit einem venezianischen Frühdruck hatten. Trotz revolutionärer Absichten kann eben keiner dem Stil seiner Zeit entrinnen. Das gilt auch für die anderen Arbeiten von Morris. Dennoch, was er angestoßen

Titelseite eines Buches der Kelmscott-Press von William Morris.

hatte, sollte zu einer unaufhaltsamen Bewegung werden, die in England den Namen *Arts and Crafts Movement* erhielt und in Deutschland zur Gründung der *Kunstgewerbeschulen* und damit zur Aufwertung handwerklicher Tätigkeiten führte.

Zierbuchstabe von Andrey Beardsley.

Jugendstil und Schriftreform

Lange vor Morris, etwa von 1850 an, als in England noch klassizistische Schriften den Buch- und Zeitungsmarkt beherrschten, versuchten bereits einzelne englische Drucker mit Erfolg, unter der Bezeichnung Old Style und Mediaeval (mittelalterlich) Schriften im Stil der Renaissance nachzuschneiden. Einem französischen Schnitt dieser Art, der *Augustea* aus Lyon, gelang es dagegen nicht, sich im Frankreich der klassizistischen Schriften durchzusetzen.

In Deutschland sollte „Mediäval" bis nach dem Zweiten Weltkrieg die Bezeichnung für die nach Renaissance-Vorbildern geschnittenen Druckschriften bleiben. Mit „Antiqua" war dagegen die klassizistische Antiqua gemeint. Gegen Ende des 19. Jahrhunderts und nach der Jahrhundertwende wurden die Old Style Schriften immer erfolgreicher und eroberten sich wegen ihrer deutlich besseren Lesbarkeit auch die Zeitungen in England und Amerika. Gleichzeitig brachten amerikanische Gießereien Schriften dieser Art auf den Markt, die in überarbeiteter Form zum Teil noch heute gebraucht werden, wie die *Franklin Old Style, Goudy Old Style* oder *Century Old Style*.

Jugendstilschrift aus Nancy.

Im Jugendstil trieb der Individualismus der Entwerfer oft tolle Blüten. Als Leseschriften waren diese Formen natürlich nicht zu gebrauchen, aber sie zierten Hausfassaden und füllten die Anzeigenseiten der Zeitungen und Zeitschriften. Ähnlich dem heuti- gen Treiben mancher Entwerfer, denen der Computer dazu alle Freiheiten bietet.

Der Vater der Schriftreform und modernen Schriftgestaltung war der schon erwähnte Edward Johnston, ein Schüler von Morris, der sein ungeliebtes Medizinstudium aufgab, um sich ganz dem Schriftschreiben und -zeichnen zu widmen. Er studierte im Victoria and Albert Museum die mittelalterlichen Schriftformen und ihre Entstehung, um den im Historismus durch Unverständnis verkommenen Schriften wieder zur wahren Form zu verhelfen. Im Gegensatz zu Morris zeichnete er die alten Schriften nicht nach, sondern schrieb sie, um sich die Formen anzueignen, mit den gleichen Rohr- und Kielfedern, wie sie die mittelalterlichen Mönche und die Humanisten verwendet hatten.

Johnston unterrichtete in London, und eine seiner Schülerinnen war die uns ebenfalls schon bekannte Anna Simons aus Deutschland, die auch die Übersetzung seines Buches *Writing and Illuminating and Lettering* besorgte.

Peter Behrens berief sie an die Düsseldorfer Kunstgewerbeschule, wo sie Johnstons Unterricht in Deutschland einführte. Damit gab sie für Jahrzehnte die Richtung für den Schriftunterricht an Kunstgewerbeschulen und Akademien in Deutschland an; sehr zur Freude der Schreibfedernhersteller, für die sich dadurch ein ganz neuer Markt auftat.

Von Peter Behrens und Anna Simons stammt übrigens die Inschrift „Dem deutschen Volke" über dem Reichstagsportal. Eine noch vom Jugendstil beeinflusste Mischung aus Antiqua und Unziale.

Inschrift des Reichstags-Gebäudes in Berlin von Peter Behrens und Anna Simons 1898.

Im 20. Jahrhundert erlebte die Antiqua kurz vor dem Ersten Weltkrieg eine Erneuerung durch die Entwürfe namhafter Künstler, die ich zum Teil im Kapitel über die gebrochenen Schriften vorgestellt habe, die aber alle auch Antiqua-Druckschriften entworfen haben. Viele von Ihnen waren Maler. Peter Behrens, Maler und Architekt, erhielt von der Schriftgießerei Klingspor 1901 den Auftrag, eine neue Druckantiqua zu schaffen. Behrens stand am Beginn der Neuen Sachlichkeit und des Funktionalismus. Er orientierte sich an der strengen Schrift des *Codex argenteus* mit der Abschrift der Bibelübersetzung des Gotenbischofs Wulfila aus dem 6. Jahrhundert und schrieb seine Schrift, die *Behrens-Antiqua*, mit der Breitfeder. Von Behrens stammt der kluge Satz: *„Ein neuer Schriftcharakter kann sich nur organisch, fast unmerklich aus der Tradition heraus entwickeln, im Einklang mit der Neugestaltung des geistigen und materiellen Stoffes der Zeit"*.

Ein Beispiel ornamentaler Schrift von Rudolf Larisch. Wien 1906.

1906 erschien das Buch *Unterricht in ornamentaler Schrift* von Rudolf Larisch, Professor an der Wiener Kunstgewerbeschule, das den Umgang mit der Schrift nicht nur in den Printmedien, sondern auch auf verschiedenen Materialien und an Gebäuden behandelt.

Codex argenteus um 500. Abschnitt der Bibelübersetzung des Gotenbischofs Wulfila in gotischer Sprache. Silberne Schrift auf purpurfarbenem Pergament. Die Schrift ist jetzt schwarz.

Das Vaterunser in gotischer Sprache. Druckschrift Bodonis nach der Wulfilabibel. Ein Gemisch aus lateinischen und griechischen Buchstaben mit Runen.

Wie ſich in der Architektur ein voller Schein des ganzen Wogens einer Zeit und äußeren Lebens eines Volkes widerſpiegelt, ſo deutet die Schrift Zeichen inneren Wollens, ſie verrät von Stolz und Demut, von Zuverſicht und Zweifel der Geſchlechter. BEHRENS

Behrens-Antiqua. Angeregt durch die Buchstaben der Wulfilabibel. Offenbach 1907.

In England, Amerika und vor allem in Deutschland entstanden namhafte Privatpressen, die meist nach dem Vorbild der Renaissanceschriften ihre eigenen Typen entwarfen und das teure bibliophile Buch in kleinen Auflagen kultivierten, möglichst mit Originalillustrationen in Form von Holzschnitten, Radierungen oder Lithografien; sie erhoben wie Morris das Buch zum Kunstwerk.

Auch Emil Rudolf Weiss und Walter Tiemann waren Maler und Buch- gestalter, die dann zur Schrift kamen. Weiß lernte Anna Simons kennen, als er ein Porträt von Peter Behrens malte. Er ließ sich von ihr in die neue Art der Schriftgestaltung einführen. Bedeutende Buch- und Schriftgestalter waren außer den Genannten noch Fritz Helmut Ehmke, Friedrich Wilhelm Kleukens und der Ehmkeschüler Ernst Schneidler.

beheld the linen clothes laid by themselves, and departed, wondering in himself at that which was come to pass.

BEHOLD, TWO OF THEM WENT THAT SAME DAY TO A VILLAGE CALLED EMMAUS, WHICH WAS FROM JERUSALEM ABOUT THREE-score furlongs. And they talked together of all these things which had happened. And it came to pass, that, while they communed together and reasoned, Jesus himself drew near, and went with them. But their eyes were holden that they should not know him. And he said unto them, What manner of communications are these that ye have one to another, as ye walk, and are sad? And the one of them, whose name was Cleopas, answering said unto him, Art thou only a stranger in Jerusalem, and hast not known the things which are come to pass there in these days? And he said unto them, What things? And they said unto him, Concerning Jesus of Nazareth, which was a prophet mighty in deed and word before God and all the people: And how the chief priests and our rulers delivered him to be condemned to death, & have crucified him. But we trusted that it had been he which should have redeemed Israel: and beside all this, to day is the third

208

Titelseite des Neuen Testaments der Golden Cockerel Press. Schrift, Typografie und Illustrationen von Eric Gill. London nach 1920.

Rudolf Koch hat eine Antiqua ganz eigener Art entworfen, die mit der Feder unter unterschiedlich starkem Aufdrücken geschrieben wurde und mehr der humanistischen Minuskel ähnelt, als einer Druckantiqua. Das zeigt, dass dieser Meister der gotischen Schrift zum klassischen Charakter der Antiqua keine rechte Beziehung hatte, auch wenn er ihr einen Hexameter widmete: *„Ernste, Gemessene du, klassischen Geistes erhabene Künderin,…“* Es war wohl der klassische Geist, der dem zum Expressionismus neigenden Rudolf Koch nicht sonderlich gelegen haben dürfte.

Vieles von dem, was nach dem Zweiten Weltkrieg und dem gleichzeitigen Ende des „Dritten Reiches“ von meiner Designergeneration als neu erlebt wurde, hatte bereits vor dem Ersten Weltkrieg begonnen. Damals schon gab

Beispiele für Antiqua-Druckschriften der ersten Hälfte des 20. Jahrhunderts

FRÜHJAHRSKLEIDER — Genzsch-Antiqua, Friedrich Bauer 1906

SCHRIFT UND KUNST — Weiß-Antiqua, Emil Rudolf Weiß 1926

DEUTSCH OPERNHAUS — Orpheus, Walter Tiemann 1928

EINE FRISCHE QUELLE — Post-Antiqua, Herbert Post 1937

BESTEN SCHÖPFUNGEN — Trajanus, Warren Chappell 1940

es den einheitlichen Firmenauftritt, zumindest was die Drucksachen mit der immer gleichen Schrift und die Werbemittel samt Fahrzeugen betraf.

Mit der Regierungsübernahme durch Adolf Hitler 1933 erhielten diejenigen Deutschtümler Oberwasser, die für den ausschließlichen Gebrauch der Fraktur kämpften. Ihr Traum von der vollständigen Verdrängung der Antiqua ging jedoch nicht in Erfüllung. Für seine staatliche Repräsentation bevorzugte das „Dritte Reich" die Antiqua. Sie wurde zudem für geeigneter befunden, die nationalsozialistischen Bauten und Denkmäler im Stil des herrschenden Brutalklassizismus zu beschriften, als eine gotische Schrift.

Nachdem Hitler 1941 den Gebrauch der Fraktur für alle amtlichen Drucksachen und Veröffentlichungen sowie für Zeitungen und Schul- und Lehrbücher verboten hatte, brachten die deutschen Schriftgießereien zunächst ihre vorhandenen Antiquaschriften auf den Markt. Zu den wich-

Grabmal im Stil der vierziger Jahre. Typisch ist der durch Größenunterschiede und Sperrungen erzwungene Schriftblock. Wien 1950.

tigsten gehörten die *Stempel Garamond* von 1925, die *Bauer Bodoni* von 1926, die *Weiß Antiqua* von 1928, die *Schneidler Antiqua* von 1936 und die *Postantiqua* von 1937. Als Zeitungsschriften spielten die *Excelsior* von 1931 und die *Candida* von 1936 die größte Rolle. Auch ohne ausdrückliches Verbot verschwand die Fraktur nach und nach auch aus den belletristischen Büchern.

Ab 1950 kamen dann Schlag auf Schlag neue Antiquaschriften auf den Markt. So erschienen von Hermann Zapf *Melior* 1952, *Palatino* 1950, *Aldus* 1954 und *Optima* 1958, von Georg Trump *Trump-Mediaeval* 1954, von Walter Baum *Imprimatur* 1954, von Günter Gerhard Lange *Concord* 1969 und viele andere. Zunächst mit dem Fotosatz und später mit der Digitalisierung erreichten uns die englischen und amerikanischen Fonts und machten uns mit Schriften bedeutender angloamerikanischer Designer des 20. Jahrhunderts bekannt.

Eine der erfolgreichsten Schriften kam aus England. Ende der 60er Jahre, als die Bleisatzzeit schon zu Ende ging und der Fotosatz eingeführt wurde, gelangte die für den wissenschaftlichen Satz vorzüglich ausgebaute *Times New Roman* von 1932 nach Deutschland. Neben der Groteskschrift *Helvetica* wurde sie rasch eine der beliebtesten Schriften und fehlt noch heute in keinem Computer. Allerdings musste die Times ganz neu gezeichnet werden. Es stellte sich nämlich heraus, dass die Schrift zu scharf und spitz erschien. Es fehlte ihr der leichte Quetschrand, also die Druckfarbe, die vom Bleisatz durch den Druck auf das Papier über die reine Buchstabenform hinausgequetscht wurde. Dieser fehlende Quetschrand musste vom Schriftdesigner für alle Schriften, die vom Bleisatz für den Fotosatz und damit für den Offsetdruck umgezeichnet wurden, berücksichtigt werden. Der Offsetdruck kennt keinen Quetschrand.

DEN·FREUNDEN
DES·VERLAGES
F·A·BROCKHAUS

Von einer solch eleganten Antiqua, wie dieser 1955 von Johannes Boehland für den Brockhausverlag gezeichneten, musste damals für den Druck ein Zinkklischee geätzt werden. Der Schriftblock wurde hier durch unterschiedliche Spationierung der Zeilen erreicht.

ABCDE
FGHIJK
LMNOP
QRSTU
VWXYZ

Weil Hermann Zapf kein anderes Stück Papier dabei hatte, zeichnete er 1950 in der Kirche Santa Croce in Florenz eine ihn beeindruckende Renaissance-Schrift auf diesen 1000 Lireschein.
1958 erschien die *Optima*.

Viele Antiquaschriften sind seither entstanden, und die Schriftenhersteller bringen immer neue heraus oder überarbeiten historische Schriften, die sie dann um halbfette, fette und möglichst extrafette Versionen erweitern – eine Vereinnahmung, die mit dem ursprünglichen Schriftbild oft kaum noch etwas zu tun hat.

ABCDEFGHIJKLMNOPQRS
TUVWXYZ
abcdefghijklmnopqrstuvwxyz

Georg Trump schuf 1953 die kühne *Codex*, die auf die romanische Minuskel, die Urform der Antiqua, zurückgeht.

Da die Antiqua eine Textschrift ist, eignet sie sich für experimentelle Schriftentwürfe nicht so gut wie die Groteskschrift und ist von modischen Spielereien weniger oder nur für kurze Zeit betroffen. Seit dem Klassizismus hat sie keine grundlegende Neuerung mehr erfahren und ist heute in ihrer humanistischen Form die führende Schrift für Lesetexte; wie zum Beispiel die *Frutiger Serif* von Adrian Frutiger, die Sie gerade lesen. Sie ist eine sogenannte Latine, eine französische Variante mit kräftigen dreieckigen Serifen, wie sie an den Initialen dieses Buches zu erkennen sind.

Im Gefolge der Nostalgiewelle und der folgenden Postmoderne tauchte seit den siebziger Jahren des zwanzigsten Jahrhunderts allenthalben eine Unmenge eigenwilliger Schriften auf. Links im Art-Déco-Stil, unten im Stil der Gründerzeit des 19. Jh.s.

Der Formwandel der Antiqua-Drucklettern

ABCDEFGHIJKLMNOPQR
STUVWXYZ
abcdefghijklmnopqrstuvwxyz

15. Jahrhundert
Nicolaus Jenson

ABCDEFGHIJKLMNOPQ
RSTUVWXYZ
abcdefghijklnopqrstuvwxyz

16. Jahrhundert
Claude Garamond

ABCDEFGHIJKLMNOPQRS
TUVWXYZ
abcdefghijklmnopqrstuvwxyz

17. Jahrhundert
Nicolas Kis

ABCDEFGHIJKLMNOPQRS
TUVWXYZ
abcdefghijklmnopqrstuvwxyz

18. Jahrhundert
Firmin Didot

ABCDEFGHIJKLMNOPQRS
TUVWXYZ
abcdefghijklmnopqrstuvwxyz

19. Jahrhundert
Morris Fuller Benton

ABCDEFGHIJKLMNOPQRS
TUVWXYZ
abcdefghijklmnopqrstuvwxyz

20. Jahrhundert
Robert Slimbach

Die Schönen und die Schnellen, geschrieben und gedruckt

Seite 161
Die Seite zeigt einen Ausschnitt aus einer Vorlage für eine „zeitgenössische Verkehrsschrift" die ALFRED FAIRBANK 1932 herausgegeben hat. In der Nachfolge der englischen Schriftreformer um die Jahrhundertwende, galten seine Bemühungen der Erneuerung der Schulschrift, sowie der Handschrift der Lehrer. Nach dem Vorbild der italienischen Renaissance-Kursiven entwickelte er eine Breitfederschrift, weil er erkannte, dass nur durch das Schreiben mit der breiten Feder die Buchstaben richtig verstanden werden können. Heute fordert der Niederländer Gerrit Noordzij, Professor in Den Haag, den Gebrauch der Breitfeder für Schulanfänger, da damit auch die Lese- und Rechtschreibschwäche verringert werden könnte.

Gedruckt wie geschrieben

15. Jahrhundert

Als um 1400 der mit dem Sammeln und Abschreiben antiker Schriftsteller befasste Kreis Florentiner Gelehrter mit seiner Kalligrafieschule die Buchschrift nach dem Vorbild der romanischen Minuskel erneuerte, gab es kein entsprechendes Vorbild für eine neue Briefschrift. Also gebrauchten sie, die man später die Humanisten nannte, für ihren Schriftverkehr und die Marginalien, die Anmerkungen am Rand der Bücher, weiter ihre gotischen Kursiv- und Kurrentschriften. Erst allmählich entwickelten sie aus ihrer Buchschrift, den humanistischen Minuskeln, eine flüchtiger zu schreibende Kursive mit zusammenhängenden Buchstaben. Ein paar gotische

Humanistische Kursive, geschrieben 1517.

Eigentümlichkeiten sind ihr bis heute geblieben: das einstöckige kleine a, das h mit dem runden Abstrich, der sich so lange in der Druckantiqua gehalten hat, der i-Punkt, die Unterlänge vom f und das kleine g mit der einfachen Schlinge.

Die Kanzlisten der römischen Kurie, die *scrittori di brevi apostolici*, ließen der humanistischen Kursive ihre besondere Pflege angedeihen. Nachdem Papst Eugen IV. eine Trennung zwischen der Schrift der feierlichen päpstlichen Bullen und Enzykliken, der gotischen *Lettera di Bolle*, und der schneller zu schreibenden Schrift für Briefe und Breven, der *Lettera di Brevi,* eingeführt hatte, wurden die beiden Schriftarten in getrennten Sekretariaten weiterentwickelt. Die Lettera di Brevi wurde zur Mutter der lateinischen Kursivschriften. Dem hohen Absender entsprechend war das natürlich keine gewöhnliche Handschrift, sondern im Gegenteil eine elegante und festliche, aber nicht übermäßig verzierte Schrift, die bald von den fürstlichen und staatlichen Kanzleien, den Handelskontoren sowie den Renaissanceschreib-

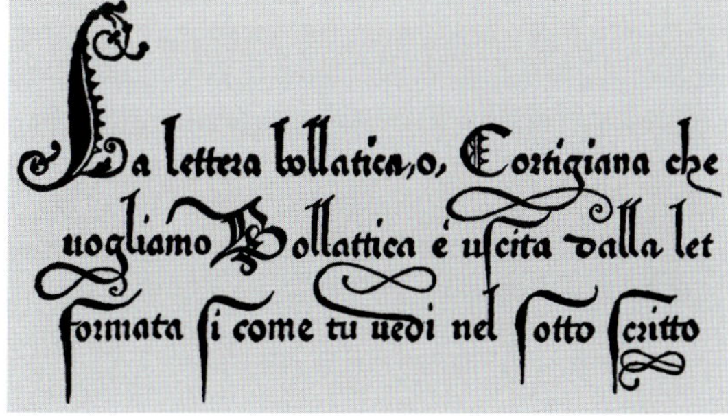

Lettera di Bolle

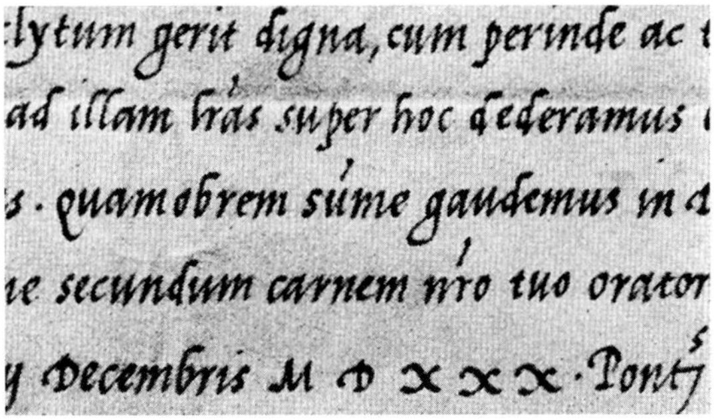
:lytum gerit digna, cum perinde ac t
ad illam lras super hoc dederamus
s· quamobrem sume gaudemus in a
ae secundum carnem nro tuo orator
y Decembris M D X X X· Pont

Lettera di Brevi

meistern des 16. Jahrhunderts übernommen wurde. Diese machten daraus die Kanzleischrift *Lettera Cancellaresca Corsiva*, die in der *Zapf Chancery* von Hermann Zapf und der *Poetica Chancery* von Robert Slimbach für den Computer wiedererstanden ist.

Die erste kursive Druckschrift war eine griechische Type, die Aldus Manutius von Griffo schneiden ließ. Ihr folgte 1501 die erste lateinische Druckkursive vom selben Stempelschneider, geschnitten nach einer humanistischen Kursive. Die Großbuchstaben waren damals noch kleine geradestehende Antiquaversalien. Die erfolgreiche Kursive wurde vielfach kopiert. Nachdem Griffo sich von Aldus getrennt hatte, schnitt er neue, größere Kursiven für sich und andere Drucker.

War das Herausschneiden und Feilen von geradestehenden Drucklettern aus Stahlklötzchen schon eine höchst diffizile Angelegenheit, so galt dies in noch größerem Maße für das Schneiden von Kursivschriften. Der Stempelschneider brauchte dazu nicht nur hervorragendes fachliches Können, sondern darüber hinaus auch subtiles Einfühlungsvermögen in die Formensprache der Kursive. Auf den oft winzigen Querschnitt des Stahlstempels musste die Zeichnung des Buchstabens seitenverkehrt aufgebracht und mit dem Stichel so herausgearbeitet werden, dass Lebendigkeit und Feinheit der Vorlage gewahrt blieben. Das Einschlagen des Stempels in die Kupfermatrize und das Ausgießen derselben durfte der dabei entstehenden Letter nichts anhaben. Es versteht sich von selbst, dass später beim Druck an den so entstandenen zierlichen Bleilettern nichts abbrechen durfte. Obendrein sollte jeder Buchstabe zu jedem anderen im Alphabet passen und ein harmonisches Satzbild ermöglichen.

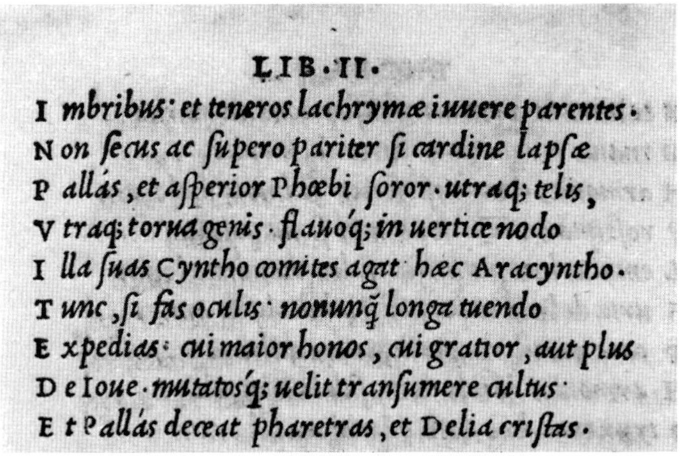
LIB·II·
Imbribus: et teneros lachrymæ iuuere parentes·
Non secus ac supero pariter si cardine lapsæ
Pallás, et asperior Phœbi soror· utraq; telis,
Vtraq; torua genis· flauóq; in uertice nodo
Illa suas Cyntho comites agat· hæc Aracyntho·
Tunc, si fas oculis· nonunq̃ longa tuendo
Expedias: cui maior honos, cui gratior, aut plus
De Ioue· mutatosq; uelit transumere cultus·
Et Pallás deceat pharetras, et Delia cristas·

Erste Druckkursive, von Francesco Griffo geschnitten und von Aldus Manutius gedruckt, Venedig 1501

Die Italic, ein Kind des Vatikans

16. Jahrhundert

Trotz der raschen Verbreitung des von Deutschland ausgehenden Buchdrucks in Italien, Spanien, Portugal, Frankreich und England ging das tägliche Schreiben in Kanzleien und Kontoren weiter. Auch in den Schreibwerkstätten für die Einzelbuchherstellung und die Ausstattung von Luxusexemplaren mit aufwändigen Illustrationen und reichen Dekorationen wurde zunächst fleißig weitergeschrieben. Lange noch zogen reiche Sammler geschriebene Bücher den gedruckten vor. Aber das allmähliche Ausbleiben der Abschreibaufträge

Sancte Andrea or.
Sancte Iacobe or.
Sancte Ioannes or.
Sancte Thoma or.
Sancte Iacobe or.
Sancte Philippe or.
Sancte Bartholomee or.
Sancte Matthæe or.
Sancte Simon or.
Sancte Thadæe or.
Sancte Mathia or.
Sancte Barnaba or.
Sancte Luca or.
Sancte Marce or.
Omnes ſancti Apoſtoli, & Euangeliſtæ, orate pro nobis
Omnes ſancti diſcipuli domini, orate pro nobis
Omnes ſancti Innocentes, orate

Gebetbuch des Kardinals Alessandro Farnese, geschrieben von Francesco Monterchi, ausgestattet von Guilio Clovio, 1546.

für wissenschaftliche Bücher und Lehrbücher bekamen viele Schreiber zu spüren. In unserer Zeit haben wir gerade selbst ein vergleichbares Berufesterben in der Buch- und Zeitschriftenherstellung durch die Einführung der Computertechnik erlebt.

Die großen Könner, die in päpstlichen, kaiserlichen und königlichen Kanzleien saßen oder Kalligrafieschulen leiteten, demonstrierten ihr Können in Schreibmeisterbüchern, die im 16. Jahrhundert große Mode wurden. Einerseits waren es Vorlagenbücher für die Schulen oder den Selbstunterricht, andererseits waren die Beispiele auf den Geschäfts- und Kanzleiverkehr ausgerichtet. Als Schriftmusterbücher hatten sie die Aufgabe, die Vielseitigkeit der Schreibmeister und für Einzelaufgaben deren Überlegenheit gegenüber den Druckereien zu beweisen. Hier konnten sie ihre ganze Virtuosität zeigen. Auch für Drucklettern dienten ihre Kursiven als Vorlagen. Einer der bedeutendsten Kalligrafen zu Beginn des 16. Jahrhunderts war Ludovico degli Arrighi in Rom, der sich Vicentino nannte und sich als *Scrittore de brevi* bezeichnete.

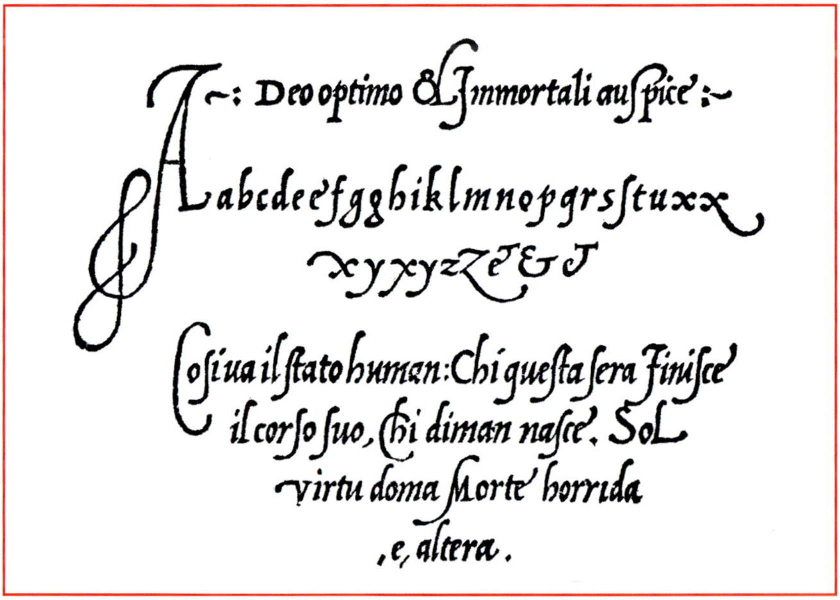

Cancellaresca von Ludovico degli Arrighi, Rom 1522.

Seine Cancellaresca setzt bis heute die Maßstäbe für Schriftdesigner. Von ihm stammen die ersten kursiven Großbuchstaben. Um ihre Alphabetvorlagen drucken zu können, mussten die Kalligrafen diese von Formschneidern in Holz schneiden lassen. Für das Ergebnis bat Vicentino seinen Leser um Nachsicht: *„Ich bitte dich, mich zu entschuldigen, weil der Druck die schreibende Hand nicht völlig darstellen kann.“* Gegen Ende des 16. Jahrhunderts verdrängte die Kupferplatte das Holzbrett. Der Stichel des Graveurs konnte sehr viel feinere Linien wiedergeben als das Messer des Formschneiders, obwohl auch der schon Erstaunliches geleistet hatte.

Ein anderer großer Kalligraf und Schreibmeister in der Mitte des 16. Jahrhunderts war Giovanni Battista Palatino in Rom, der einen sehr inhaltsreichen und informativen Schreiblehrgang veröffentlichte. Er zeigt in seinem Buch auch gebrochene Schriften und nennt die Rotunda nach hundert Jahren noch *Lettera Moderna,* die Fraktur *Lettera Tedesca,* die „deutsche“, und die Textura *Lettera Française* (s. S. 79). Sein Name ist durch Hermann Zapfs *Palatino-Antiqua* jedem Computer-Nutzer bekannt. Die Schreibmeister versuchten, sich durch eine Fülle unterschiedlichster Alphabete zu übertreffen. Auch reicherten sie ihr Angebot mit üppigen Initialen, Verzierungen, Ornamenten und Illustrationen an. Ihre Bücher blieben über Jahrzehnte aktuell und erlebten viele Auflagen.

Die italienischen Handschriften wurden Vorbild für Europa. Seither werden Kursivschriften als *Italique, Italika, Italian Hand* oder *Italic* bezeichnet. In Deutschland, dem Land der Fraktur, setzte sich Caspar Neff in Köln für die Cancellaresca ein. Auch Johann Neudörffer der Jüngere und Wolfgang Fugger versuchten sich an einer Kursive.

In England erhielten Königin Elisabeth I. und der hohe Adel Unterricht in der Kunst, auf italienische Art zu schreiben. Populär wurde die Cancellaresca auf der Insel jedoch nicht so schnell, denn die Verkehrsschrift war

Wolfgang Fugger, Augsburg 1533.

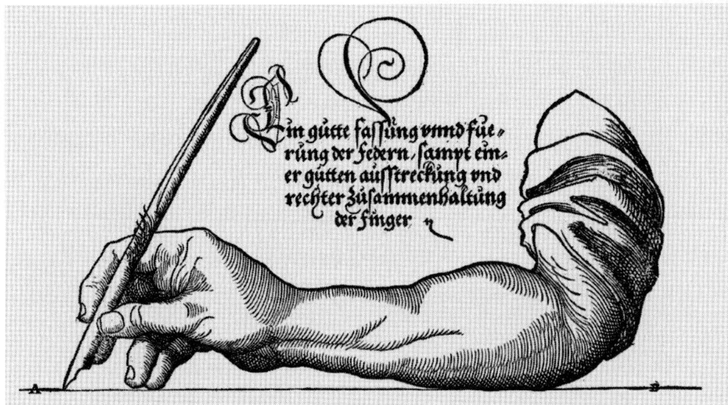

Unten:
Englische Secretaryhand von John de Beauchesne und John Baildon, 1571.

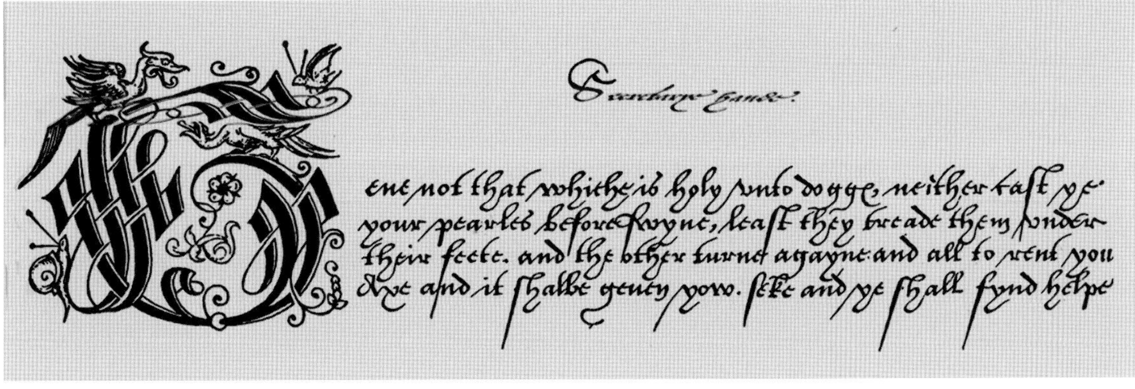

noch lange die gotische *Kurrent*, in England *Secretaryhand* genannt, so dass Shakespeare im 3. Akt von „Was ihr wollt" den Malvolio die Prinzessin Olivia als Absenderin eines Briefes an der „schönen römischen Schrift" zu erkennen glaubte. Das war 1601. Shakespeare selbst schrieb die Secretaryhand.

Frankreich hatte seine spezielle Kurrent, die *Civilité* mit ziemlich skurrilen Versalien. Nachdem der Humanismus in Frankreich Fuß gefasst hatte, entstanden auch dort kursive Drucklettern unter der Bezeichnung *Italique*. Waren es zunächst noch italienische Importe und Kopien, so übernahm in

Hilippe, par la grace de Dieu Roy de
Nauarre, de Naples, de Secille, de M
des, & terre ferme de la mer Oceane
Bourgoingne, de Lothiers, de Braba
de Geldres, & de Milan : Conte de Ha
Bourgoingne : Palatin & de Haynnau
mur, & de Zutphen : Prince de Zwaue

Civilité, geschnitten.
von Robert Granjon, 1570.

der Mitte des 16. Jahrhunderts Frankreich mit Claude Garamond und Robert Granjon die Führung in Europa und lieferte Kursiven sogar nach Italien. Granjon galt zu seiner Zeit als der beste Stempelschneider für Kursivschnitte. Jean Jannons Kursive landete, wie auch seine Antiqua, durch Beschlagnahme in der Imprimerie Royal in Paris, wo sie die Umbenennung in Garamond-Kursiv erlitt, was bekanntlich erst 1926 entdeckt wurde.

A A B B C C D D E E F G G H I J K L
M M N N O P P Q R S T V X Y Z.

Incola ego ſum in terra : non abſcondas a me mandata tua.

Concupiuit anima mea deſiderare iuſtificationes tuas, in omni tempore,

Increpaſti ſuperbos : maledicti qui declinant a mandatis tuis,

Kursive, geschnitten
von Robert Granjon, 1557.

Von der barocken zur englischen Schreibweise

17. und 18. Jahrhundert

Im 17. Jahrhundert war eine Zeit lang Holland führend, sowohl in den Antiquaschnitten als auch in den damaligen Kursivschnitten. Die Spanier kultivierten ihre eigene Kursive, die sie *Redondilla* nannten. Am Ende des Jahrhunderts entstand in Paris, wie beschrieben, die Romain du Roi, zu der natürlich auch eine ebenso konstruierte

Hijo pon tu coraçon firmemente en Dios,
y no temas el juyzio humano quando la
conciencia no te acusa. Bueno y rebueno
es parecer en tal manera, y nó es graue al
coraçon humilde, que confia mas en Dios
que en si mismo. Los mas hablan dema-
siadamente, y por esso se les deue dar poco
credito, y no es possible satisfazer a todos.

Spanische Redondilla, geschrieben 1608.

L'Eneide de Virgile
Traduite en Vers François.
Premiere Partie,
contenant
LES SIX PREMIERS LIVRES:
Auec les remarques du Traducteur aux marges,
pour l'intelligence de la Carthe & de l'Histoire
ancienne, veritable, & fabuleuse.
DEDIEE
à Monseigneur l'Eminentissime
Cardinal Mazarin.

A Paris,
Des caracteres de P. Moreau seul Imprimeur & Graueur ordinaire
du Roy de la nouuelle Imprimerie par luy faite & inuentée: Et se
vend chez sa vefue, vis-à-vis l'Horloge du Palais.
Auec Priuilege de Sa Majesté, 1648.

Buchtitel von Pierre Moreau gedruckt in Paris 1648.

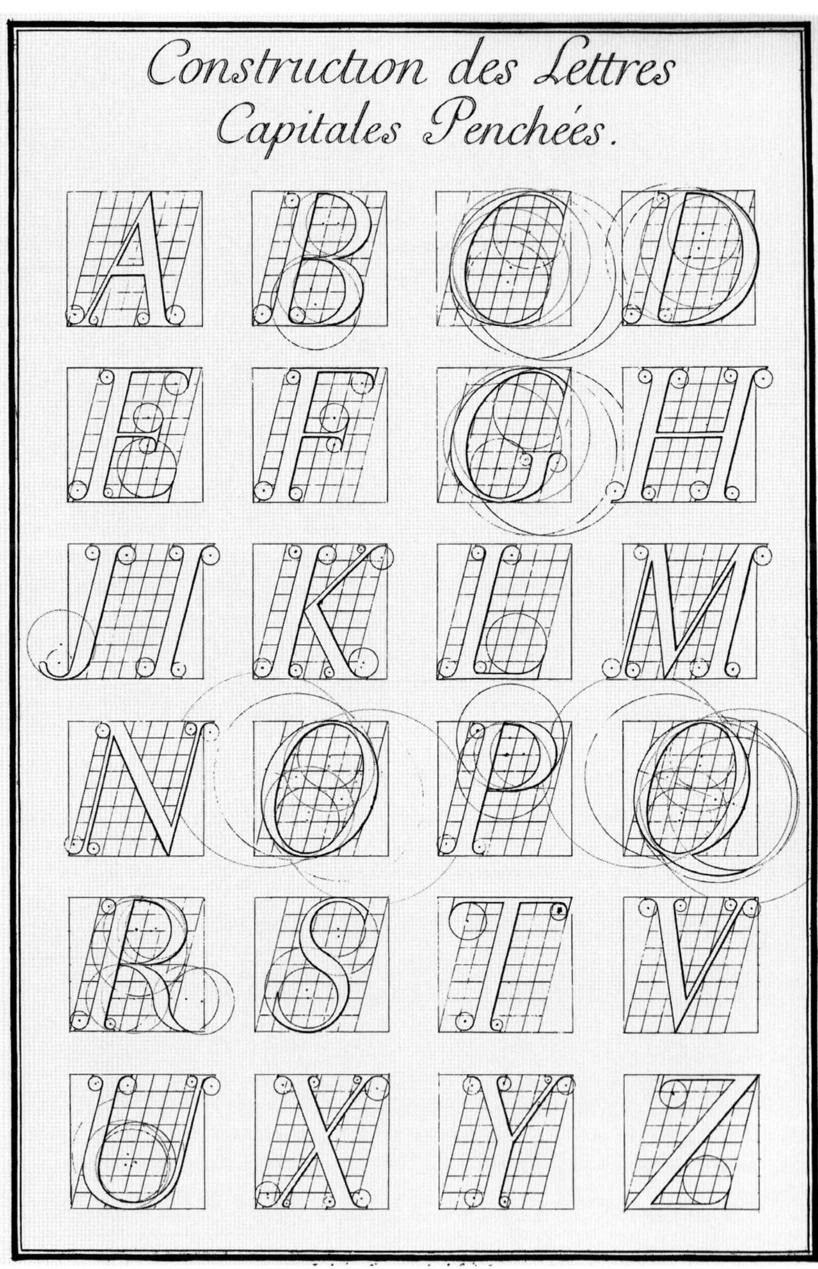

Romain du Roi, gestochen von Louis Simonneau, 1695.

Kursive gehörte, die eigentlich nur eine schräge Antiqua war. Doch die konstruierte Kursive verlor durch den königlichen Stempelschneider Philippe Grandjean beim Schneiden ihr steifes Aussehen.

Zum Ende des 17. Jahrhunderts blühten die Druckschriften förmlich auf. Das ist wörtlich gemeint. Die Stempelschneider übertrafen sich gegenseitig mit ornamentierten Zierschriften in gerader und kursiver Form, in denen es nur so rankte und spross, hauptsächlich natürlich bei den Versalien. Bäume, Blätter, Früchte, aber auch architektonische Elemente, fast alles taugte für die exzentrischen Bild-Alphabete.

FREGI
E
MAJUSCOLE
INCISE E FUSE
DA
GIAMBATTISTA
BODONI
DIRETTORE
DELLA STAMPERIA REALE

A PARMA
NELLA STAMPERIA STESSA
1771

Rokoko-Schriftmuster von Giambattista Bodoni, Parma 1771.

Rokoko-Initiale „C“, Lissabon 1719.

1742 schnitt Pierre Simon Fournier seine Antiqua und seine Kursive in Form einer modifizierten Romain du Roi und war damit sehr erfolgreich. Die nächste Generation, die klassizistischen Schriften von Didot und Bodoni, waren ganz und gar vom Kupferstich beeinflusst und zeigten die gleichen haarfeinen Linien und eleganten Schwünge, aber auch reichlich Schnörkeleien. Vielleicht fand man das damals besonders schick.

Reklame-Schriftzug der Druckerei Enskedé en Zoonen, 18. Jh.

In den die lateinische Schrift schreibenden Ländern führte die Entwicklung im 18. Jahrhundert zu einer Handschrift nach holländischem Vorbild, die nicht mehr mit der breitgeschnittenen, sondern mit der spitzen, tief gespaltenen Gänsefeder geschrieben wurde. Der Strichkontrast ergab sich nicht

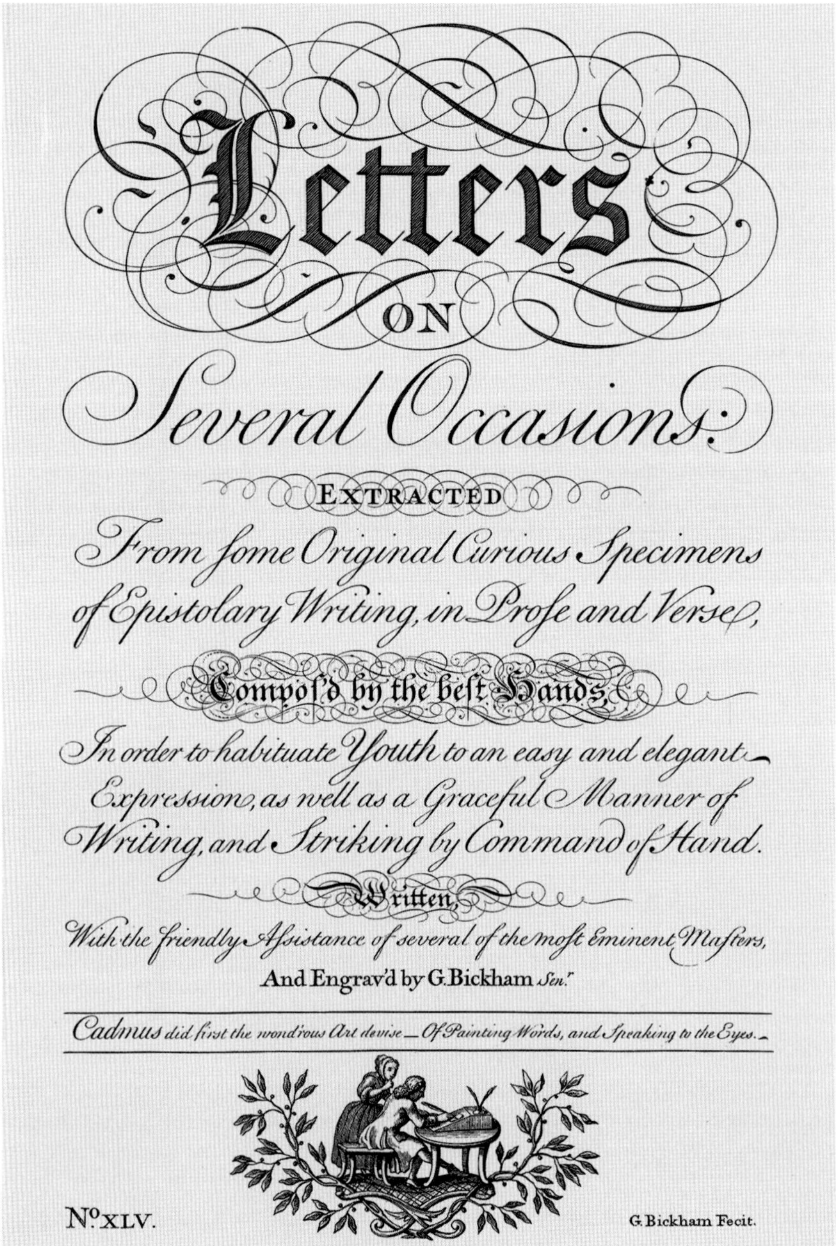

Letters
ON
Several Occasions:
EXTRACTED
From ſome Original Curious Specimens
of Epistolary Writing, in Proſe and Verse,
Compoſ'd by the beſt Hands,
In order to habituate Youth to an easy and elegant
Expression, as well as a Graceful Manner of
Writing, and Striking by Command of Hand.
Written,
With the friendly Aſsistance of several of the moſt Eminent Maſters,
And Engrav'd by G. Bickham Sen.r
Cadmus did first the wondrous Art devise — Of Painting Words, and Speaking to the Eyes.
N.° XLV.
G. Bickham Fecit.

Schreibvorlage, gestochen von George Bickham 1750.

mehr durch den Unterschied von senkrechten und waagerechten Federzügen, sondern durch das Schreiben mit und ohne Druck, also mit einem Schwellstrich. Diese Schrift war typisch für den Geschäftsverkehr. Sie wanderte nach Paris und über den Kanal und kam als *Englische Schreibschrift* auf den Kontinent zurück. Die Engländer nennen sie *Roundhand.* Der Name deutet auf den Gegensatz zur spitzigeren Italian Hand. Meister dieses Schrifttypes waren Charles Snell und George Bickham. Ihre Schreibvorlagen waren gleichzeitig Muster für den Schriftverkehr bei allen denkbaren Gelegenheiten. Der Name Snell begegnet uns heute in der Druckschrift Snell Roundhand. Bickhams großartiges Vorlagenwerk „The Universal Penman“ wurde von ihm selbst in Kupfer gestochen.

Grabmal mit englischer Schreibschrift, Leipzig 1827.

Die deutsche Kurrent

19. Jahrhundert

Im 19. Jahrhundert kamen mit den Neorenaissance-Schriften im venezianischen Stil, den *Old Style-* und *Mediävalschriften,* auch darauf abgestimmte Kursiven in die Setzkästen. Die weitere Entwicklung sieht die Kursive nicht mehr als eigenständige Schrift, sondern sie erscheint hauptsächlich mit einer Antiqua im Doppelpack. Wobei sich die Entwerfer noch immer an den Renaissanceschriften orientieren.

Dem zum Ende des 19. Jahrhunderts zunehmenden Verfall der Schriftformen versuchten, wie schon berichtet, die englischen Schriftreformer, allen voran Edward Johnston, mit dem Kopieren und Erneuern alter Schriften zu begegnen. Johnston nahm sich die italienischen Handschriften der Humanisten zum Vorbild und schuf daraus seine Schrift- und Schreibvorlagen sowohl für die Antiqua, als auch für die Kursive.

In seiner Nachfolge erwarb sich Alfred Fairbank große Verdienste auf dem Gebiet der Schulschrift. Er kümmerte sich auch um die Handschrift der Lehrer. Er hatte die italienischen Kursiven der Renaissance studiert und

Come & sit under my stone pine that
murmurs so honey sweet as it bends to
the soft western breeze; & lo this honey
dropping fountain, where I bring sweet
sleep, playing on my lonely reeds –

Schreibvorlage für Lehrer im Sinne Alfred Fairbanks von M. M. Bridges 1898

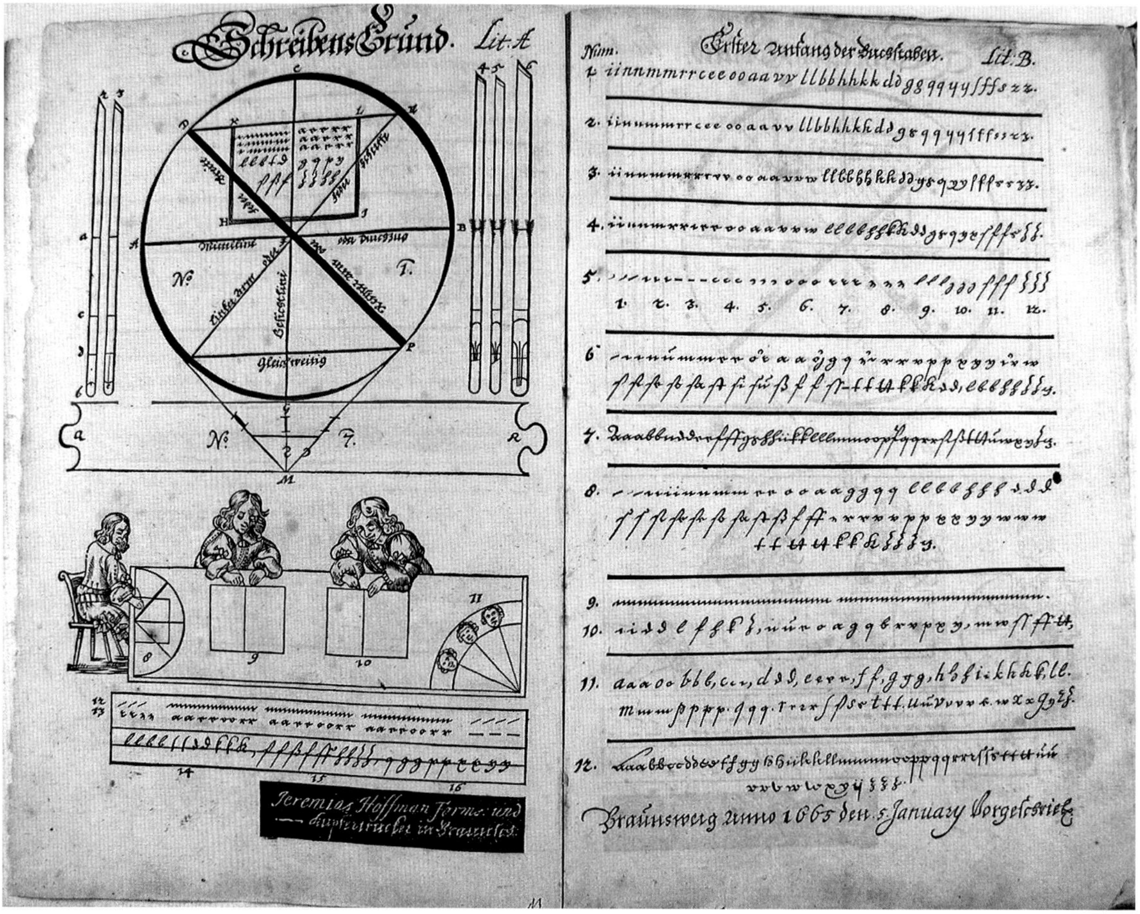

Schulbuch von 1665 aus der Bibliothek der Franckeschen Stiftungen in Halle 177C22(1).

daraus eine moderne Breitfederschrift für die Schüler abgeleitet. Fairbank hatte erkannt, dass nur durch Schreiben mit der breiten Feder die Buchstabenformen wirklich verstanden werden können. In Deutschland lernten die Menschen des 19. Jahrhunderts in der Schule eine von der gotischen Kurrent

abgeleitete Handschrift, die durch ihr spitziges und monotones „auf ab auf, i-Punkt drauf" zum damaligen Drill in den Schulen passte.

Briefumschlag von 1851. Name und Adresse in lateinischer Kursive, alles andere in deutscher Kurrent.

Die Kursiven machten sich selbstständig und heißen jetzt Scripts

20. Jahrhundert bis heute

Nach dem Ersten Weltkrieg wirkten sich die Bemühungen der Schriftreformer auch auf die Schulschrift in Deutschland aus. Eine von Ludwig Sütterlin modifizierte Kurrentschrift wurde nach und nach in den Schulen der deutschen Länder eingeführt. Die Buchstaben waren runder, standen senkrecht und fast alle waren durch zahlreiche Schlingen leicht miteinander zu verbinden, sodass man die Wörter in einem Zug schreiben konnte. Sie war als Grundform gedacht, aus der sich die individuelle Handschrift mit mehr oder weniger Schräglage entwickeln sollte. Ihr entsprach eine ebenfalls steile lateinische Kurrent für das Schreiben von Fremdsprachen. Letztere blieb nach dem Verbot der Fraktur 1941 als einzige Schulschrift übrig. Nach dem Zweiten Weltkrieg gab es in der Bundesrepublik Deutschland und in der Deutschen Demokratischen Republik mehrere Varianten, die sogenannten Schul-Ausgangsschriften. Ihnen allen gemeinsam war das Bestreben, durch Weglassen der Schlingen die Formen zu vereinfachen und zu straffen. In unserer Zeit hat der niederländische Kalligraf und Schriftdesigner Gerrit Noordzij sich um eine vernünftige Hinführung der Schulanfänger zur Schrift bemüht. Er weist mit Recht darauf hin, dass die Kinder große Schwierigkeiten haben, zum Beispiel die Buchstaben b, d, p und q in linearer Schreibweise zu unterscheiden. Durch den Strichkontrast, der beim Schreiben mit der breiten Feder entsteht, wird dagegen die Unterscheidung der Buchstaben leichter. Eine wichtige Hilfe für Legastheniker.

Die Sütterlinschrift wurde seit 1915 in Preußen und von 1935 bis 1941 an allen deutschen Schulen gelehrt.

Bevor Stanley Morison um 1930 die Times mit ihrer Kursive entwarf, vertrat er 1926 die Ansicht, dass mit Rücksicht auf eine ruhiges Satzbild statt einer Kursive nur eine schräggestellte Antiqua zur Auszeichnung verwendet werden sollte. Bis sich herausstellte, dass solche Schriften nicht ausreichten, um ein Wort genügend hervorzuheben. Prompt bekam die Times eine richtige Kursive. Darauf angesprochen antwortete Morison: *Sie verdankt Didot mehr als dem Dogma.*

Vor und nach dem Zweiten Weltkrieg entstanden bemerkenswerte kursive Schriftzüge und Druckschriften. Letztere hatten natürlich mit den Beschränkungen des Bleisatzes zu kämpfen. Um so berwundernswerter sind die Entwürfe. Insbesondere gelangen erstaunlich genaue Anschlüsse der Buchstaben aneinander.

Graphic Legende

Graphik von F. H. Ernst Schneidler 1934 und Legende 1937.

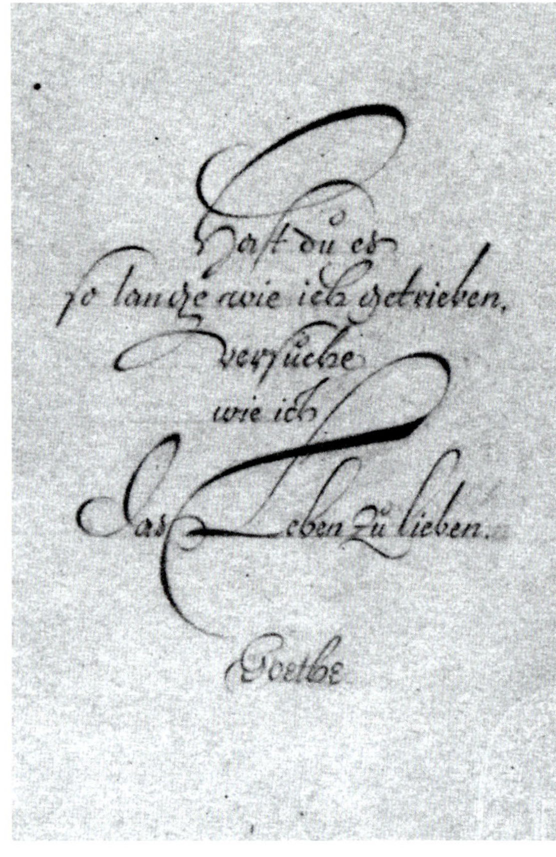

Alte Tänze

Sammlung
der berühmtesten deutschen
französischen und italienischen
Gavotten
Für das Pianoforte ausgewählt
von E. Pauer

Kalligrafie von Rudo Spemann. In russischer Gefangenschaft mit Bleistift auf Packpapier geschrieben.

Rechts oben:
Titelentwurf von Rudo Spemann. Aus dieser Kursive entwickelte er die Gavotte, die 1940 geschnitten und gegossen wurde.

Zwei Schriftzüge
von Johannes Boehland,
um 1950.

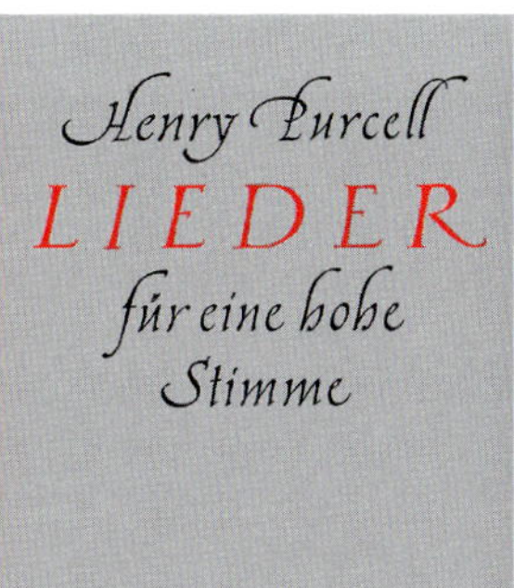

Vom Verfasser in den fünfziger Jahren geschriebene Zeilen für Buch- und Notentitel.

Erste kursive Druckschriften nach dem Zweiten Weltkrieg:

ABCDEFGHIJKLMNOPQRS
TUVWWXYZ
abcddefghijklmnopqrstuvwxyz

Balzac
von Johannes Boehland.

ABCDEFGHIJKLMNOPQRS
TUVWXYZ
abcdefghijklmnopqrstuvwxyz

Colombine
von Gudrun Zapf von Hesse.

ABCDEFGHIJKLMNOPQRS
TUVWXYZ
abcddefgghijklmnopqrsstuvwxyz

Delphin und von Georg Trump.

ABCDEFGHIJKLMNOPQRS
TUVWXYZ
abcddefghijklmnopqrstuvwxyz

Time Script.

ABCDEFGHIJKLMNOPQRS
TUVWXYZ
abcdefghijklmnopqrstuvwxyz

Die Poetica von Robert Slimbach wie die Zapf Chancery von Hermann Zapf greifen wieder Formen der humanistischen Cancellaresca auf.

Nicht nur die Kalligrafie, auch die Verwendung der Kursive überhaupt war in Deutschland seit etwa 1960 durch eine falsche Design-Ideologie, die zum Dogma für Designschulen geriet, viele Jahre verpönt. Es mussten erst die Amerikaner kommen und uns mit ihrer Lust am Schnörkel gegen Ende des vorigen Jahrhunderts den Spaß an kursiven, aber auch an skurrilen Schriften beibringen. Gefördert wurde das durch die neuen Möglichkeiten des Fotosatzes und durch den Gebrauch von Abreibbuchstaben, neben dem Fotosatz eine für uns ganz neue Technik, die uns alle Beschränkungen des Bleisatzes vergessen ließ.

Längst hat die Handschrift ihre Bedeutung als Briefschrift verloren, und selbst in den Schulen wird auf eine gute Handschrift kaum noch Wert gelegt, nicht einmal auf die richtige Haltung des Schreibgeräts. Das Fach „Schönschreiben“ gibt es nicht mehr. In Deutschland findet man für das Fach „Kalligrafie“ an den Designschulen kaum noch Lehrer. Die wenigen, die es gibt, scheinen durch das Verdikt „Kunstgewerbler“, mit dem sie die Dogmatiker belegt hatten, derart verprellt worden zu sein, dass sie meinten, Schrift nur noch als Kunst betreiben zu müssen. So entstanden vielfarbige Blätter mit fantastischen Schwüngen und kühnen Pinselschlägen, die zwar an die Wand gehängt Eindruck machen, aber kaum noch zu entziffern sind. Da diese Kunstwerke die Schrift ihrer eigentlichen Funktion berauben und das Alphabet zum reinen Dekor machen, kann von ihnen keine Wirkung auf die Praxis der Schriftgestaltung ausgehen.

Auffällig ist der gegenwärtige Trend zu individuellen Schreibformen. Hier muss die Zapfino von Hermann Zapf erwähnt werden, die auf raffinierte Weise den vollkommenen Schreibcharakter vortäuscht und jeden, der sie benutzt

Die erstaunliche Zapfino Ink von Hermann Zapf und Akiro Kobayashi täuscht sogar den Tintenfluss vor.

zum Kalligrafen macht. Meistens aber ist die Eigenwilligkeit wichtiger als die Lesbarkeit. Noch 1987 konnten Drucksachen mit handschriftlichen Headlines vom Typedirctors Club in New York prämiert werden, so gekonnt waren sie geschrieben. Heute unterstützt die Möglichkeit, eigene Handschriften zu digitalisieren, die Verbreitung schlechter Schriften. In der Werbung treten oft schwer entzifferbare Krakeleien als Headlines auf. Ja selbst auf Friedhöfen sieht man hin und wieder die elektronisch in Stein verewigte, kaum lesbare

Unterschrift des darunter liegenden Toten, die ihn graphologisch keinesfalls immer im besten Licht erscheinen lässt.

Seit auf jedem Schreibtisch ein Computer steht, ist das Schreiben allgemein zum Tippen geworden. Das Schreibenkönnen mit Stift und Kugelschreiber reicht bei vielen Zeitgenossen gerade noch zum Notieren und zum Ausfüllen von Formularen. Eine Kenntnis von oder gar eine Urteilsfähigkeit über Schrift kann man selbst von vielen Typografen, die doch täglich mit Schrift umgehen, nicht mehr erwarten. Im Gegenteil, viele laufen der letzten Mode so lange hinterher, bis alle Werbeagenturen die gleiche Schrift benutzen. Ist das eingetreten, wird sie fallen gelassen, um sich mit gleicher Ausschließlichkeit auf die nächste zu stürzen. So geschehen zum Beispiel mit der Rotis, davor mit der schmalen Garamond, früher schon mit der Cooper Black, der fetten Futura oder der fetten Gill, ganz zu schweigen von Helvetica und Univers.

Erstes vermehrtes Auftreten handgeschriebener Zeilen in der Werbung 1987.

Dagegen ist von den gründlich ausgebildeten Schriftdesignern der ostdeutschen Designschulen, an denen die kalligrafische Tradition nicht unterbrochen war, noch Interessantes zu erwarten. Auch das disziplinierte Schriftstudium in Holland brachte verwegene Schriftdesigner hervor, die einen frischen Wind in den Schriftentwurf und die Typografie bringen konnten. Von den in den neunziger Jahren mit großem Tamtam propagierten typografischen Extravaganzen einiger Engländer und Amerikaner ist allerdings außer einem anscheinend durch nichts zu bremsenden Spieltrieb, der von den Schriftenherstellern noch gefördert wird, kaum Nennenswertes bis in unser Jahrhundert herübergekommen.

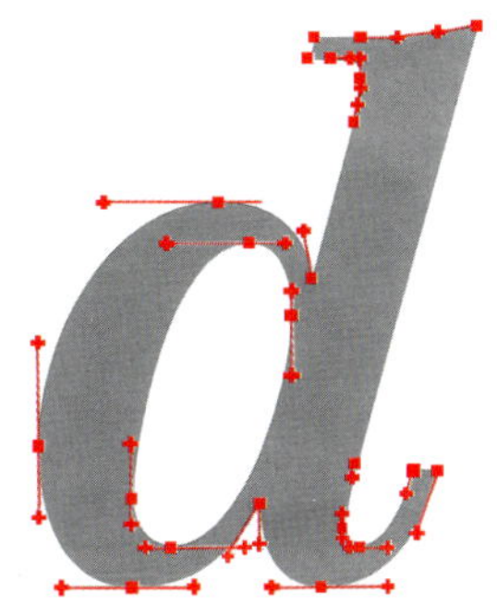

Konstruktion eines kursiven d auf dem Bildschirm.

Mit dem Bleistift ins All

Die Humanisten schrieben ihre Bücher mit der Schilfrohrfeder. Die besten und leichtesten waren die aus Ägypten, mit denen dort noch heute Koranverse geschrieben werden. Die Renaissance-Schreibmeister benutzten Gänse- und Rabenfedern und gaben in ihren Büchern genaue Anweisungen, wie man sie schneiden und führen muss. Ziemlich aufwendig war die Behandlung der Federn vor dem Schneiden, um ihnen die notwendige Härte zu verleihen. Von jeder Gans konnte man höchstens 20 gute Kiele erwarten. Hauptlieferanten waren Polen und Russland, wo die Gänse hauptsächlich wegen der Schreibfedern gehalten wurden. Über 27 Millionen Kiele wurden in einem Jahr von St. Petersburg nach England exportiert. Die Kiele zum Schreiben haben keine Fahne mehr oder nur einen kleinen Rest. Immer wenn jedoch in historischen Filmen mit der Feder geschrieben wird, hat der Schreiber eine unversehrte Feder in der Hand, die zwar dekorativ aussieht, jedoch beim richtigen Schreiben sehr hinderlich gewesen wäre.

In England begann 1822 die Produktion von Stahlfedern. Sie waren zunächst nicht so elastisch wie die Gänsefedern, und nicht jeder war von den spröden Stahlfedern begeistert. Noch 1875 reimte Mörike: „Hole der Henker

Glasfeder

Eine Glasfeder und ein mit ihr geschriebenes Wort.

die Federn von Stahl!" rief der alte Schwind einmal: „und wären's von Silber und Gold – gleichviel – ich bleibe bei dem Gänsekiel." Mitte des 19. Jahrhunderts stellte die Firma Joseph Gillot, „Metallic Pen Maker to the Queen" in Birmingham schon 180 Millionen Stück her.

Um 1900 ärgerte sich der Telegrafielehrer George S. Parker in Wisconsin über die klecksenden und selten zuverlässig arbeitenden Füllfederhalter seiner Schüler. Er versuchte, das knifflige Problem zu lösen. Es gelang ihm, und zwanzig Jahre später war er Präsident der „Parker Pen Company", die die führende Herstellerin von Füllfederhaltern in der Welt werden sollte.

1945 erschien ein völlig neues Schreibgerät auf dem Markt, entwickelt von Middleton Reynolds in Chicago: der Kugelschreiber, bei dem die Tinte eine Paste ist. Die Kugelschreiberproduktion übertraf bald die Füllfederproduktion. Da alle Schreibgeräte nach dem Prinzip der Schwerkraft arbeiten, entstand für die amerikanischen Astronauten das Problem des Schreibens in der Schwerelosigkeit. Das Problem konnte gelöst werden. Ein Kugelschreiber mit der neuen Technik kostet allerdings 150 Dollar. Die russischen Kosmonauten ließen sich für die Schwerelosigkeit etwas ganz Besonderes einfallen – sie benutzten Bleistifte.

Historische Stahlfedern aus der Sammlung des Verfassers.

Warum manche Schriften dicke Füße haben, andere dagegen gar keine

Seite 181
Eine strenge Geometrie für die Buchstaben kennen wir erst seit dem zwanzigsten Jahrhundert. Solche Schriften galten als angemessen für Zeitschriften und Bücher mit technischem Inhalt. Heute wissen wir, dass mit konstruierten Buchstaben keine optimale Lesbarkeit zu erreichen ist. Die hier gezeigte Futura von Paul Renner wird heute nach fast hundert Jahren immer noch in der Werbung eingesetzt, wenn es darum geht, Technik und Modernität auszudrücken.

Serifenlose Schriften gab es schon immer

Die archäologischen Ausgrabungen des 18. Jahrhunderts förderten für alle an Schrift Interessierten Erstaunliches zu Tage. Man fand serifenlose, lineare Buchstaben des Altertums nicht nur in Inschriften, sondern auch auf Mosaikfußböden und auf Gegenständen des täglichen Gebrauchs. Überraschend war die Entdeckung streng geometrischer Schriften. Die Griechen machten keinen Unterschied zwischen senkrechten und waagerechten Strichen und waren mit ihrer exakten Geometrie den Römern weit voraus, wie uns eine Grabstele aus dem 4. Jahrhundert v. Chr. von der Insel Melos zeigt.

Griechische Grabstele aus Melos, 4. Jh. v.Chr.

Seit der Renaissance und der von den Humanisten des 14. und 15. Jahrhunderts betriebenen Wiederbelebung der Antike in Wort und Bild wurde den Proportionen der römischen Schrift nachgespürt und versucht, ihre Vollkommenheit zu erreichen. Neben antiken Inschriften dienten auch antike Münzen als Vorlagen. Unter ihnen gab es welche mit Buchstaben ohne Serifen. Vielleicht dienten sie dem Florentiner ANTONIO PISANO 1438 als Vorbilder für die serifenlose Beschriftung einer Medaille mit dem Bildnis des Markgrafen von Mantua. Zur gleichen Zeit herrschte nördlich der Alpen noch das Hochmittelalter. Umso verblüffender ist das Auftreten einzelner serifenloser Buchstaben in Kodizes, die von Jean Miélot geschrieben worden sind. Er liebte es offenbar, mit Buchstabenformen zu experimentieren. Miélot war Kleriker und Sekretär Herzog Philipps von Burgund. (s. S. 184)

Renaissance-Medaille 1438.

Bei Hausinschriften wurden vereinzelt schon im 16. Jahrhundert Serifen weggelassen. Serifenlose Inschriften bestanden überwiegend aus Versalien mit gleichbleibender Strichstärke. Auffallend ist, dass sich die Serifen von S, C und T am längsten gehalten haben. Offensichtlich sollten sie bei diesen Buchstaben die großen Leerräume füllen. Im 18. Jahrhundert waren die serifenlosen Inschriften in ländlichen Gegenden in der Überzahl. Besonders schöne Beispiele bietet das Sauerland. Es waren die als Baumeister tätigen Zimmermeister, die die Querbalken über den Erdgeschossen mittels Kerbschnitt beschrifteten oder von Schriftschnitzern beschriften ließen, um den Namen des Bauherrn und seiner Frau, ihren eigenen Namen und das

Römischer Töpferstempel aus Teurnia in Kärnten.

Das Wort Minute mit Initiale M und serifenlosem Buchstaben E aus einem Kodex von 1448, geschrieben von Jean Miélot.

Baujahr für die Mit- und Nachwelt zu dokumentieren. Oft findet man auch sämtliche Querbalken einschließlich des Giebeldreiecks beschriftet. Zwischen den Beschriftungen in katholischen und protestantischen Ortschaften gibt es einen inhaltlichen Unterschied. Die Katholiken benutzten mit Vorliebe volkstümliche Sprüche, die Protestanten verzierten ihre Häuser hauptsächlich mit Bibelworten.

Englische Baumeister und Bildhauer, die um 1800 in Italien serifenlose Schriften der Antike kopierten, nutzten ihre Skizzen als Vorlagen für die Beschriftung von Gebäuden und Denkmälern. Die Plan- und Gebäudebeschriftungen des englischen Architekten Sir John Soane zeugen von seinen italienischen Studien.

Colmar 1537.

Hausinschrift Hameln 1597.

Zwei sauerländische Hausinschriften des 18. Jhs.

Englisches Grabmal von 1791.

HOUSEHOLD
FURNITURE

Englischer Kupferstich, 1807.

Die englischen Kupferstecher, die für die Architekten arbeiteten, lernten bei dieser Gelegenheit die serifenlose Schrift kennen und benutzten die kräftigen Buchstaben für die Werbung ihrer kommerziellen Kunden. Sie lieferten auch die ersten serifenlosen Schriftvorlagen für Bildhauer und Schildermaler.

1816 goss William Caslon IV. eine serifenlose Druckschrift. Die Jahreszahl findet sich in Form einer handgeschriebenen Notiz auf dem Rand eines der beiden noch vorhandenen Schriftmuster. Diese Schrift bestand genau wie alle Schriften, die bisher besprochen wurden, ausschließlich aus Versalien.

TWO LINES ENGLISH EGYPTIAN.

W CASLON JUNR LETTERFOUNDER

Aus einem Schriftmuster von William Caslon IV., 1819.

Caslons Schrift, die in allen Fachbüchern als erste Groteskschrift genannt wird, existiert nur in einer Zeile und in einem Schriftgrad. Es fand sich bis heute keine Drucksache, die eine Anwendung dieser Schrift zeigt. Sie kam vermutlich zu spät. Auch die modische Bezeichnung English Egyptian konnte sie nicht retten. Die klassischen römischen Proportionen waren offenbar nicht mehr gefragt, hatten doch längst die klassizistischen Schriften die Druckereien erobert.

Tafelaufsatz von Gottfried Schadow, 1819.

In Deutschland finden wir eine serifenlose Schrift mit klassischen Proportionen 1819 in Form einer Widmung auf einem Tafelaufsatz von Gottfried Schadow. Das dazugehörige Service aus der Berliner Porzellanmanufaktur hat der Preußenkönig Friedrich Wilhelm III. dem englischen Herzog von Wellington nach dessen Sieg über Napoleon bei Waterloo geschenkt.

Ein glückloser Feldzug veränderte die Schrift

Im Jahr 1798 unternahm der damalige General Napoleon Bonaparte seinen berüchtigten Feldzug durch Ägypten und den Vorderen Orient. Zum ersten Mal begleiteten zahlreiche Wissenschaftler und Maler diese Armee, worüber ich schon im Kapitel über Ägypten berichtet habe.

Während die Soldaten gegen die Mamelucken kämpfen mussten, gruben die Forscher hinter der Front nach im Sand versunkenen Altertümern. Ihre Ausbeute war sensationell und wurde auf die französischen Schiffe verladen. Aber kaum war alles verstaut, entdeckte ein englischer Flottenverband Napoleons Schiffe. Auf diese Art und Weise kam das Britische Museum zu seiner einzigartigen Sammlung ägyptischer Kunst. Darunter befindet sich der für die Entzifferung der Hieroglyphen so entscheidende *Stein von Rosette*.

Die Wirkung auf die englische Bevölkerung muss überwältigend gewesen sein. Die Menschen waren offenbar den strengen, sich ständig wiederholenden, alles in weiße Farbe tauchenden Klassizismus leid. Seit im Jahr 1809

Napoleon lässt sich 1791 in Ägypten Mumien zeigen.

die Bilder jener Maler, die Napoleons Expeditionsheer begleiteten, bekannt geworden waren und das Grab des Pharaos Sethos 1822 in London ausgestellt worden war, grassierte in England und bald auch auf dem Kontinent die Ägyptomanie in Architektur und Kunst. Man war von der Monumentalität und der Wucht der Bauwerke und Standbilder fasziniert. Prompt wiesen Architektur und Möbel ägyptische Stilelemente auf. Die Pyramide wurde ein beliebtes Grabmal. Schinkel schuf 1815 Bühnenbilder für die Zauberflöte, die ganz und gar den Abbildungen in den 19 Bänden der *Description de l' Égypte*

Gerichtsgebäude in New York.

Rechts:
Englische Karikatur von 1805 mit serifenlosem Titel, gezeichnet von Th. Rowlandson.

Englisches Wirtshausschild.

entsprachen. Selbst in Amerika wurde man vom Ägyptenkult angesteckt. Für die Karikaturisten war der Kontrast zwischen den grandiosen ägyptischen Altertümern und manchen albernen Bewunderern ein willkommener Anlass zum Spott.

Selbstverständlich konnte die Schrift von dieser Entwicklung zum Monumentalen und Bombastischen nicht verschont bleiben. Fette, nie zuvor gesehene Buchstaben tauchten im Straßenbild auf. Wirtshaus- und Ladenschilder machten den Anfang. Die Schriftenmaler hatten die auffälligere Wirkung fetter Linien gegenüber den zarten Strichen und Serifen der herrschenden Antiqua entdeckt. In den *Letters from England* des Dichters Robert Southey von 1807 heißt es: *„Alles muss jetzt ägyptisch sein, sogar die Firmenschilder müssen sich modisch verwandeln und sind mit ägyptischen Buchstaben bemalt, welche sehr sonderbar anmuten, da die Ägypter ja gar keine Buchstaben hatten. Es handelt sich einfach um unsere gewöhnlichen Schrifttypen, all ihrer Schönheit und Proportion beraubt, weil alle Linien gleich dick sind. So dass jene, welche dünn sein sollten, aussehen als hätten sie die Elephantiasis.“* Diese Äußerung lässt uns die Bezeichnung Egyptian für die linearen Schriften verstehen. Aber auch den ebenfalls verwendeten Ausdruck Grotesque, der nach damaligem Verständnis „unförmig“ bedeutete. Der romantische Schriftsteller Victor Hugo prägte diesen Begriff als Gegensatz zu „erhaben“. Er personifizierte ihn in der Figur des unförmigen Quasimodo, des grotesken „Glöckners von Notre Dame“.

Gleichzeitig breitete sich die von Alois Senefelder 1798 erfundene Technik der Lithografie aus. Damit waren für den Druck von auffälligen und individuellen Geschäfts- und Werbedrucksachen keine teuren neuen Bleilettern und keine aufwendigen Kupferstiche mehr nötig. Alles war möglich geworden. Die üppigsten und wildesten Schriften konnten auf diese Weise gezeichnet und gedruckt werden. Die Disziplinierung durch den Stempelschneider war weggefallen; ein Zustand, dem heutigen vergleichbar. Auf einem Plakat vereinigten sich manchmal mehr verschiedene gezeichnete Schriften als eine große Buchdruckerei in Blei überhaupt anbieten konnte. Insbesondere der Farbdruck war die Domäne der Lithografie. Von der Käseschachtel bis zum Plakat von Toulouse-Lautrec ließ sich mit dieser Technik fast alles zeichnen und drucken.

Lithografie-Stein mit gezeichneten Weinetiketten.

Lithografiertes Plakat für Fahrrad-Werbung, um 1880.

SEVEN LINE GROTESQUE.

BRIDGENORTH

Communicate

THOROWGOOD, LONDON.

Die ersten serifenlosen Kleinbuchstaben als Drucklettern. Thorowgoods Schriftmuster von 1834

Was blieb den Schriftgießern und Druckern anderes übrig, als auf den fahrenden Zug aufzuspringen und für den mit der zunehmenden Industrialisierung wachsenden Bedarf an Reklame ein möglichst umfangreiches Sortiment auffälliger Schriften anzubieten. So kamen die linearen Schriften schließlich auch in die Setzkästen. Zunächst waren es nur Großbuchstaben, aber 1834 brachte William Thorowgood in England die ersten Kleinbuchstaben unter dem Namen Grotesque heraus.

Die weitere Namensgebung ist ziemlich kompliziert, denn sie wechselte von Schriftgießerei zu Schriftgießerei. In England kommt nach *Egyptian* die Bezeichnung *Sans-Serif* in allen möglichen Schreibweisen, dann *Grotesque* und *Gothic* mit der Bedeutung barbarisch. Diese Bezeichnung wurde von den Amerikanern übernommen. Aber auch *Doric* kommt vor, womit an die Schmucklosigkeit dorischer Säulen erinnert wurde. In Frankreich heißen solche Lettern immer noch *Antique*. Bei uns hat sich schließlich *Grotesk* mit k durchgesetzt. Verkauft wird sie heute als *Sans Serif*. Der Name Egyptian oder bei uns *Egyptienne* ist mit der serifenbetonten Linearschrift, der *Slab Serif* aus den gleichen Jahren verbunden.

Wegen des geringeren Gewichts wurden große Plakatlettern aus Holz geschnitten.

Eine schmale Ausführung der Grotesk führt bei uns die Bezeichnung *Steinschrift*, was auf ihre Herkunft vom „Lithostein" deutet. Sie erfreute sich dank ihrer leichten Handhabung besonders bei Schildermalern und Grabmalbildhauern großer Beliebtheit. Die gleich breiten Buchstaben mit der gleich breiten Strichstärke und den gleich breiten Binnenräumen erlaubten ein schnelles Ausrechnen und Zusammenstellen der Zeilen ohne aufwendiges Ausgleichen der Buchstabenabstände. Als Druckschrift soll sie erstmalig um 1860 im Katalog der Gießerei Schelter & Gieseke in Leipzig erschienen sein. Fette Schnitte der Grotesk hießen Blockschrift.

Grabmal mit „Steinschrift".

Den größten Erfolg unter den Groteskschriften der Jahrhundertwende hatte die 1898 erschienene *Akzidenzgrotesk*, deren Urheber nicht bekannt ist. Sie basierte auf dem klassizistischen Formprinzip. In den USA wurden ebenfalls neue Groteskschriften geschnitten. Bis heute beliebt ist die *Franklin Gothic* von 1903, die Morris Fuller Benton entwarf. Er schuf auch die *News Gothic*. Beide Schriften haben das kleine g mit der Doppelschleife, wie es in der Antiqua vorkommt.

Eine Grotesk besonderer Art entstand für den Dichter Stefan George, der sich viel Mühe gab, seine Handschrift der Feierlichkeit seiner Verse anzupassen. Das gelang ihm bis zu einem gewissen Grad durch Einbeziehung von Unzialbuchstaben. Daraufhin wurde die Akzidenzgrotesk im Stil seiner Handschrift verfremdet und danach wurden Lettern gegossen, um damit seine Werke zu drucken. Das war kurz nach der Jahrhundertwende.

Ich sah vom stillen haus am hainesrand
Die grünen und die farbenvollen felder
Zur sanften halde steigen und den weissdorn
Der blüten überfluss herniederstreun:

Die Stefan George-Schrift.

Neues Denken, neues Gestalten – Zeit der Experimente

Um 1900 nahmen sich die Schriftreformer auch der Groteskschrift an, die als die Verkörperung der Moderne und des Industriezeitalters galt. Der erste, der die serifenlose Schrift von ihrem klassizistischen Korsett befreite, war EDWARD JOHNSTON, als er den Auftrag bekam für die Londoner U-Bahn eine Schrift für die Stationsschilder zu entwerfen. Als Anhänger des humanistischen Formprinzips entwickelte er seine linearen und serifenlosen Versalien mit den Proportionen römischer Inschriften. Nach seinem Vorbild schuf sein Schüler, der Bildhauer ERIC GILL die *Gill Sans*, die 1929 herauskam. Sie war die erste Grotesk-Druckschrift mit den Formen der humanistischen Antiqua.

Beispiel für die ornamentale Behandlung der Schrift durch Rudolf von Larisch.

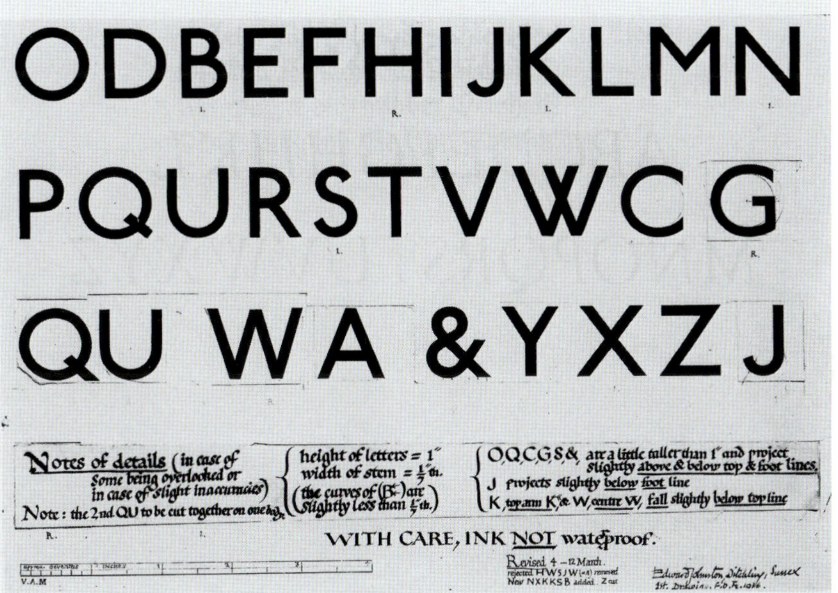

Entwurf Edward Johnstons für die Beschriftung der Londoner U-Bahn.

Futura-Schriftmusterheft.

Zwischen 1926 und 1938 brachten mehrere deutsche Gießereien konstruierte Groteskschriften heraus. Die bis heute erfolgreichste konstruierte Schrift wurde PAUL RENNERS 1927 erschienene *Futura*. Auch konstruierte Egyptienneschriften tauchten in den Druckereien auf. So die *Memphis* von RUDOLF WOLF 1930 und die *Monotype Rockwell* von 1934.

neue und geistreich gebaute Gestalt, die
Paul Renner dem kleinen g gibt, in das
Schriftbild einen prickelnden, fast hand-
schriftlichen Reiz bringt und die Wirkung

Rechts:
Paul Renners Versuch, einigen Futurabuchstaben eine neue Form zu geben.

Mit Groteskschriften befassten sich zwischen 1920 und 1930 viele Künstler mit manchmal recht ausgefallenen Ideen. Der Maler KURT SCHWITTERS versuchte, die Konsonanten schmal und die Vokale breit zu formen und erreichte damit eine wahrhaft groteske Schrift. Konsequent konstruiert wurde die Schrift als Ausdruck einer neuen Gestaltung am BAUHAUS, der staatlichen Hochschule für Gestaltung in Weimar und später in Dessau. Nach zunächst

Kurt Schwitters wollte die Konsonanten schmal und die Vokale breit machen, um eine bessere Lesbarkeit zu erzielen.

MŪSIK IM LEBEN DER VÖLKER AM 2. JŪLI
20 ŪHR DIRIGIERT IM OPERNHAUS
WARSCHAUS BERÜHMTER DIRIGENT WERKE

Jan Tschichold erfand ein Alphabet, das die Aussprache verdeutlichen sollte.

für den noien menſen eksistirt nur
das glaihgeviht tsviſen natur unt
gaist· tsu jedem tsaitpunkt der
fergaŋenhait varen ale variatsjo-

Cassandre in Paris wollte mit einem Alphabet in zweierlei Größen auskommen.

Umwandlung abgegriffener Themen, sonder
um die Schöpfung eines neuen Themas, dem
wohnt, von kommenden Moden und Stil
werden und neuen künstlerischen Bemühu

abenteuerlichen Kreationen von JOHANNES ITTEN entstanden dort unter dem Einfluss des Konstruktivisten LASZLO MOHOLY-NAGY konstruierte Titelschriften für Plakate, Zeitschriften und Bücher. Anfangs wurden nur Titel aus linearen, serifenlosen Großbuchstaben gezeichnet. Das gilt auch für Untertitel und erklärende Texte, die fast immer als Blöcke aus Großbuchstaben gezeichnet wurden. Lesbarkeit war vor 1925 offensichtlich noch kein Thema am Bauhaus. Größere Textmengen wurden in Grotesk gesetzt und ebenfalls in Blöcke gezwungen. Der Umgang mit Schrift war rein künstlerischer Art. Es zählte nur die mit der Bauhaus-Architektur übereinstimmende konstruktivistische Komposition.

Drei Bauhauslehrer, HERBERT BAYER, JOSEF ALBERS und JOOST SCHMIDT, befassten sich, angeregt durch WALTER PORSTMANN, den Vater der deutschen DIN-Papierformate, mit Versuchen zur Normung der Schrift. Herbert Bayer entwarf die *universalschrift*, ein Kleinbuchstabenalphabet, von dem es zahlreiche Modifizierungen, aber nie ein endgültiges Stadium gab, weil er sie immer der jeweiligen Aufgabe angepasst hat. Josef Albers versuchte sich an einer Elementarschrift aus Quadraten, Dreiecken und Kreissegmenten, einer Art Schablonenschrift. Joost Schmidt systematisierte in seinem Schriftunter-

Moholy-Nagys Bauhausbücher.

Herbert Bayers *Universalschrift* als Zeitschriftentitel.

richt das Zeichnen und Konstruieren von Grotesk-und Egyptienneschriften, was jedoch nur für Titelzeilen, nie für Textschriften taugte. Diese einseitige Ausrichtung erschwerte den Studenten später den Einstieg in den Beruf, der die größtmögliche Vielseitigkeit erforderte.

Im Jahr 1925 begann Herbert Bayer, damals Leiter der Druckerei und der Reklameabteilung, alles klein zu schreiben und schuf damit das für uns typische Erscheinungsbild des Bauhauses. Seine Begründung dafür war: *„wir schreiben alles klein, denn wir sparen damit zeit, außerdem: warum zwei alfabete, wenn eins dasselbe erreicht? warum groß schreiben, wenn man nicht groß sprechen kann?"*

Die Deutsche Reichsbahn konstruierte 1932 ihre eigene *Engschrift*, *Mittelschrift* und *Breitschrift* für Lokomotiven und Waggons.

Fette Engschrift

abcdefghijklmnopqrstuvwxl
yzßäöü&.,-:;!?") 1234567890
ABCDEFGHIJKLMNOPQRSTUVW
XYZÄÖÜ

Fette Mittelschrift

abcdefghijklmnopqrs
tuvwxyzßABCDEFGH
IJKLMNOPQRSTU
VWXYZÄÖÜ

Fette Breitschrift

abcdefghijklmn
opqrstuvwxyz
ßäöü&.,-:;!?")
1234567890
ABCDEFGHIJK
LMNOPQRSTU
VWXYZÄÖÜ

Mit Hilfsnetz oder Schablone gemalte Schriften zeigen von den auf der 1. Seite dargestellten Schriften kleine, zulässige Abweichungen, die durch die Forderung leichter Erkennbarkeit auf große Entfernungen und Konstruierbarkeit mit Lineal und Zirkel bedingt sind.

Große Buchstaben	= 7/7 h	Buchstabenabstand:	eng = 1/7 h
Kleine "	= 5/7 h		mittel = 1,5/7 h
Strichdicke	= 1/7 h		breit = 2/7 h

Grotesk und Egyptienne – modern und technisch

Die Groteskschrift war unter der Vorherrschaft der Fraktur in Deutschland eine Repräsentantin für Modernität und Technik und ist es heute noch. Als Ende der Fünfzigerjahre die „Schweizer Typografie" ihre begeisterten Anhänger in Deutschland und Europa fand, war es nicht mehr die *Futura*, sondern die *Akzidenzgrotesk*, die diese Typografie repräsentierte. Sie war der von den Schweizern benutzten alten *Haas-Grotesk* am ähnlichsten und in vielen Druckereien schon vorhanden. 1957 schuf Max Miedinger die *Neue Haas Grotesk.* Als die Schriftgießerei Stempel von der Haasschen Gießerei die Lizenz erwarb und die Schrift mit Blick auf die Schweizer Typografie *Helvetica* nannte, begann die Erfolgsgeschichte dieser Druckschrift, die zur meistverkauften serifenlosen Schrift werden sollte. Ihr mit großem Aufwand propagierter Grauwert der gedruckten Seite war in Wahrheit kein Vorzug, sondern gegenüber der lebendigen Akzidenzgrotesk mit ihren kräftigen Versalien ein Schlafmittel für den Leser. Unterstützt wurde diese Wirkung durch eine falsche Typografie. Linksbündiger Flattersatz ohne Einzüge bei den Absätzen, keine Auszeichnungsschriften – die Überschriften waren kaum größer als die Textschrift – keine Unterüberschriften, kein Vorspann und keine Zwischenüberschriften. Hinzu kam die oft übertrieben konsequente Einhaltung eines Gestaltungsrasters, die manchmal irritierend falsche Zusammenhänge entstehen ließ. Mit dem fast gleichzeitigen Erscheinen der *Univers* von Adrian Frutiger bei Deberny & Peignot in Paris bekam die Helvetica Konkurrenz.

Die genannten Schriften waren immer noch nach dem klassizistischen Formprinzip gestaltet, was sie für umfangreiche Lesetexte ungeeignet machte. Die erste neue Grotesk, die als Textschrift taugte, war die *Syntax* von Hans Eduard Meier aus dem Jahr 1968. Diese Schrift hatte die Proportionen einer

BCDEGJKMOPRS
BCDEGJKMOPRS

Vergleich der steifen Helvetica nach klassizistischem Formprinzip mit der lebendigen Syntax nach humanistischem Formprinzip.

humanistischen Antiqua. Es folgten zahlreiche nichtklassizistische Druckschriften wie zum Beispiel die *Frutiger*, die von Adrian Frutiger aus seiner Schrift *Roissy*, die er für das Orientierungssystem des Pariser Flughafens Charles de Gaulle entworfen hatte, weiter entwickelt worden ist. Eine erste Egyptienne auf humanistischer Basis entwarf 1990 Peter Matthias Noordzij. Die schöne *Caecilia* wurde ein großer Erfolg.

In Amerika entstanden mehrere Groteskschriften im neuen Stil. Darunter die *Myriad* von Carol Twombly und Robert Slimbach, eine Multiple

Master Schrift. Inzwischen bringen die Schrifthersteller jedoch ihre Schriften in derart vielen unterschiedlichen Schnitten heraus, dass sich das Manipulieren der Multiple Master Schriften erübrigt.

Ein anderer Trend im Schriftdesign geht dahin, eine Schrift mit verschiedenen Strukturen zu entwerfen unter Beibehaltung einer Grundform, wie es zum Beispiel Sumner Stone gemacht hat. Seine Schrift *Stone* gibt es

„Auf der Straße sind fette Buchstaben wirkungsvoller als tiefe Gedanken," sagt der Herr Kortüm im gleichnamigen Roman von Kurt Kluge.

als Grotesk, als Antiqua und als Informal, eine Schrift, die nicht der üblichen Norm entspricht. Dieser Trend setzt sich fort. Es gibt auch in Europa schon mehrere solcher unterschiedlich strukturierter gleicher Schriftformen. Dabei spielt es keine Rolle mehr, wer wo eine Schrift entworfen hat, alle Computerschriften können heute überall von jedermann erworben werden.

Die serifenlosen Schriften eignen sich wegen ihrer einfachen Formen gut zu formalen Experimenten. Es gibt zahlreiche professionell gestaltete lineare Displayschriften. Souverän und gekonnt bei aller Frechheit ist der Umgang mit Typen bei Eric van Blokland und Just van Rossum, zwei cleveren Holländern aus der Schule von Gerrit Noordzeij. Aber auch bei Grafikdesignstudenten ist das Spielen mit und das Erfinden von Schriftformen beliebt und zeitigt mitunter überraschende Ergebnisse, wie der Schriftenwettbewerb der Linotype GmbH immer wieder beweist.

So unterschiedlich können Schriften wirken

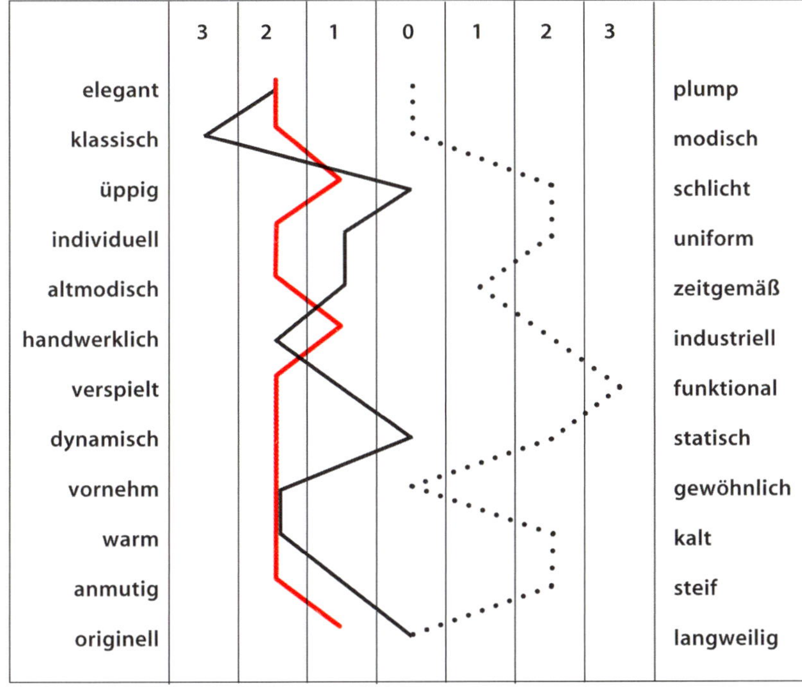

So unterschiedlich können Schriften wirken

Die drei Kurven bilden Polaritätenprofile. Sie zeigen, wie die drei Schriften auf Versuchspersonen wirken.

Die gegensätzlichen Eigenschaften müssen nach der Stärke des Eindrucks, den sie auf den Betrachter machen, gewertet werden.

0 = weder noch
1 = mäßig
2 = deutlich
3 = besonders

Baskerville
Helvetica
Bodoni Kursiv

Die drei Kurven bilden Polaritätenprofile. Sie zeigen, wie die drei Schriften auf Versuchspersonen wirken.

Die gegensätzlichen Eigenschaften müssen nach der Stärke des Eindrucks, den sie auf den Betrachter machen, gewertet werden.

0 = werder noch
1 = mäßig
2 = deutlich
3 = besonders

Unbeeinflusst von solchem Treiben bleiben die Schriften, die dem Lesen umfangreicher Texte dienen. Hier sind erfahrene Gestalter von großem Wissen und Können gefordert, die eine Schrift für alle Schnitte zu entwerfen vermögen, wozu auch kursive Formen, osteuropäische Akzentbuchstaben, die Satzzeichen und möglichst auch griechische und kyrillische Versionen gehören. Für diesen Bereich der Schrift gilt immer noch der Satz von Stanley Morison: *„Der gute Entwerfer weiß, dass eine neue Schrift, um erfolgreich zu sein, so gut sein muss, dass nur wenige ihre Neuheit erkennen“.* Früher waren es die Schriftschneider in den Gießereien, die mit ihrem Können und ihrer Erfahrung aus einem Schriftentwurf eine Bleisatzschrift entstehen ließen. Heute sind es die Schriftdigitalisierer der Schriftenhersteller, die aus Schriftentwürfen brauchbare Fonts machen müssen.

Die Schrift geht mit jedem, oder die Macht des Zeitgeistes

Seite 199
Schriften sind Ausdruck des Zeitgeistes verbunden mit den technischen Möglichkeiten ihrer Erzeugung. Nachdem die Buchstaben vom Blei befreit waren, gab es nur noch wenig, was ihre Formgebung aus technischen Gründen beeinflussen konnte. Dadurch, dass der lange Weg vom Entwerfer über den Schriftschneider und -gießer weggefallen ist, sind auch die Kosten für die Herstellung eines Schriftfonts nicht mehr so hoch, was den Herstellern erlaubt, gute wie leider auch schlechte Schriften in kaum noch überschaubaren Mengen auf den Markt zu werfen.

Die stilistische Einheit von Architektur, Kunst, Design, Schrift und Typografie

Der Stil einer Zeit entwickelt sich aus dem Geist der Zeit, also aus dem Denken und Fühlen und damit auch aus dem Unbewussten der schöpferischen Menschen dieser Zeit. Das beginnt damit, dass diese Menschen in ganz unterschiedlichen Gestaltungsbereichen und an ganz unterschiedlichen Orten, jedoch ungefähr zur gleichen Zeit, formal und inhaltlich Ähnliches hervorbringen. Dem kann der jeweils vorherrschende Stil durchaus entgegenstehen, und die Zeitgenossen können das Neue ablehnen, wenn nicht gar heftig bekämpfen.

Es ist ein weit verbreiteter Irrtum, dass jeder Mensch, der nicht blind ist, nun auch wirklich sehen könne … Sehen ist kein rein mechanischer Akt, sondern zugleich ein geistiger.

LUDWIG VOLKMANN

Bei unserem Gang durch die Schriftgeschichte sind wir schon im alten Rom auf die Übereinstimmung von Schriftkonstruktion und Baukonstruktion gestoßen. Für Gotik und Renaissance habe ich die Gemeinsamkeit angedeutet, und für den Klassizismus mit seinem Prinzip der Reihe versuchte ich, es darzustellen.

Aber nicht nur die großen Epochen der Kunstgeschichte, auch kürzere Abschnitte innerhalb einer Epoche sind vom Stilwandel betroffen, der den genannten Disziplinen gemeinsam ist. Mit der folgenden Betrachtung des Designgeschehens möchte ich die Wirkung des unbewusst Schöpferischen sichtbar machen, ohne mich jedoch auf das Glatteis psychologischer Spekulationen zu begeben. Ich beschränke mich darauf, das stilistische Umfeld aufzuzeigen, in dem die Schrift die ihrer Zeit gemäße Form entwickelt hat. Das können auch kurzlebige modische, ja reißerische Hervorbringungen sein, denn selbst diese tauchen oft gleichzeitig in jeder Art von Design auf.

Leider folgt nicht ein Stil oder Trend unmittelbar auf den anderen wie die Wagen eines Zuges, die alle auf einem Gleis fahren, sondern es gibt Parallelentwicklungen auf verschiedenen Gleisen. Je mehr man sich der Gegenwart nähert, desto schwieriger wird es, die zahlreichen Gestaltungstendenzen zu beurteilen und die richtungweisenden zu erkennen.

Parabolisch

Nach dem Zweiten Weltkrieg waren die fünfziger Jahre eine Zeit voller Neuerungen. Es gab so vieles zu erkunden, von dem wir, die damals jungen deutschen Designer, zuvor nichts zu hören oder zu sehen bekommen hatten; eine neue Welt der gestalteten Dinge tat sich vor uns auf. In der Rückschau wird erkennbar, dass es damals besonders eine Figur war, die in allen Designbe-

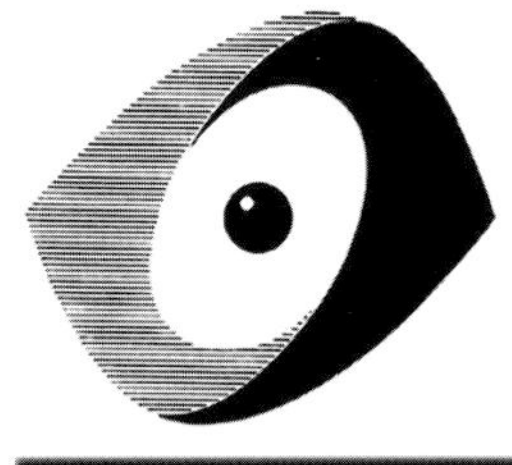

ABCDE
FGHIJK
LMNOP
QRSTUU
VWXYZ

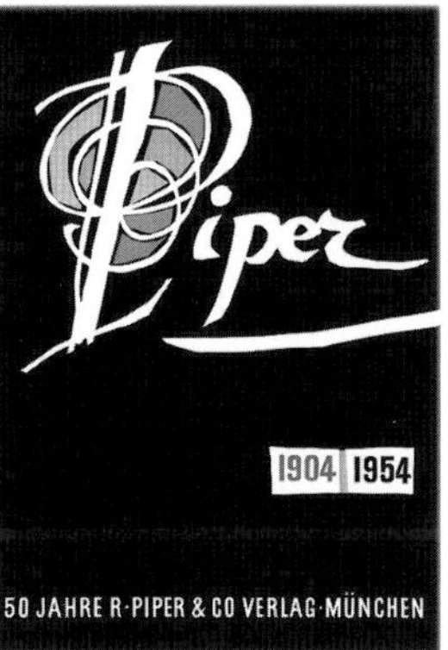

PARABOLISCH

K: Spemann, weibliche Figur;
A: Stubbins, Haus der Kulturen in Berlin;
P: Sessel aus Italien;
G: Wiese, Signet für einen Fernsehsender;
T: Trump, Plakat;
S: Lange, Schrift Champion.

Erklärung der Abkürzungen:
K = Kunst,
A = Architektur,
P = Produktdesign,
G = Grafikdesign,
T = Typodesign,
S = Schriftdesign.
Fotos ohne Herkunftsangabe stammen aus dem Archiv des Autors.

reichen mehr oder weniger deutlich hervortrat, die Parabel. Sie war Ausdruck eines dynamischen, gern mit Kontrasten und Überschneidungen arbeitenden Designverständnisses, verkörpert im später verspotteten „Nierentisch". Berühmtheit erlangte seinerzeit die Berliner Kongresshalle von HUGH STUBBINS, heute „Haus der Kulturen", die wegen ihres parabelförmigen Daches von den Berlinern „die schwangere Auster" genannt wird. Das Styling des 1955 völlig neu konzipierten Citroen DS 19 unter lag bis zur Form der Scheinwerfer, die zuerst allerdings noch rund waren, diesem Formprinzip. Auch in der bildenden Kunst spielte die Parabel eine Rolle – in der gegenständlichen wie in der abstrakten. So in Henry Moores damals als sensationell empfundenen Skulpturen ebenso wie in denen von Max Bill oder in der Gestaltungslehre von Max Burchartz.

Der Schwung der Parabel bestimmte auch die Form des Grafikdesigns und der neu erschienenen Kursivschriften wie der Champion von Günter Gerhard Lange und der Salto von Karl Georg Höfer. Eine der originellsten Kursiven, die herauskamen, war die Delphin von Georg Trump mit ihren geradestehenden Antiqua-Großbuchstaben.

Die Typografen zeigten damals eine ausgesprochene Vorliebe für Schriftmischungen durch die Kombination von Wörtern aus geradestehenden schmalen Antiqua- oder Groteskversalien mit einer Kursivschrift. Diese erschienen nicht nur auf Papier, sondern auch in Chrom an den Autos und in immer freieren Formen aus Neonröhren über den wieder mit Waren gefüllten Läden.

Rechtwinkelig

Als sich Mitte der 50er Jahre durch das Auftreten eines neuen Funktionalismus, praktiziert an der Hochschule für Gestaltung in Ulm, weitreichende Folgen für die gesamte Designwelt ergaben, handelte es sich nicht mehr nur um eine neue Art der Formgebung, sondern um ein Programm, das für ganze Designergenerationen zum Dogma werden sollte. Der Architekt Konrad Wachsmann hatte in seinem Buch „Wendepunkt im Bauen“ dieses neue Designverständnis so beschrieben: *„...der Aufgabenkreis...weist in eine wissenschaftlich, technologisch bestimmte Richtung, die stärkere Wirkung auslösen wird, als ein bewußtes Streben nach dem Phantom des Schönen.“* Industrielle Fertigung, Massenproduktion, Materialforschung, modulare Ordnungen und dergleichen mehr sollten künftig die bestimmenden Faktoren sein. Wurden die avantgardistischen Bestrebungen des Bauhauses weitgehend als künstlerisch-handwerklich verstanden, so versuchte die Ulmer Schule, Design nach wissenschaftlichen Theorien zu definieren.

Zum ersten Mal bildete die Entwicklung modularer Ordnungen und Bausteine die Grundlage für die Arbeit aller Designbereiche. Strukturen ersetzten die Proportionen. Auch die Typografie wurde strukturiert. Dazu wurde die in der Schweiz entwickelte Rastertypografie übernommen. Der Raster blieb auf Jahre hinaus die Grundlage für die Ordnung der typografischen Gestaltung. Hinzu kam eine von der Schweizer Typografie übernommene Reduktion aller typografischen Mittel auf ein Minimum an Unterscheidungen. Unterscheidungen erfolgten ausschließlich durch die typografische Gestaltung. Um ein möglichst ruhiges Schriftbild zu erzielen, verzichtete man auf die Gliederung des Textes durch Einzüge. Texte wurden ausschließlich linksbündig und Artikel nur mit einer Überschrift ohne Unterüberschriften, ohne Vorspann und Zwischenüberschriften gesetzt. Versalsatz war verpönt. Alleiniger Maßstab war der „Grauwert“ der Seite, nicht etwa die Lesbarkeit, nicht etwa der Leser. Diese Selbstbescheidung zeitigte teilweise aber auch höchst intelligente Lösungen, vor allem in der Anwendung der bis dahin kaum bekannten semantischen Typografie. Durch Anwendung des Flattersatzes war es möglich, Zeilen sinngemäß zu trennen.

Das Schriftdesign erhielt durch die Ulmer leider keine Impulse, sie begnügten sich mit Akzidenzgrotesk, Helvetica oder Univers. Schriftentwerfen, Schriftzeichnen oder gar das nach meiner Meinung zum Verständnis von Schrift unerlässliche Schriftschreiben wurden ebenso wenig gelehrt wie künstlerische Fächer. Diese Einstellung verbreitete sich damals in vielen Gestaltungshochschulen. In einem Gespräch mit Berliner Studenten wurde ich belehrt, dass die Beschäftigung mit Schrift nicht nötig sei, da man doch genügend Satzschriften habe. Auf meine Frage, woher künftig neue Schriften kommen sollten, blieb man mir die Antwort allerdings schuldig. Wie immer war es auch hier die ideologische Übertreibung, die vieles ad absurdum führte.

Der Einfluß der modernen Kunst auf die zeitgenössische Grafik

Richard P. Lohse

RECHTWINKLIG

K: Vasarely, Serigrafie
A: Landtag von Baden-Württemberg, Stuttgart
P: Bill, Umer Hocker, Foto Partner, Stuttgart
G: Zeitschrift der Hochschule für Gestaltung, Ulm
T: Seite aus Neue Grafik 1, Olten 1958
T: Ausstellungsplakat aus Ruder: Typografie, Teufen 1967

Das Produktdesign, das der Hochschule für Gestaltung anfangs zu Weltruhm verhalf, bekam mit der Zeit wegen der immer und überall angewandten Quaderform, ganz gleich, ob es sich dabei um ein Haus, ein Möbel, einen Projektor, einen Heißlüfter, eine Stereoanlage oder Ähnliches handelte, den Spitznamen „Schuhschachtel-Design".

Mit der modularen Bauweise entstanden Gebäude, die sowohl in der Höhe als auch in der Breite beliebig fortgesetzt oder reduziert werden konnten, ohne dass es aufgefallen wäre. Oben und unten, rechts und links waren austauschbar, und die industrielle Serienfertigung gipfelte in den berüchtigten Plattenbauten der Satellitenstädte.

Aufgeblasen

Im Jahr 1968 verweigerte sich die junge Generation den Vorgaben der älteren. Studentenaufstand und der Vietnamkrieg ließen eine Gegenwelt erstehen, in der für alle Bereiche des Lebens neue Formen gesucht wurden. Es entstand weltweit die Hippiebewegung mit ihren Blumenkindern, den Pop- und Rockkonzerten und dem Drogenproblem.

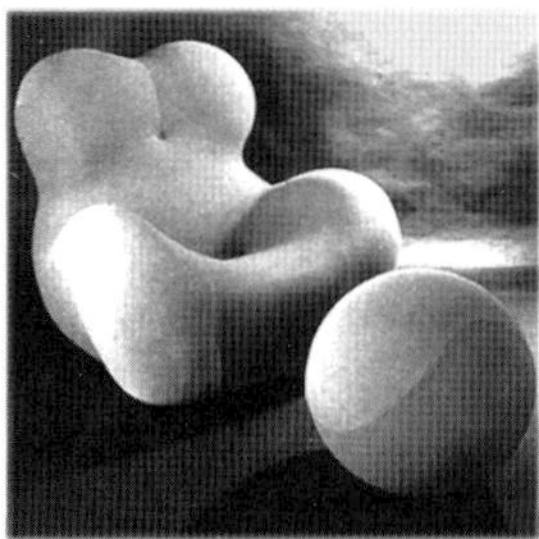

Manche Konzertplakate schienen im Haschischrausch gezeichnet worden zu sein. Sie waren „psychodelic", kaum lesbar, weich und fließend, und die Buchstaben passten sich einander an. Die Schrift erinnerte an jene des Jugendstils.

Es war die große Zeit der politischen Parolen und flotten Sprüche. Keine freie Wandfläche war vor ihnen sicher; zuerst wurde spontan gepinselt, später sehr überlegt gesprüht. Diese Graffiti entwickelten sich nach und nach zum Selbstzweck. Je schwieriger das Anbringen der oft nur noch aus der Signatur bestehenden Schriftzüge, desto größer die Bewunderung in der Szene, und an verbotener Stelle musste es selbstverständlich auch sein. Gegen die Mitte der 70er Jahre kamen in New York die fetten, meist ineinander verschachtelten und plastisch wirkenden Graffiti-Buchstaben auf.

Eine beliebte Ausdrucksform der damals entstandenen alternativen Szene waren Comiczeichnungen. Je vulgärer, desto beliebter. Die Art der Textgestaltung mit unterschiedlichen, an- und abschwellenden überfetten Buchstaben in Sprechblasen fand nicht nur Eingang in die Werbung, sondern auch in die Zeitschriftengestaltung, ins Kinder- und Bilderbuch und vorübergehend selbst in die Belletristik.

Werbeagenturen benutzten wie auf Verabredung die fette Gill Sans oder die Cooper Black. Beide in zahlreichen Varianten und in immer fetteren Graden – wie aufgeblasen. Nicht von ungefähr hieß damals einer der Kultfilme

AUFGEBLASEN

K: De Saint Phalle, Nana
A: Hundertwasser-Haus in Wien, Foto Fred Mayer/Focus
P: Pesce, Sessel Donna, Foto B&B Italia
G: Steiner, Anzeige
T: Buchholz/Hinsch, Buchseite
S: Unbekannt, Graffiti

„Blow up". Schattenschriften, wie sie seit dem Zweiten Weltkrieg nicht mehr zu sehen waren, wurden aus der Popszene in die Werbung übernommen. Sie hießen jetzt „shadow".

Was an Produktdesign aus dem Ausland kam, waren Provokationen für das etablierte Design bei uns. Vor allem in Italien wurde damals großartig und mit viel Phantasie experimentiert. Risikofreudige Unternehmer gründeten neue Firmen für neues, sehr farbiges Design aus neuen Kunststoffen, während bei uns nach wie vor, Jahr für Jahr, die immer gleichen, meist schwarzen Industrieprodukte der immer gleichen Firmen von den immer gleichen Juroren prämiert wurden. Die Funktionalisten waren durch nichts zu erschüttern.

In der bildenden Kunst des Auslands gab es die heiter verspielten Werke, wie die Nanas der Niki de Saint Phalle und die quietschenden Maschinerien ihres Mannes Jean Tinguely, bei uns Filz und Fett und die grellen Protestaktionen und Happenings voller Obszönitäten, Tierblut und Geschrei – in den Galerien wie auf den Bühnen. Das bunte Hundertwasser-Haus in Wien wurde zwar erst in den achtziger Jahren realisiert, aber schon sehr viel früher als Gegenentwurf zur Rasterarchitektur konzipiert.

Alles in allem war das Ende der 60er und der Anfang der 70er Jahre eine aufgeregte Zeit, in der sich viel Neues ankündigte. Geblieben sind das „du" und „hallo" unter den jungen Leuten, die krawattenlose Mode und der Männerzopf. Das poppige Design selbst hat seinen Medienruhm nicht lange überlebt.

Klotzig

In den 70er Jahren, nachdem so vieles auf dem Gebiet der Gestaltung in Bewegung geraten war, fuhren Architekten und Designer in Deutschland noch lange unbeirrt auf ihren eingefahrenen Gleisen weiter. Die spartanische und strenge Auffassung von Design, die 15 Jahre zuvor von der Ulmer Schule ausgegangen war, diente in vielen Fällen nur noch als Begründung für Einfallslosigkeit und Primitivität.

Auffallend war die starke Betonung der Horizontalen. Architektur und Design gingen in die Breite, sie wurden protzig. Es war die Zeit des sich heiß laufenden Wirtschaftswunders, des unbekümmerten Fortschrittsglaubens, der Vollbeschäftigung und des hemmungslosen Lohnforderns und Geldausgebens. Die autogerechte Stadt wurde angestrebt, und manches, was der Krieg verschont hatte, vernichtete jetzt die Abrissbirne.

Arno Votteler, ein Industriedesigner, musste 1977 feststellen: *„Wir haben die Welt verbetoniert und der Nachwelt keine Alternative gelassen – weil Beton so schwer wegzubringen ist."* Aber er ist wegzubringen.

Orientierungssysteme wurden zu einer wichtigen Aufgabe für Grafikdesigner, weil sich niemand in den riesigen Kliniken, Stadthäusern, Universitäten und anderen ebenso labyrinthischen Gebäuden zurechtfinden konnte.

„Die Leute werden sich daran gewöhnen müssen." Das sagte ein wegen dieser inhumanen Bauweise angegriffener Architekturprofessor noch 1977 während einer Podiumsdiskussion in Stuttgart.

Von dieser Arroganz wurden auch Schrift und Typografie befallen. Fette und immer fettere Schnitte mit den zutreffenden Bezeichnungen extrafett, black und heavy füllten in größtmöglichen Graden Titelseiten, Anzeigen und Plakate. Überraschend war die Wiederkehr der schon vergessen geglaubten Futura in eben diesen neuen Schnitten. Sie entsprach besonders im Versalsatz der vorherrschenden Denkweise eher als die ebenso aufgeblasene, aber weniger konstruktivistische fette Gill Sans.

Die neue Freiheit des bleilosen Fotosatzes verführte zum übertrieben engen Satz. „Kissing setting" hieß berührendes und „sexy setting" hieß überschneidendes Setzen, beides galt als schick. Der Durchschuss wurde manchmal so weit verringert, dass Ober- und Unterlängen miteinander verschränkt waren. Lesbarkeit? Fehlanzeige!

Und die Kunst? Auch sie wurde wuchtiger, härter und glich in ihrer dreidimensionalen Ausprägung häufig funktionsunfähigen Industrieobjekten, die sinnlos herumstanden und denen wegen der fehlenden Funktion und der deshalb fehlenden technischen Ästhetik kein anhaltendes Interesse entgegengebracht werden konnte. Konstruktivismus, Hardedge und Minimal Art waren der adäquate Ausdruck für die Kunst dieser Epoche.

KLOTZIG

K: Grabmal in Stuttgart
A: Iduna-Versicherung, Stuttgart
P: Decursu, Sessel Taxi
G: McCann Ericson, Bahnplakat
G: Leu, Anzeige Farbe
T: Erat, Ausstellungskatalog

Nostalgisch

Was mit dem Jugendprotest und der daraus hervorgegangenen Subkultur entstanden war, setzte sich Anfang der 70er Jahre in immer mehr Bereichen durch. Selbst die Moralvorstellungen unserer Gesellschaft waren von dieser umsturzartigen Entwicklung betroffen. Neue Formen des Zusammenlebens wurden ausprobiert. Die dabei entstandenen Wohngemeinschaften stellten sich ihre Einrichtungen häufig aus Sperrmüll zusammen. Flohmärkte und Secondhand-Shops etablierten sich – alter Kram war auf einmal begehrt. Prompt reagierte die Industrie und klebte auf die bis dahin funktionalistisch gestylten Geräte Großmutters Küchendekor.

Dies mag verdeutlichen, welche außerordentlichen Spannungen zwischen den Ideen herrschten. Das bis dahin gültige Design sah sich plötzlich mit einem Antidesign, einer Nostalgiewelle und in ihrem Gefolge einem nie da gewesenen, verspielten Eklektizismus konfrontiert. Klassizismus, Jugendstil und Art Déco fanden neue Liebhaber in der jüngeren Generation.

In New York war es die ITC, die International Typeface Corporation, die mit für unsere zünftigen Typografen haarsträubender Unverfrorenheit die klassischen Schriften für den Fotosatz bearbeitete und natürlich auch ganz neue, zum Teil eklektizistische Schriften herausbrachte. Ein Ereignis aus dieser fruchtbaren Zeit ist besonders hervorzuheben. Ich meine die Rückkehr der Antiqua in den Alltag der Typografen. Und hier war es zunächst die Times New Roman, von William Morris schon 1932 geschaffen und für den Fotosatz bearbeitet, die einen dem Erfolg der Helvetica fast vergleichbaren Siegeszug begann. Das hatte auch sachliche Gründe, denn sie war die damals am besten ausgebaute Antiqua, die auch für den anspruchsvollen Formelsatz in der wissenschaftlichen Literatur geeignet war.

Mit der Nostalgiewelle tauchten alle bei uns seit Jahren verpönten Formen der Typografie wieder auf: Mittelachse, Kapitälchen, Rahmen, Linien, Schriftmischungen und Initialen. Die Kalligrafie hielt wieder Einzug ins Grafikdesign – und mit ihr auch der Schnörkel. Eine besondere, technisch neue Art der Kalligrafie entstand mit Hilfe der Spritzpistole. Die Airbrushtechnik ließ dreidimensionale, farbige Schriften von zum Teil großem Reiz entstehen.

Auf Zeitschriftenseiten fanden sich jetzt auf einmal wieder verschiedene aufeinander abgestimmte Schriftgrade in sinnvoller Abstufung: Hauptüberschrift, Unterüberschrift, Vorspann und die für eine lebendige Zeitschriftenseite so wichtigen, aber lange Zeit vergessenen Zwischenüberschriften.

In vielem wurde die Zeit zurückgedreht. Große Firmen änderten ihr Erscheinungsbild, indem sie ihre alten, in der vergangenen Epoche abgelegten oder durch Neugestaltungen ersetzten Firmenzeichen wieder hervorholten, quasi als Bekenntnis zur Tradition. Auf den Autos von Ford prangte wieder die blaue Olive mit dem Schweineschwänzchen, nachdem sie zuvor durch einen breitfetten Schriftzug ersetzt worden war. Brauereien besannen sich ihrer alten Etiketten und ließen sie überarbeiten. Das aber bedeutete die Wie-

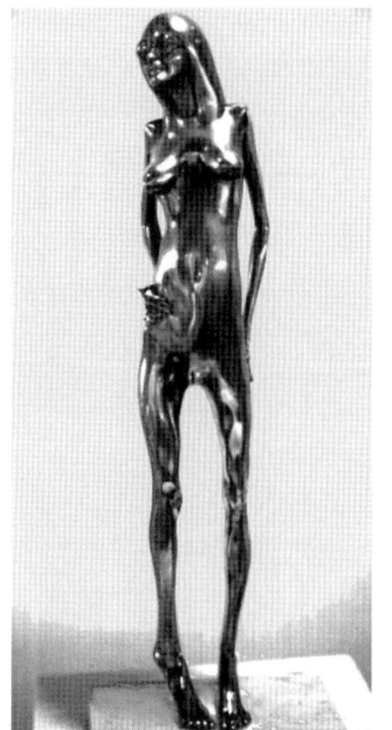

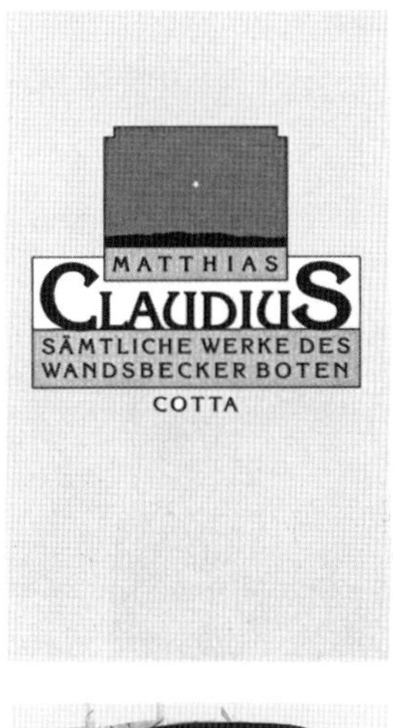

BÜROSYSTEME DER Z

Die technische Entwicklung hat auch vor dem Büro- und Verwaltungsbereich nicht haltgemacht. Rasch aufeinanderfolgende Veränderungen haben hier offenkundig zu einer Orientierungskrise geführt, die wohl nur durch ein erhöhtes Problembewußtsein und sorgfältige Planung zu überwinden ist. Der Verfasser zeigt im Verlauf seiner Ausführungen einige gedankliche Ansätze dazu, wie die Entwicklung unserer Bürosysteme für die Zukunft in eine erwünschte Richtung gelenkt werden kann.

Warum eigentlich sollten wir uns heute Gedanken über die Bürosysteme von morgen machen? Genügt nicht vielmehr die Feststellung, daß es heute sehr wohl schöne wie auch zweckmäßig eingerichtete Büros gibt? Und: Was veranlaßt uns schließlich, in diesem Zusammenhang gar von „Systemen" zu sprechen, womit ja doch offensichtlich mehr gemeint ist, als gelegentlich einmal ein neues Gerät ins Büro zu stellen?

Die Entwicklung vom Schreibplatz zum Bürosystem

Ich will meine Überlegungen zum Thema nicht, wie es vielleicht naheläge, von der Frage her angehen: Wie und mit welcher Intensität läßt sich die Rationalisierung im Büro weiter vorantreiben? Der gesamte Fragenkomplex sollte meines Erachtens etwas grundsätzlicher angegangen werden: Welche Konsequenzen sind zu beachten, wenn sich die Entwicklung vom einfachen Schreibplatz, an dem einmal Aufzeichnungen gemacht wurden, über einen eigens für die Büroarbeiten vorgesehenen Raum nun weiter in Richtung auf ein integriertes Büro- und Verwaltungssystem fortsetzt? Damit würde sich nicht nur und primär der Arbeitsplatz einer Sekretärin oder einer Schreibkraft verändern, sondern die funktionale Umwelt aller „Informationsarbeiter" wäre gleichermaßen betroffen. Zum Kreis der „Informationsarbeiter" (der entsprechende angloamerikanische Ausdruck „information worker" klingt hier schon weniger exaltiert) sind neben dem Büropersonal herkömmlicher Art die Sachbearbeiter und vor allem auch die Fachleute und schließlich die Führungskräfte und Manager selbst zu rechnen.

Es gibt übrigens ein anschauliches Beispiel für eine ähnliche Entwicklung hin zum System, wenn auch in einem ganz anderen Bereich: Die Feuerstelle unserer Vorfahren erhielt im Laufe der Zeit mit der Küche eine

derkehr der gebrochenen Schriften – auf den Flaschen, in der Werbung und an den Fassaden der Gaststätten und Kneipen.

Vieles zu Recht oder Unrecht Vergessene erlebte eine Auferstehung. So auch die gläsernen Ladenpassagen, das Messingbett, und in der Kunst die figürliche Darstellung. Häuser erhielten wieder ein Oben und Unten, und die Fassaden wurden gegliedert. Möbel wurden elegant, ja zierlich. Die Postmoderne hatte Einzug gehalten, die Proportion war zurückgekehrt. Sogar die Abrissbirne wurde gebremst und manches schöne alte Haus gerettet.

NOSTALGISCH

K: Jacob, kleine Stehende
A: Calwer Passage, Stuttgart
P: Sessel, LGA Stuttgart
G: Edelmann, Buchumschlag
T: IBM Nachrichten
S: Hartmann Design, Logo

Klassizistisch

Säulen mit und ohne Kapitell, Giebel und Gesimse in allen Variationen an neuen Häusern waren Ende der 70er und in den 80er Jahren die größte Überraschung für die Zeitgenossen. Vor allem Banken, Museen und Hotels waren von diesem dem Klassizismus entliehenen Stilgemenge betroffen; meist dann, wenn etwas vornehm und würdig aussehen sollte. Vornehmheit, Würde und Pathos, das sind Begriffe, für die die Designwelt jahrzehntelang nur Hohn und Spott übrig gehabt hatte.

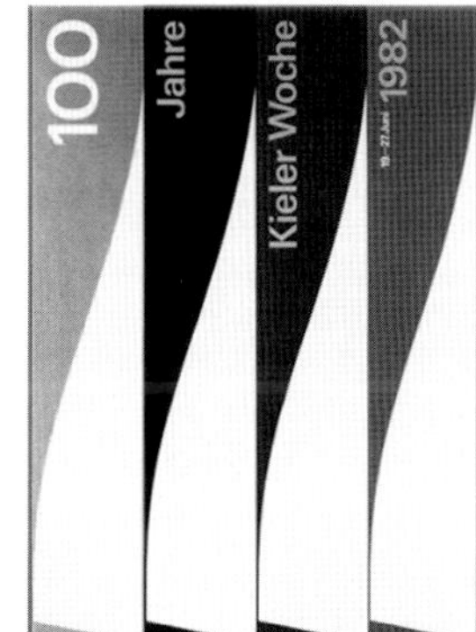

POSTMODERN

K: Grabstele, IGA 1994, Stuttgart
A: Hotel Maritim, Stuttgart
P: Ikea, Stuhl Holmsund
G: Wiese, Plakat Kieler Woche
T: Grafis Verlag, Werbung
S: Ott + Stein, Plakat Berlin

Im postmodernen Klassizismus können wir viele der Eigenheiten klassizistischer Formgebung wiederfinden. Die Zusammenfassung der Stockwerke und die Aneinanderreihung der die Senkrechte betonenden Baugruppen ist eines der auffälligsten Merkmale der postmodernen Architektur. Die Betonung der Senkrechten ist überhaupt das Kennzeichen des postmodernen Klassizismus, auch bei anderen Designobjekten.

Schrift und Typografie machten da keine Ausnahme. Wir erlebten eine Renaissance klassizistischer Schriftschnitte. So wurde die Bodoni weltweit die Hausschrift von IBM. Neue Bodoniadaptionen kamen auf den Markt, wie die Bodoni Old Style von Günter Gerhard Lange.

Lange Textpassagen aus schmalen Versalien waren in der Werbung keine Seltenheit. Allen Untersuchungen und Erfahrungen auf dem Gebiet der Lesbarkeit zum Trotz. Auch wurden Versalzeilen häufig wieder gesperrt. Die postmoderne klassizistische Typografie lebte wie das Design und die Architektur zunächst weitgehend vom Zitieren ohne tiefere Bezüge. Ohne die Auseinandersetzung mit der Antike, wie sie der echte Klassizismus betrieben hatte, blieb der postmoderne Klassizismus dieser Phase eine Angelegenheit des Geschmacks; viel Verspieltes, wenig Überzeugendes.

Erst nach und nach fand der postmoderne Klassizismus zu strengeren Formen und erhielt damit sein eigenständiges Gepräge. Geblieben war die deutliche Bevorzugung der Senkrechten – auch in der Schrift. Diese wurde dabei schmal und schmaler, und war wie so oft ein Objekt manieristischer Attitüden.

Bemerkenswert ist der Versuch, in der Grabmalsgestaltung eine auch im Klassizismus benutzte antike Form des Grabmals einzuführen: die Grabstele; sie taucht jedoch in neuer Gestalt auf und aus neuem Material.

Achteckig

Zu Beginn der 80er Jahre des 20. Jahrhunderts entstand ein Trend, der innerhalb von fünf Jahren den gesamten Bereich der Gestaltung erfasste und nach weiteren fünf Jahren wieder verschwand. Gemeint ist das erstaunliche Bemühen der Designer, allen Quadraten die Ecken abzuschneiden, so dass Achtecke daraus wurden. Wie keine andere Form zuvor hat das Achteck in den 80er Jahren alle Designbereiche geradezu unterwandert. Was dem rechten Winkel nicht gelang, das Achteck schaffte es. Und das geschah nahezu unbemerkt von der Öffentlichkeit. Keine Ideologie, kein Programm, kein Dogmenstreit, kein Manifest, keine Zeitschrift, kein Trendsetter, nichts dergleichen war nötig, um dem Achteck den Weg zu bereiten. Diese unauffällige Form, ein Ding zwischen Kreis und Quadrat, ließ kein Objekt aus. So war es möglich, an einem achteckigen Tisch, auf einem achteckigen Stuhl zu sitzen und aus einem achteckigen Glas oder einer ebensolchen Tasse zu trinken, während unter dem Tisch ein achteckiger Teppich lag, über dem Tisch eine achteckige Leuchte hing und an der Wand eine achteckige Uhr. Optiker boten achteckige Brillengestelle an. Achteckige Kekse erschienen auf dem Markt, und der bis dahin runde Schreibmaschinen-Radiergummi war auf einmal achteckig.

Es blieb nicht bei der kleinen Form. Die Architekten entwarfen achteckige Häuser, öffentliche und private, oder schnitten ihren Häusern zumindest die Ecken ab. Das verhexte Achteck gelangte auch ins Innere der Häuser. Als Waschbecken im Badezimmer und als elektrische Armaturen in allen anderen Räume. Der Höhepunkt oder je nach Gesichtspunkt der Tiefpunkt war die Klosettbürste im achteckigen Behälter.

Vom Haus bis zum Manschettenknopf gab es so gut wie nichts, was von dieser Form verschont geblieben wäre. Selbstverständlich auch nicht das Grafikdesign, die Typografie und die Druckschrift. Auf Buchtiteln und Plakaten erschienen achteckige Formen. Etiketten und Packungen wurden achteckig.

Das Achteck vereinnahmte auch das spröde Industriedesign. Gegen Ende der 80er Jahre wurden in Würzburg die wie immer und überall runden Strommasten der Straßenbahn durch achteckige ersetzt. Selbst so weit auseinanderliegende Dinge wie der Riesenmonitor im Raumschiff eines amerikanischen Science-Fiction-Films aus dieser Zeit und die Altarbühne im Münchner Olympiastadion für den Besuch des Papstes waren achteckig. In Würzburg ist vor dem Theater eine achteckige Skulptur, ein Oktogon, zu bewundern, und in Nizza ist das ganze, 1989 fertiggestellte Theater achteckig.

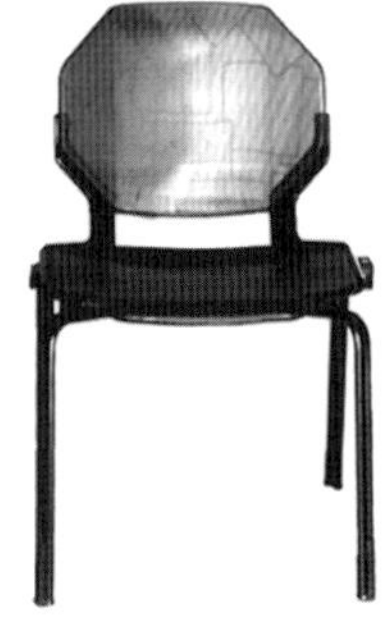

GRAPHIC DESIGNERS
NEED A WIDE VARIETY
IN CHARACTERS

ACHTECKIG

K: Skulptur, Würzburg
A: Allgemeine Rentenanstalt Stuttgart
P: Engel Design, Stuhl Rio
P: Arcoroc, Service Monaco
G: Buchumschläge, mvg Verlag
T: Enduro, Motorradzeitschrift
S: Sayer, Schrift Sayer Points

Wie konnte es dazu kommen? Ein junger Mann, der zu der Zeit auf dem Jahrmarkt achteckige Bilderrahmen verkaufte, antwortete auf meine Frage, wie er zu dieser Form gekommen sei: „Ich wollt' mal was andres machen."

Das Achteck war ein Kuriosum im Designgeschehen. Niemand hatte ihm damals Beachtung geschenkt oder es gar beschrieben. Wer würde auch ein Theater mit einer Klosettbürste in Verbindung bringen. Selbst den sonst allwissenden Designtheoretikern entging dieser Trend, der immerhin annähernd zehn Jahre anhielt. Darauf angesprochen antwortete mir einer aus dieser Gilde betroffen: „Das hab ich verschlafen."

Dekonstruktivistisch

Während man sich in Deutschland schwer tat, von der klassischen Moderne und dem traditionellen Funktionalismus wegzukommen, verschoben sich anderswo die senkrechten und waagerechten Mauern, lösten sich Fassaden auf, wurden oft vielfarbig aus unterschiedlichem Material und ließen dem staunenden Beschauer keine Chance, von außen den Grundriss des Gebäudes auch nur ungefähr zu erraten. Leuchten wirken wie ein Nest fliegender Untertassen, und bei Skulpturen fällt es schwer, sie als solche zu erkennen.

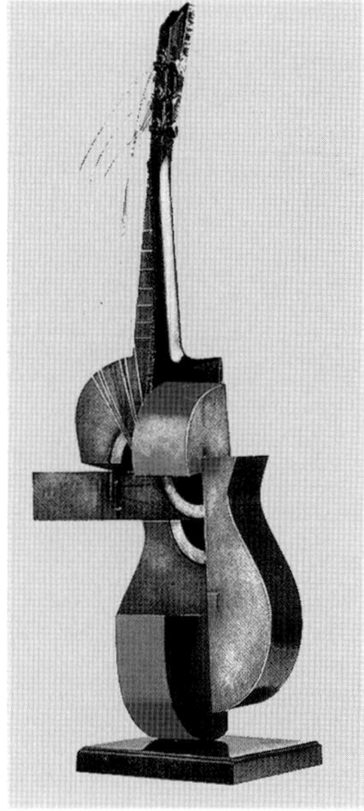

Digi-tale

Shooting-Stars

Weil Schrift und Typografie sich keinem Trend verweigern können, kamen in England junge Designer zum Zuge, die vor nichts zurückschreckten. Sie experimentierten nach Lust und Laune mit Schriften und Buchstaben, die sie kreuz und quer so zerschnitten, dass sich den Nachfahren Gutenbergs die Haare sträubten. Und die neue Masche kam bei den Altersgenossen, für die sie gestrickt wurde, gut an.

Am inzwischen zum selbstverständlichen Mitarbeiter gewordenen Computer zu spielen, macht auch deutschen Studenten Spaß. Ihrem Spieltrieb verdanken wir reizvolle Schriftentwürfe für ebenso verspielte Drucksachen. Nur mit Originalität und Effekthascherei geht es auf die Dauer nicht, aber jedes Experiment regt an und verhindert Stagnation und Langeweile. Die erprobten Leseschriften bleiben davon weitgehend unberührt.

Das Entstehen und Wechseln der Stile gleichzeitig an verschiedenen Orten aber bleibt ein Geheimnis, das sich erst im Nachhinein unserem Verständnis teilweise erschließt. Ein ungelöster Rest wird immer bleiben.

GESPLITTET

K: Arman, Galerie Artcurial, München
A: Vitra Design Museum
P: Maurer, Kronleuchter, Foto: Internat. Designjahrb. 1994/95
G: Nakatas, Heinz
T: Der Druckspiegel 2/1995
S: Brody, Alphabet

Druckschrift heute

Druckschriften heute	Gruppe 1 Schriften nach humanistischem Formprinzip	Gruppe 2 Schriften nach klassizistischem Formprinzip	Gruppe 3 Schriften aus dekorativen und freien Formen	Gruppe 4 Schriften aus geschriebenen Formen
A Serifenschriften mit deutlichem Strichkontrast	REG z. B. Garamond	REG z. B. Centennial	REG z. B. Rosewood	REG z. B. Zapf Chancery
B Serifenschriften mit geringem Strichkontrast	REG z. B. Caecilia	REG z. B. Glypha	REG z. B. Davida	REG z. B. Gordon kursiv
C Serifenlose Schriften mit deutlichem Strichkontrast	REG z. B. Optima	REG z. B. Britannic	REG z. B. Broadway	REG z. B. Roundhand
D Serifenlose Schriften mit geringem Strichkontrast	REG z. B. Syntax	REG z. B. Helvetica	REG z. B. Stop	REG z. B. Matthia
E Schriften mit anderen Strukturen	REG z. B. Beowolf	REG z. B. Czycago	REG z. B. Shuriken Boy	REG z. B. Notre Dame

Kleine Druckschriftenkunde

Mit der Zusammenstellung auf den übernächsten Seiten habe ich versucht, einen Überblick über die heutigen Druckschriften zu schaffen, indem ich die Schriften nach ihren verschiedenen Formen einerseits und ihren unterschiedlichen Strukturen andrerseits in Gruppen zusammengefasst habe, wie es sich aus der angedeuteten Matrix auf der vorhergehenden Seite ergibt. Also zum Beispiel nach humanistischen oder nach klassizistischen Formen, nach wechselnder oder gleichbleibender Strichstärke, nach Serifenschriften oder serifenlosen Schriften. Damit habe ich die bisherigen kunsthistorischen Begriffe, wie venezianische oder französische Renaissance-Antiqua oder Barockantiqua vermieden, die es in reinen Formen wie früher bei den Bleisatzschriften heute kaum noch gibt. Auch bin ich im Buch auf diese Bezeichnungen der Schriften, die nur ausgebildete Fachleute unterscheiden können und die in der Praxis kaum noch eine Rolle spielen, nicht eingegangen.

Formen: Das humanistische und das klassizistische Prinzip

Die Großbuchstaben nach dem humanistischen Formprinzip sind in der Breite verschieden, die runden Buchstaben sind häufig kreisförmig, bei zeitgenössischen und besonders bei amerikanischen Schriften auch breitoval. Das kleine a ist zweistöckig und hat einen gestreckten Bogen. Das große R hat einen diagonalen Abstrich. Die Formen erinnern an die humanistischen Handschriften des 15. Jahrhunderts. Die jeweils dazugehörigen Kursiven ähneln den römischen Handschriften des 16. Jahrhunderts. Sie heißen darum heute „Italic". Das humanistische Formprinzip, das man auch das dynamische nennen kann, liegt den besten Leseschriften zugrunde. Die Buchstaben bilden gut unterscheidbare Wörter, wie dieser Text beweist. Auch die linearen Schriften ohne Strichkontrast entstehen heute überwiegend nach diesem Prinzip. Die in den letzten Jahren intensiv betriebene Lesbarkeitsforschung hat die Vorteile des humanistischen Formprinzips für die Schriften bestätigt, die für umfangreichere Lesetexte bestimmt sind.

Die Großbuchstaben nach dem klassizistischen Formprinzip, das man auch das statische nennt, sind untereinander ähnlich breit oder schmal. Also das E ist breiter als normal und das M ist schmaler. Das O ist immer ein Oval. Das kleine a ist ebenfalls zweistöckig, hat aber einen symmetrischen Bogen, außer bei den Kursiven. Das große R hat einen senkrecht stehenden geschweiften Abstrich. Der Strichkontrast ist stärker, die Serifen sind dün-

Anstriche und Serifen bei den kleinen Buchstaben.

l l

15. und 16. Jahrhundert: Steile Anstriche.

l l

17. und 18. Jahrhundert: Flache bis waagerechte Anstriche, dünne Serifen.

l l

19. und 20. Jahrhundert: Waagerechte Anstriche und Serifen oder gar keine.

ner und können manchmal nur ein Strich sein. Die gleichbreiten Buchstaben verhindern charakteristische Wortbilder und erschweren so das Lesen umfangreicher Texte. Dafür erlauben klassizistische Schriften elegante und dekorative Überschriften und Titelseiten.

Strukturen: Die Serifen und der Strichkontrast

Von der äußeren Erscheinung ausgehend, erkennen wir bei bestimmten Schriften mehr oder weniger große Unterschiede bei den senkrechten und den waagerechten Strichen. Die senkrechten sind dicker als die waagerechten. Andere Schriften zeigen keinen oder nur einen geringen Strichkontrast. Deren Striche sind fast gleich dick. Beide Schriftarten gibt es mit und ohne „Füßchen", den Serifen.

Das humanistische Formprinzip
Schriften mit meistens kreisförmigem O. Bei den modernen Schriften ist das O häufig oval. Die Großbuchstaben sind unterschiedlich breit. Charakteristisch ist der diagonale Abstrich des großen R. Das kleine a ist zweistöckig und hat einen unsymmetrischen Bogen.

Das klassizistische Formprinzip
Schriften mit einem ovalen O. Die Großbuchstaben sind untereinander ähnlich breit. Die Serifen sind dünn und die Anstriche bei den Kleinbuchstaben sind meist waagerecht. Der Abstrich des großen R steht senkrecht und ist geschweift. Das kleine a hat einen symmetrischen Bogen.

Die kursiven Schriften (Italic)
Die Kursiven waren ursprünglich selbstständige Schriften. Erst spät wurden sie passend zu den jeweiligen Fonts entworfen. Man erkennt an ihren Formen noch immer ihre Herkunft von den römischen Renaissance-Kursiven. Am auffälligsten beim kleinen a.

Serifenschriften (Antiqua) mit deutlichem Strichkontrast. Die waagerechten und die senkrechten Striche sind verschieden dick. Bei den klassizistischen Schriften ist der Strichkontrast besonders stark.

Serifenlose Schriften (Grotesk) mit geringem Strichkontrast. Waagerechte und senkrechte Striche sind fast gleich dick.

Die Druckschriftarten

Kategorie		Schriftprobe	Schrift
Antiqua-Schriften (Roman types) a. humanistische Formen:	mit Serifen	Groß Rastenburg	Stone Serif
	ohne Serifen	Groß Rastenburg	Optima
	Varianten	Groß Rastenburg	Stone Informal
Antiqua-Schriften (Roman types) b. klassizistische Formen:	mit Serifen	Groß Rastenburg	Centennial
	ohne Serifen	Groß Rastenburg	Britannic
	Varianten	Groß Rastenburg	Clarendon
Egyptienne-Schriften (Slab serifs): nach humanistischem Muster		Groß Rastenburg	PMN Caecilia
nach klassizistischem Muster		Groß Rastenburg	Glypha
geometrische Varianten		Groß Rastenburg	Berthold City

Grotesk-Schriften (Sans serifs): nach humanistischem Muster	Groß Rastenburg	Syntax
nach klassizistischem Muster	Groß Rastenburg	Helvetica
geometrische Varianten	Groß Rastenburg	Futura
Schmuckschriften (Display types): dekorative	GROSS RASTENBURG	Rosewood
informelle	Groß Rastenburg	Remedy
technische	GROSSRASTEN	CMC 7
bildhafte	GROSS RASTENBUR	Tool Box
Schreibschriften (Scripts): kalligraphische	Groß Rastenburg	Snell Roundhand
handschriftliche	Groß Rastenburg	Choc
historisierende	GROSS RASTEN TENBURG	Omnia
gebrochene (Black letter)	Groß Raſtenburg	Notre Dame

Mein Dank

gilt all denen, ohne deren Mitarbeit ein solches Buch nicht entstehen kann. Das sind zunächst meine Lektorin Christine Brandstätter, die mein Manuskript angenommen und betreut hat und Peter Salmutter, der sich mit dem Umbruch und mit mir plagen musste. Ferner danke ich denen, die mich über viele Jahre begleitet haben, wie Stephan Füssel und Ute Schneider, die die ersten Veröffentlichungen einiger Kapitel dieses Buches im Gutenberg-Jahrbuch und im Jahrbuch Imprimatur ermöglichten. Mit vielen unserer großen Schriftgelehrten durfte ich mit Gewinn diskutieren und korrespondieren. Darunter die unvergessenen Max Caflisch, Günter Gerhard Lange und Hans Peter Willberg. Viele Anregungen erhielt ich von Thomas Glöß, der gezeigt hat, dass Druckschriften schon früher nicht nur nach geschriebenen Vorbildern entstanden sind, von Jost Hochuli, dessen Foto aus Pompeji in diesem Buch zu finden ist, von Indra Kupferschmid, die mich mit ihren Kenntnissen überraschte, von Gerrit Noordzij, dem Streiter für *The Stroke of the Pen*, der mir Jean Miélot und seine serifenlosen Buchstaben zeigte, von James Mosley, ohne den es keine vollständige Geschichte der serifenlosen Schrift gäbe, von Eckehart Schumacher Gebler, der einfach alles über Satz und Druck weiß, und vom großen Hermann Zapf.

Mein Dank gilt auch Bernd Feldmann, der mich mit viel Material unterstützte und Otmar Hoefer von der Linotype GmbH, der mir die hier benutzte Schrift Frutiger Serif, eine interessante Opentype-Schrift bescherte. Dank auch allen Kolleginnen und Kollegen, die mir bereitwillig ihre Fotos überlassen haben.

Meiner Frau, die eine Fachfrau ist, habe ich zu danken für viele Gespräche über Schrift, auch für Kritik und viel Geduld und Rücksichtnahme, sowie meinem Sohn, der alles durch die wissenschaftliche Brille gelesen hat.

Viel verdanke ich meinen Lehrern Friedrich Heinrichsen und Johannes Boehland, die mir die Welt der Schrift erschlossen haben. Von Heinrichsen hörte ich den ersten Vortrag über Schriftgeschichte, und bei Boehland konnte ich während des Studiums meinen ersten Vortrag über dieses Thema halten. Ich bin sehr froh, Arbeiten dieser leider fast vergessenen großartigen Kalligrafen und Schriftentwerfer in meinem Buch zeigen zu können.

Literatur

Alexander, J. J. G.
Initialen aus großen Handschriften
München 1978

Assmann, J.
Das kulturelle Gedächtnis
München 1997

Atlas zur Geschichte der Schrift
Technische Universität Darmstadt
2001

Austin, R. P.
The Stoichedon Style in Greek Inscriptions
Oxford 1938

Barthel, G.
Konnte Adam schreiben?
Köln 1972

Bauer, K. F.
Mainzer Epigraphik
Leipzig 1926

Bibliotheca Palatina, Katalog
Heidelberg 1986

Breckle, H. E.
Konventionsbasierte Kriterien der Buchstabenstruktur am Beispiel der Entwicklung der kanaanäischen und altgriechischen Schrift
Kodicas/Code 10, 1987

Caflisch, M.
Jan Tschichold, Revolutionär, Reformer oder Renegat?
Meran 2004

Carson, D.
The End of Print
Schopfheim 1995

Carsten, S.
Die Erfindung des Buchdrucks im 15. Jh.
Darmstadt 1997

Casson, L.
Bibliotheken in der Antike
Zürich 2002

Chartier & Cavallo
Die Welt des Lesens
Frankfurt, M. 1999

Claiborne, R.
Die Erfindung der Schrift
Time Life 1975

Doede, W.
Schön schreiben, eine Kunst
München 1957

Drei Schriften, drei Sprachen
Kroatische Schriftdenkmäler
Katalog, Zagreb 2004

Ehmke, F. H.
Die historische Entwicklung der abendländischen Schriftformen
Ravensburg 1927

Eyssen, J.
Buchkunst in Deutschland
Hannover 1980

Faulmann, C.
Das Buch der Schrift
Reprint von 1880
Frankfurt/M 1990

Fichtenau, H.
Die Lehrbücher Maximilians I. und die Anfänge der Frakturschrift
Hamburg 1961

Földes-Papp, K.
Vom Felsbild zum Alphabet
Stuttgart 1966

Frutiger, A.
Form und Gegenform
Cham 1998

Füssel, St.
Gutenberg und seine Wirkung
Frankfurt a. M. 1999

Glöß, Th.
Druckschrift und Inschrift
Leipzig 2006

Gray, N.
A History of Lettering
Oxford 1986

Gutenberg, Katalog
Weinheim 1990

Gutenberg, aventur und kunst
Katalog, Mainz 2000

Halbey, H. A.
Gudrun Zapf von Hesse
Leipzig 2002
Rudo Spemann, Monographie
Offenbach am Main 1981

Harder, R.
Rottenschrift
aus Kleine Schriften München 1960

Harris, D.
Die Kunst des Schreibens
Ravensburg 1996
Iljin, M.
Schwarz auf Weiß
Berlin 1947
Jackson, D.
Alphabet, die Geschichte
vom Schreiben
Frankfurt a. M. 1981
Jensen, H.
Die Schrift in Vergangenheit
und Gegenwart
Berlin 1958
Kulturen im Kontext
Zehn Jahre Sammlung
deutscher Drucke
Staatsbibliothek Berlin 1999
Kunst und Kultur der Karolingerzeit
Katalog, Mainz 1999
Larisch, R.
Unterricht in ornamentaler Schrift
Wien 1929
Luidl, Ph.
Günter Gerhard Lange
TGM München 1983
Meyer H. E.
Die Schriftentwicklung
Zürich 1977
Naveh, J.
Die Entstehung des Alphabets
Zürich 1979
Noordzij, G.
The Stroke of the Pen
Den Haag 1982
Mosley, J.
The Nymph and the Grot
London 1999
Ohlsen, W.
Monumentalschrift, Monument, Maß,
Hamburg 1981
Presser, H.
Das Buch vom Buch
Hannover 1978
Raabe, P.
Gutenberg – 500 Jahre
Buchdruck in Europa
Wolfenbüttel 1990
Reiner, I.
Die Ziffernbilder
Stuttgart 1975
Ricci, F. M.
Bodoni in Offenbach
Katalog, Offenbach 1988
Schauer, G. K.
Ein halbes Jahrtausend Bleisatz
Darmstadt 1982
Schrift, Sprache, Bild & Klang
Katalog, Würzburg 2002
Schulz-Anker, E.
Formanalyse und Dokumentation
einer serifenlosen Linearschrift
auf neuer Basis: Syntax-Antiqua
Frankfurt a. M. 1967
Stammberger, M. W.
Scriptor und Scriptorium
Graz 2003
Steinmann, M.
Von der Handschrift
zur Druckschrift der Renaissance
Darmstadt 1996
Stresow, G.
Die Kursiv
Darmstadt 2001
Trost, V.
Scriptorium
Stuttgart 1991
Trump, G.
Vita aktiva
TGM München 1967
Tschichold, J.
Meisterbuch der Schrift
Ravensburg 1965
Vita Aktiva, Georg Trump
TGM München 1968
Zapf, H.
Alphabetgeschichten
Bad Homburg 2007

Bildnachweis

Die Seitenzahlen sind kursiv gesetzt

Akademie der Wissenschaft Mainz, Deutsche Inschriften Bd. 60, *78*

Akademische Druck- u. Verlagsanstalt, Graz, *54, 55,o, 56, 66, 69,o, 71, 76(2), 78,u, 79,l, 80(2), 82(2), 90,r, 92, 127, 128,o, 135, 165,u*

Alexander, J. J. G. Initialen aus großen Handschriften, München 1978, *184*

Altorientalische Kultur im Bilde, Sammlung Göschen, *18, 19*

Antike Welt 2/2001, Mainz *43*

Atlas zur Geschichte der Schrift, Darmstadt 2001, *132(2), 133, 138(2), 141, 142, 143, 144, 147, 148, 164,u, 168(2), 169,u, 170, 171*

Barthel, G. Konnte Adam schreiben? Köln 1972, *23,u, 65,u, 83,m, 91,u, 134,u*

Bentele, G, Blutiges Pergament, Thienemann, Stuttgart, *111,ol*

Bickham, G. The universal Penman, London 1743, *172*

Bild- und Dia-Archiv des Verfassers *15, 16, 20, 22, 25, 26, 30, 34, 38, 42,m,u, 45, 51,u, 52(4), 53(3), 54,m,l, 55,r, 57, 58,o,u, 60, 63, 68(2), 69,u, 70,o,l, 72, 77, 80,l, 83,o, 84, 85, 86,o,m,ur, 87, 90,l, 95,o,m, 96(2), 98,o,u, 102,o,u, 103,o,u, 105, 106(2), 107, 108, 109,r, 110(4), 111,r, 113-116, 118, 128,u, 130, 131, 134,o, 136,o, 139(5), 146,u, 150, 153,u, 158(2), 159,u, 173, 174,u, 176,u, 177,o, 179,o, 180(2), 183,u, 185(4), 187, 188,u, 189,o, 190(3), 192 o.l. 194, 196, 198, 202-213,*

Boehn, M. v. Die Mode, München 1905, *147*

Das A und O des Bauhauses, Katalog, Leipzig 1995, *193(2)*

Description de l'Egypte, Köln 2007, *12*

Die Erfindung der Schrift, Time-Life 1975, *20, 21(2), 188,o.l.*

Die neue Zeitung 68/1951, *38,o*

Die Reklame, Berlin 1925, *104*

Die Schriftmuster des Laurentius Autenrieth vom Jahre 1520, 33. Druck der Fachhochschule für Druck, Stuttgart, *89*

Die Zeit der Staufer, Katalog Bd. 2, Stuttgart 1977, *76,r*

Dreyer, G. Umm el Qaab 1 - Das praehistorische Königsgrab U-j, Archäologische Veröffentlichungen Bd. 86, Mainz 1998, *11,*

Dutschke, W. Hamburg, *Foto 41*

Ehmke, F. H. Die historische Entwicklung der abendländischen Schriftformen, Ravensburg 1927, *42,ol, 55,u, 93, 172,o*

Fairbank, A Book of Skripts, Penguin-Books 1949, *167,u, 173,u*

Fichtenau, H. Die Lehrbücher Maximilians I. und die Anfänge der Frakturschrift, Hamburg 1961, *91,o*

Földes-Papp, K. Vom Felsbild zum Alphabet, Stuttgart 1966, *14, 37,o,m, 51,o*

Franckesche Stiftungen Halle, Bibliothek, Signatur 177 C 22 (1) *174,o*

Fugger W. Schreibmeisterbuch, München-Pullach 1967, *167,o*

Gebrauchsgraphik 4/1925, *103*, 7/1934, *103, 107*

Gray, N. A History of Lettering, Oxford 1986, *70,u,r*

Gutenberg Aventur und Kunst, Katalog, Mainz 2000, *112*

Gutenberg-Jahrbuch 1937, *86,m*

Haarmann, H. Universalgeschichte der Schrift, Frankfurt, Main, 1991, 8,o

Halbey, H. A. Rudo Spemann, Offenbach 1981, *102,m, 176(2)o*

Handover, P. M. Geschichtliches über die endstrichlose Schrift, Monotype, Frankfurt am Main 1962, *191*

Harder, R. Rottenschrift, Darmstadt 1968, *42,o, 183,o*

Hase, F. W. v. Beiträge zur Urnenfelderzeit, Bonn 1995, *49*

Hochuli, J. St.Gallen, *Foto 54,o*

Intertype-Schriftenkatal. Berlin 1967, *79,r*

Kapr, A. Schriftkunst, Dresden 1971, *98,r, 163,u*

Klingspor, K. Über Schönheit v. Schrift und Druck, Frankfurt am Main 1949, *100, 155*

Kraemer, H. Das 19. Jahrh. Berlin 1900, Gemälde v. M. Orange, Ausschn. *187*

Land des Baal, Katalog, Mainz 1982, *38,u*

Larisch, R. Unterricht in ornamentaler Schrift, Wien 1929, *154,u, 191,r*

Linotype GmbH, Matrix 2000, *179*
Linotype Post 35/1957, *191,o, 192(4)*

Maier, Historische Aspekte zur Jugendliteratur, Stuttgart 1974, *99*

Mosley, J. The Nymph and the Grot, London 1999, *185, 186(3), 188,o.r. 190,o.*

Muzika, F. Die schöne Schrift, Hanau 1965, *34,o, 183,m*

Naveh, J. Die Entstehung des Alphabets, Zürich 1979, *36, 37,r, 55*

Novum Press, Initialen + Bildbuchstaben, München 1989, *77,u, 117, 137, 151, 153, 171*

Presser, H. Das Buch vom Buch, Hannover 1978, *105,r*

Reeves, N. Faszination Ägypten, München 2001, *33*

Rechtern, A. Limburg a. d. Lahn, *Foto 27*

Rodenberg, J. Die Druckkunst im Spiegel der Kultur, Berlin 1942, *97*

Ruben, P. Die Reklame, Berlin 1913, *101*

Schrift, Sprache, Bild & Klang Katalog, Würzburg 2002, *8, 39*

Schubart, W. Das Buch b. d. Griechen und Römern, Leipzig 1960, 44, *58,m, 63,r*

Schulz-Anker, E. Formanalyse und Dokumentation einer serifenlosen Linearschrift auf neuer Basis: Syntax Antiqua,
Frankfurt am Main 1967, *147, 195*

Schumacher Gebler, E. München, *Foto 86,ul*

Spektrum der Wissenschaft, 2/1997, Heidelberg, *24*

Staatsarchiv Ludwigsburg, Einladung 2009, *94*

Stacke, L, Deutsche Geschichte, Bielefeld und Leipzig, *64,o, 68(2)*

Stuttgarter Zeitung 61/2002 Foto DPA, *35*

Thomas, A. G. Alte Buchkunst, Stuttgart, *156*

Tschichold, J. Meisterbuch der Schrift Ravensburg 1965, *78,m, 95,r, 166,*

Typografische Gesellschaft München, Paul Renner, München 1978, *103,m*
Vita Aktiva Georg Trump, München 1966, *177*
Linke/Sauer, Zierlich schreiben, München 2007, *91*

Typografische Monatsblätter 11/1969, St.Gallen, *64(2),u, 65(3)r, 163, 164, 169,o*

Vitra Design Museum, Weil a.Rh. *213*

Wesser, U. Berlin, *Fotos 146,o, 154,o*

Wimmer, St. J. und Wimmer-Dweikat, S. Göttinger Miszellen 180/2001, *34,u*
W&V, 29/1981, *189,u*

Zapf, H. William Morris, Scharbeutz 1949, *101, 152,* Zapf-Archiv: *115,u, 159,o*

Zauzig, K.-Th. Hieroglyphen ohne Geheimnis, Mainz 1980, *17, 23,o*

Zimelien, Katalog Nr. 168, Wiesbaden 1975, *76,or*

Zoller, F. Enheim, *Foto 136,u*

Register

Die Namen der Druckschriften sind kursiv gesetzt

A
Abydos 11, 30
Abkürzungen 119
Abbreviaturen 64, 86, 119
Absolutismus 145
Achteck 211
Airbrushtechnik 208
Akrophonie 32
Akzidenzgrotesk 190, 195
Albers, Josef 193
Aldinen 135
Aldus-Antiqua 158
Alexandre, Jean 142
Alkuin von York 66, 68
Alteuropäische Schrift 8
Althebräische Schrift 37
Altschrift 100
Amerika 132
Amoriter 36
Ancient Black 111
Andreä, Hieronimus 93
Angelsächsische Minuskel 65
Antidesign 208
Antiqua 128,159, 218f.
Antique 190
Aramäer 36
Arrighi, Ludovico degli 166
Art Déco 103, 208
Arts and Crafts Movement 101
Athen 41
Aufklärung 145
Augereau, Antoine 137
Augustea 153

B
Baildon, John 167
Balzac 177
Baskerville, John 144, 146
Bastardschriften 83, 90
Batarde 83
Bauer Bodoni 158
Bauhaus 101, 192
Baum, Walter 158
Bayer, Herbert 193
Beardsley 153
Beauchesne, John de 167
Beaumarchais, P. A. C. de 144
Behrens, Peter 154
Behrens-Antiqua 154
Bell, John 114
Bembo, Pietro, Kardinal 134
Beneventanische Minuskel 65
Benton, Morris Fuller 192
Berry, Herzog 84
Berthold City 219
Bibliotheke 58
Biblos (Buch) 58
Bickham, Georges 173
Biedermeier 97
Binsenstängel 20
Bismarck Gotisch 116
Bismarck, Otto von 100
Bisticci, Vespasiano da 130
Black Letter 111
Bleilettern 86
Blockbücher 85
Blocksatz 86
Blockschrift 107, 192
Blokland, Petr van 196
Boccaccio, Giovanni 128
Bodoni, Giambattista 147, 171
Bodoni Old Style 210
Boehland, Johannes 102, 176
Bracciolini, Poggio 128
Breu, Jörg 93
Brillen 128
Britannic 219
Bruchschrift 100
Bruni, Leonardo 128
Buchhieroglyphen 18
Burgkmair, Hans 93
Burgundica 109
Bustrophedon 41
Byblos (Stadt) 39
Byzanz 65

C
Cäcilia 195
Calamus 58
Cancellaresca 166
Candida 158
Capitalis monumentalis 51
Capitalis rustica 54
Capitalis quadrata 54, 55
Caractères de l´Université 138
Caslon, William I. 114, 143

Caslon, William IV. 144, 188
Caxton, William 85
Centennial 219
Century Old Style 153
Chalkis 49
Champion 177, 202
Champollion 25
Charta 58
Choc 220
Cicero, Marcus Tullius 64
Cicero, Typomaß 142
Civilité 168
Clarendon 150, 219
Cloister Black 111
CMC 7 220
Codex 57
Codex 159
Codex argenteus 155
Colombine 177
Colonel 143
Concord 158
Copisti 130
Corbie 66
Cranach, Lukas 93
Cromwell 113

D
Dagulf Psalter 66, 71
Darnell, John, Deborah 33
David, Jaques Louis 145
Deberney & Peignot 144, 195
Dekonstruktivismus 212
Delphin 177, 202
Demotische Schrift 23
Description de l'Egypte 13, 187
Determinative 15
Deutsches Archäologisches Institut 11
Deutsche Schrift 98
Deutscher Werkbund 101
Deutzeichen 15
Didot, Firmin 97, 146
Didot, François Ambroise 142, 171
Didot-Punkt 142
Dionysos 39
Diplomatische Minuskel 68
Display-Schriften 196
Doric 190
Druckerpresse 85
Dürer, Albrecht 93, 130
Dürerfraktur 93
Dyck, Christoffel van 144

E
Eckmann, Otto 100
Egyptian 190
Egyptienne 190, 195, 219
Ehmke, Fritz Helmut 156
Eierstab 146
Eklektizismus 208
Empire-Stil 146
Englische Schreibschrift 173
Engraver's Black 115
Enschedé en Zoonen 144
Enzykliken 163
Eratosthenes von Kyrene 131
Eszett 119
Etrusker 49
Evangeliare 66
Evangelistare 66
Excelsior 158

F
Fairbank, Alfred 173
Falisker 49
Farnese, Alessandro 165
Feliciano, Felice 130
Fere Antiqua 128
Flamand 113
Flattersatz 195, 203
Fleischmann, Joan Michael 144
Fleischmann-Antiqua 144
Florenz 131
Forum romanum 53
Fournier, Pierre Simon 142, 171
Fox, Benjamin 151
Forumstein 51
Fränkische Minuskel 65
Fraktur 90, 100
Franckesche Stiftungen 174
Franklin Gothic 190
Franklin Old Style 153
Franz I. 137
Friedrich III. 91
Friedrich Wilhelm III. 186
Frühgotische Minuskel 76
Frutiger 195

Frutiger, Adrian 159, 195
Frutiger Serif 159
Füssel, Stephan 88
Fugger, Wolfgang 94, 167
Funktionalismus 154
Furchenwendig 41
Fust und Schöffer 112
Futura 192, 220

G
Gänsefedern 179
Garamond, Claude 137, 168
Garamond-Antiqua 138
Gavotte 176
Gebetbuchfraktur 91
Geheimschriften 46
George, Stefan 190
Gestaltungsraster, ägyptisch 16
Gießinstrument 86
Gill, Eric 191
Gill Sans 191, 205, 207
Gillot, Joseph 180
Glypha 219
Godescalc 66
Goethe, Johann Wolfgang 145, 149
Gonzaga, Ludovico 183
Gotenburg 104
Gotico-Antiqua 128, 132, 133
Gotik 77
Gotische Kurrent 81, 168
Gotische Kursive 81
Gotische Majuskel 56, 72, 77
Gothic 190
Goudy Old Style 153
Grabstele 210
Graffiti-Buchstaben 205
Graffito 54
Grandjean, Philippe 142, 170
Granjon, Robert 168
Grien, Hans Baldung 93
Griffo, Francesco 134
Grotesk 190, 195
Grotesque 190
Gründerzeit 152
Gubitz, Johann Christoph 97
Gutenberg, Johannes 85

H
Haas Grotesk 195
Halbunziale 64
Hallmark Gotisch 115
Hardedge 207
Hathor 14, 33
Heinrichsen, Friedrich 102
Helvetica 158, 195, 220
Herodot 46
Heyerdahl, Thor 20
Hieroglyphen 11, 13
Hieratische Schrift 18, 22
Historismus 98, 151
Hitler, Adolf 103
Höfer, Karl Georg 202
Homonyme 14
Hopfer, Daniel 136
Hopyl, Wolfgang 112
Horus 13
Hugo, Victor 188
Humanistische Kursive 163
Humanistische Minuskel 130
Hundertwasser-Haus 206

I
Ideogramme 15
Illuminatoren 88
Impimatur 158
Imprimerie Royal 138, 142
Initiale 63
Irische Halbunziale 65
Italian Hand 167
Italic 164, 167, 216f.
Italika 167
Italique 168
Itten, Johannes 193

J
Jannon, Jean 138, 168
Janson-Antiqua 138
Janson, Anton 138
Jaugeon, Nicolas 141
Jenson, Nicolas 133
Johnston, Edward 101, 117, 153, 191
Jugendstil 100, 153

K
Kaiser-Gotisch 116
Kalligrafie 208
Kanaaniter 31
Kapitalismus 152
Karl IV. 91
Karl der Große 66
Karolingische Minuskel 67
Kartusche 25
Keere, Hendrik van den 113
Keilschrift 37
Kelmscott Press 101
King's Printers 113
Kis, Miklós 139
Klassizismus 145, 209
Kobaltblau 22
Kobayashi, Akiro 180
Kleukens, Friedrich Wilhelm 156
Koch, Rudolf 102, 156
Kodex 59
Kolophon 129
Kolumbus, Christoph 132
Konsonantenalphabet 36
Konstantin I. der Große 59, 65
Konstantinopel 59, 65
Konstruktivismus 209
Korinth 41
Kreta 39, 40
Kunstgewerbebewegung 101
Kunstschrift 103
Kuriale 65
Kurrent 82
Kursive 63, 163, 217f.
Kylindros 58

L
Ladenschilder 188
Lange, Günter Gerhard 158, 202
Langobardische Minuskel 65
Lapis Niger 51
Larisch, Rudolf von 102, 154
Latiner 49
Laufender Hund 146
Laurentiis, Nicolaus 133
Lautalphabet 44
Leonardo da Vinci 128
Lettera cancellaresca 164
Lettera di Bolle 163
Lettera di Brevi 163
Lettera francese 79, 167
Lettera moderna 167
Lettera Tedesca 167
lettre batarde 83, 85
Libanon 36
Liber 58
Ligaturen 53, 86
Linotype GmbH 196
Litterae antiquae 129
Litterae modernae 127
Lithografie 99
Lombardische Majuskel 56, 72
Ludwig XIV. 141
Luther, Martin 94

M
Mäanderband 146
Maholy-Nagy, Laszlo 193
Majuskelkursive 63
Manuale Tipografico 148
Manuel Typografique 142
Manuskript-Gotisch 111, 117
Manutius, Aldus 134
Marginalien 163
Maria von Burgund 84
Matrize 86
Maximilian I. 84, 90, 91
Mediäval 153
Mediäval-Schriften 173
Medici, Cosimo di 130
Meier, Hans Eduard 195
Melior 158
Melos 183
Membrana 59
Memphis 192
Mentel, Johannes 132
Merowingische Minuskel 65
Miedinger, Max 195
Miélot, Jean 80, 183, 184
Milet 41
Minimalart 207
Minnesänger 81
Minuskelkursive 64
Moabiter 36
Moreau, Pierre 169
Morison, Stanley 175

Morris, William 101, 152, 208
Myriad 195

N
Nabatäer 37
Napoleon 25, 187
Narmer 13
Neff, Caspar 167
Neoklassizismus 146
Neudörffer d. Ä. 93, 95
Neudörffer d. J. 167
Neue Haas Grotesk 195
Neue Sachlichkeit 100, 103, 154
News Gothic 190
Niccoli, Niccolo128
Niltal 30
Nonpareille 143
Noordzij, Gerrit 109, 175
Noordzij, Peter Matthias 195
Normalschrift 107
Notre Dame 220
Notula 81
Notula frakturarum 91
Numeister, Johann 133

O
Obelisk 27
Old English 110, 116
Old Style 153, 173
Omnia 220
Optima 158, 159, 219
Osker 49
Ostraka 20, 36

P
Päpstliche Bulle 163
Palatino-Antiqua 158, 167
Palatino, Giovanni Battista 167
Palimpsest 60
Pannartz, Arnold 133
Pantheon 52
Papyrus 20
Parker, George S. 180
Pergament 59
Perikopenbuch 66
Petit 143
Petrarca, Francesco 128
Petrarca-Schrift 128
Petri, Flinders 31
Philister 36
Phönizier 36, 39
Phonogramme 15
Pica-Point 143
Piktogramme 15
Pisano, Antonio 183
Plantin, Christophe 113, 138
Plantin Moretus, Museum 138
Platon 44
PMN Caecilia 219
Poetica Chancery 164
Poliphili-Type 134
Pompeji 54, 145
Porstmann, Walter 193
Postantiqua 158
Post, Herbert 102
Postmoderner Klassizismus 209
Prillwitz, Joh. Carl Ludwig 148
Priory Black 111
Produktdesign 204
Protosinaitisch 33, 45
Psalterium 66

Q
Quadrangeln 78
Quattrocento 130
Qumran 59

R
Rabenfedern 181
Ras Schamra 37
Rastertypografie 203
Redondilla 169
Reformation 139
Regensburg 66
Reichstag 154
Reihung 146
Reiner, Imre 102
Reklame 100
Remedy 220
Renaissance 127
Renner, Paul 102, 103, 192
Renovatio Imperii Romani 66
Reynolds, Middleton 180
Richelieu, Kardinal 138
Rockner, Vinzenz 91
Rockwell 194

Römische Minuskel 65
Rohrfedern 179
Rokoko 142, 143
Rom 49
Romain 133
Romain du Roi 138, 170
Roman 133
Romanische Minuskel 68
Romantik 97, 149
Rosette 25, 186
Rosewood 220
Rossum, Just van 196
Rottenschrift 42
Roundhand 173, 216
Rotunda 79, 90, 127
Rubrikatoren 88
Rusch, Adolf 133

S
Sabiner 49
Saint Phalle, Niki de 206
Salto 202
Salutati, Caluccio 128
Samariter 36
Sans Serif 190
Sass, Benjamin 36
Schablonenschrift 193
Schadow, Gottfried 188
Schelter & Gieseke 190
Scherbengericht 43
Schiller, Friedrich 149
Schinkel, Karl Friedrich 146
Schlettstadt 132
Schmidt, Joost 193
Schneidler-Antiqua 158
Schneidler, F. H. Ernst 102, 156
Schönsperger, Johannes 93
Schott, Martin 133
Schreibfedern 180
Schul-Ausgangsschriften 175
Schwabacher 94
Schweizer Typografie 195, 203
Schwitters, Kurt 192
Scripts 175
Scrittori 130, 163
Secretary Hand 168
Selestat 132
Semantische Typografie 203
Senefelder, Alois 150, 188
Serabit el-Khadem 30, 31
Serifen 42
Serifenkonstruktionen 130
Seschat 19
Sethos 187
Sidon 39
Simonneau, Louis 170
Simons, Anna 101
Sinai 30, 31, 33
Slab Serif 190, 219
Slimbach, Robert 164, 177, 195
Snell, Charles 173
Snell Roundhand 173, 220
Soane, John 184
Sokrates 44
Southey, Robert 188
Spemann, Rudo 102, 176
Spindelpresse 85
Spira, Johann de 133
Spira, Wendelin de 133
Spitzweg, Wolfgang 91
Stahlfedern 180
Stahlstempel 86
Steinschrift 190
Stein von Rosette 26, 186
Stempel Garamond 158
St. Gallen 66
Stilus 57
Stoichedon 42
Stone Informal 196, 219
Stone Sans 196
Stone Serif 196, 219
Stone, Sumner 196
Stromer, Ulmann 83
Stubbins, Huhg 202
Stundenbücher 84
Subiaco 133
Suetterlin, Ludwig 175
Sweynheym, Konrad 133
Syntax 195, 220
Syrer 36

T
Tannenberg 104
Tarquinius Priscus 49
Teurnia 183
Textura 78

Textura dornspitzig 79
Textura prescissa 78
Textura Quadrata 78
Theben 30
Thera 40
Theuerdank 93
The Universal Penman 175
Thorarollen 59
Thorowgood, William 190
Thot 19
Thyros 39
Tiemann, Walter 102, 156
Times New Roman 158, 208
Tinguely, Jean 206
Tiro, Marcus Tullius 64
Tironische Noten 64
Titulus 58
Tool Box 220
Toscanelli 132
Totenbuch 17
Toulouse-Lautrec, Henri de 189
Tours 66, 68
Trier 66
Trump, Georg 102, 158, 202
Trump-Mediäval 158
Trump-Script 159
Tschichold, Jan 102, 103
Twombly, Carol 195
Typografisches Maßsystem 142

U
Ugarit 37
Umbrer 49
Unger, Johann Friedrich 97
Univers 195
Universalschrift 193
Unziale 55

V
Vatikan 164
Versalien 134
Vespucci, Amerigo 132
Vinča Kultur 8
Vincentino 166
Völkerwanderung 65
Volkmann, Ludwig 201
Volsker 49
Votteler, Arno 206

W
Wachsmann, Konrad 203
Wachsspachtel 58
Wachstafel 57
Wadi el-Hol 34
Wagner, Leonhard 91
Walbaum, Justus Erich 148
Wedding Text 115
Wede, Susanne 103
Weiß-Antiqua 158
Weiß, Emil Rudolf 102, 156
Weißkunig 91
Wellington, Herzog von 186
Westgotische Minuskel 65
White Letter 133
Whiteline Black Letter 114
Winckelmann, Joh. Joachim 145
Wolf, Georg 112
Wolf, Rudolf 194
Wulfila, Bischof 154

Z
Zainer, Günther 133
Zainer, Johann 133
Zapf Chancery 164
Zapfino Ink 178
Zapf, Hermann 102, 115, 158, 177
Zapf von Hesse, Gudrun 177
Zentimeter 142
Zweischriftigkeit 93